記号論理学

山本　新

入江俊夫

田村高幸

［著］

朝倉書店

まえがき

　論理学という学問を確立したのは，紀元前4世紀のギリシア人のアリストテレスである．アリストテレスの論理学に関連する著作は『オルガノン』（道具）という名前で総称されている．『オルガノン』には『カテゴリー論』，『命題論』，『分析論前書』，『分析論後書』，『トピカ』，『詭弁論駁論』の6つの著作が含まれている．アリストテレスの著作を読むことは，記号論理学を学ぶ人にとっても有益である．アリストテレスの著作のうち，記号論理学を学ぶ人でも読む必要があると思われるのは，『命題論』と『分析論前書』の2つである．

　アリストテレスは『命題論』のなかで，命題の考察をしている．アリストテレスによると，命題とは，真偽を語ることができる文のことであり，命題には，あることを肯定する命題と，あることを否定する命題がある．また命題には，あるものがあるもの（事物）に帰属する，帰属しないことを述べる命題があり，事物に普遍的なものや個別的なものがあるから，あるものが普遍的なものに帰属する，帰属しないことを述べる命題や，あるものが個別的なものに帰属する，帰属しないことを述べる命題がある．

　またアリストテレスは『分析論前書』のなかで，推論の研究をしている．アリストテレスによると，推論とは，あることが仮定されたときに，それら（仮定されたこと）とは別のあることが，それらのみの結果として必然的に生じてくる論理方式（ロゴス）である．仮定されたことが「前提」であり，必然的に生じてくることが「結論」である．

　アリストテレスは，全称と特称，肯定と否定を組みあわせて，つぎのような4種類の命題（定言命題とよばれる）を区別している．

　　全称肯定命題：「すべての M は N である」

　　全称否定命題：「すべての M は N でない」

　　特称肯定命題：「ある M は N である」

　　特称否定命題：「ある M は N でない」

（ただしアリストテレスは全称肯定命題を「N はすべての M に帰属する」のように表わす．他の定言命題についても同様である．）

　アリストテレスの推論の研究は，三段論法とよばれる特殊な形をした推論に集中している．三段論法は，2 つの前提と 1 つの結論をもち，前提も結論も定言命題であり，3 つの項（概念）を含むような推論である．結論の主語を「小項」とよび，結論の述語を「大項」とよぶ．そして結論に含まれず，2 つの前提にのみ含まれる項を「中項」とよぶ．

　結論の主語と述語は小項と大項である．大項を含む前提（大前提）と小項を含む前提（小前提）の主語と述語がどのようになっているかによって，三段論法の「格」が決まる．第 1 格〜第 3 格の三段論法は，大前提と小前提の 主語–述語 がつぎのようになっている三段論法である．第 4 格も考えられるが，アリストテレスは第 4 格の三段論法については述べていない．

第 1 格	**中項–大項**	第 2 格	大項–**中項**	第 3 格	**中項–大項**
	<u>小項–**中項**</u>		<u>小項–**中項**</u>		<u>**中項**–小項</u>
	小項–大項		小項–大項		小項–大項

　アリストテレスは，第 1 格の正しい三段論法（伝統的に Barbara，Celarent，Darii，Ferio とよばれる）を仮定して，第 2 格，第 3 格の正しい三段論法を証明している．その証明には，つぎのような方法が用いられる．

①単純換位：全称否定（命題）や特称肯定（命題）の主語と述語を交換する．

②限量換位：全称肯定を特称肯定にかえて，その主語と述語を交換する．

③帰謬法：証明したい三段論法の 1 つの前提の否定と結論の否定を交換した三段論法を証明する．

　たとえば，つぎの左に示すような第 2 格の三段論法（Camestres とよばれる）は，右に示すような第 1 格の三段論法（Celarent）を仮定して証明される．

すべての N は O である	すべての O は M でない
<u>すべての M は O でない</u>	<u>すべての N は O である</u>
すべての M は N でない	すべての N は M でない

アリストテレスの証明はだいたい，つぎのようである．すべての M が O でない（第 2 前提）ならば，単純換位によって，すべての O は M ではない．しかるに，

すべての N は O である（第 1 前提）から，第 1 格の三段論法（Celarent）により，すべての N は M ではない．ゆえにもう一度単純換位によって，すべての M は N ではない（結論）ことになる．

　アリストテレスの研究は徹底的で詳細をきわめたものであったが，アリストテレスの論理学には大きな欠陥があった．それは日常的に用いられるごく簡単な命題や推論でさえ，アリストテレスの論理学ではあつかうことができないということであった．たとえば，

(1) 「ソクラテスはプラトンの師である」のような関係を含む命題や，関係を含む推論をあつかうことができない．

(2) 「すべての人間は誰かを愛する」のような 2 重の限量を含む命題や，2 重の限量を含む推論をあつかうことができない．

(3) 「または」，「ならば」などの語で結ばれた複合的な命題や，複合的な命題を含む推論をあつかうことができない．

　これらの問題をクリアして，論理学に革命的進歩をもたらしたのは，19 世紀のドイツ人の G. フレーゲである．フレーゲは『概念記法』（1879 年）のなかで，アリストテレス流の論理学とは全く異なる，新しい論理学を提唱した．

　「論理学は従来，言語と文法にあまりにも密接に結びついてきた．…… 主語と述語の概念は，変数（Argument）と関数（Funktion）によって置きかえられなければならない」とフレーゲはいう．命題のなかに含まれる可変的な要素が「変数」であり，定常的な要素が「関数」である．たとえば，

　　「水素ガスは炭酸ガスよりも軽い」

という命題のなかには，「水素ガス」という変数と「（　）は炭酸ガスよりも軽い」という関数が含まれている，と見ることができる．また見方をかえて，「炭酸ガス」という変数と「水素ガスは（　）よりも軽い」という関数が含まれている，と見ることもできるし，「水素ガス」，「炭酸ガス」という 2 つの変数と「（　）は（　）よりも軽い」という関数が含まれている，と見ることもできる．

　フレーゲは，1 つの変数 A をもつ関数を，$\Phi(A)$ のように書いて表わし，2 つの変数 A, B をもつ関数を，$\Psi(A, B)$ のように書いて表わす．3 つ以上の変数をもつ関数の場合も同様である．$\Phi(A)$ は，「A は性質 Φ をもつ」と読むことができ，

$\Psi(A, B)$ は,「A と B のあいだに関係 Ψ がなりたつ」と読むことができる.

　またフレーゲは, つぎのような記号を用いる. ①, ② の A, B は判断可能な内容(命題)を表わす. ③ の ɑ はドイツ文字の「アー」である.

　　①　——┬—— A　　　　②　——┬—— B　　　　③　——⌣ɑ—— $\Phi(\mathfrak{a})$
　　　　　　　　　　　　　　　　　　　　　└—— A

① は「A はなりたたない」を意味し, ② は「A がなりたちかつ B がなりたたないということはない」を意味する. そして ③ は「ɑ の代わりに何を代入しようとも $\Phi(\mathfrak{a})$ がなりたつ」を意味する. ①, ②, ③ は, それぞれ,「A でない」,「A ならば B」,「すべての ɑ について $\Phi(\mathfrak{a})$」と読むことができる.

　「または」や「かつ」や「存在する」は,「でない」,「ならば」,「すべての」を組みあわせて表現することができるから, フレーゲの表記法を用いれば, 驚くほど広範囲の命題を記号で表現することができる.

　たとえば「ある M は N である」(特称肯定命題)は, 通常の表記法では,

$$\exists x(M(x) \land N(x)), \quad \sim\forall x(M(x) \supset \sim N(x))$$

のように表現され, フレーゲの表記法では,

　　——┬——⌣ɑ——┬—— $N(\mathfrak{a})$
　　　　　　　　　　└—— $M(\mathfrak{a})$

のように表現される.

　フレーゲは『概念記法』のなかで, 少数の思考の法則(公理)から, 規則を使って, 多数の思考の法則(定理)を導くことができる公理体系——論理学の最初の公理体系——を作った. その公理体系では, つぎのような公理が用いられている(通常の表記法で書くことにする).

1) $a \supset (b \supset a)$

2) $(c \supset (b \supset a)) \supset ((c \supset b) \supset (c \supset a))$

3) $(d \supset (b \supset a)) \supset (b \supset (d \supset a))$

4) $(b \supset a) \supset (\sim a \supset \sim b)$

5) $\sim\sim a \supset a$

6) $a \supset \sim\sim a$

7) $c = d \supset (f(c) \supset f(d))$

8) $c = c$

9) $\forall x f(x) \supset f(c)$

また，公理から定理を導くために用いられる規則は，必ずしも明示的に述べられているわけではないが，つぎのような規則である．

① 変項（任意のものを表わす記号）に任意の表現を代入することができる（代入規則）．

② $B \supset A$ と B から A を導くことができる．

③ $\Phi(a)$ から $\forall x \Phi(x)$ を導くことができる．

④ A のなかに a が現われないとき，$A \supset \Phi(a)$ から $A \supset \forall x \Phi(x)$ を導くことができる．

公理 9)，規則 ③，④ のなかの x（フレーゲは $\mathfrak{a}$ を用いている）は対象を表わすこともあるし，関数を表わすこともある．フレーゲの公理体系は，対象にたいする限量のみならず，関数にたいする限量をもゆるす公理体系であるから，「高階の述語論理」の公理体系である．

　変項として命題変項のみを用いるように，フレーゲの公理体系を制限すると，「命題論理」の公理体系になる．また変項として命題変項，個体変項，述語変項（個体についての任意の述語を表わす）のみを用い，個体にたいする限量のみをゆるすように，フレーゲの公理体系を制限すると，「1 階の述語論理」の公理体系になる．

　フレーゲ以後，命題論理や 1 階の述語論理の，数多くの公理体系が作られた．通常の命題論理の公理体系が完全である（すべてのトートロジーが証明可能である）ということは，E. ポストによって示され（1921 年），のちに異なる方法で L. カルマーによっても示された（1935 年）．また通常の 1 階の述語論理の公理体系が完全である（すべての妥当な論理式が証明可能である）ということは，K. ゲーデルによって示され（1930 年），のちに異なる方法で L. ヘンキンによっても示された（1949 年）．

　本書は記号論理学の概説書であり，本文の 4 つの章で，命題論理，述語論理，様相論理，直観主義論理について述べている．また本文につづく補論で，ゲンツェンの論理体系，様相論理（補論），線形論理について述べている．本書の特徴は，命題論理，述語論理，様相論理，直観主義論理の完全性の証明をしていることで

ある．完全性の証明に必要なことがらを補助定理として書きだし，それらの補助定理に詳しい証明を与えているから，補助定理の証明と完全性の証明を読むことによって，完全性の証明の全体を容易に理解することができるはずである．

本書は，記号論理学の独習書として使用することもできるし，大学の「論理学」の授業のテキストとして使用することもできる．大学の「論理学」の授業のテキストとして使用する場合には，本書の前半（第1〜3章）を1つの学期で使用し，後半（第4章以下）をさらにもう1つの学期で使用する，というのが速すぎないペースの使い方であろう．

本書は山本，入江，田村の3人の著作である．第1〜5章と補論1を山本が執筆し，補論2を入江が執筆し，補論3を田村が執筆した．

最後に，本書の出版にたいして力を尽くしてくださいました朝倉書店編集部の方々に，心からの感謝とお礼を申し上げます．

　令和5年9月10日

著　者

目次

第1章　論理学とはなにか

　論理学は，正しい推論の形式や正しい命題の形式について研究する学問である．アリストテレスは，『分析論前書』のなかで，正しい推論の形式について，とくに正しい「三段論法」の形式について，詳細な研究をした．またフレーゲは，『概念記法』のなかで，命題の形式を表現する記号法を創案し，正しい命題の形式（思考の法則）を少数の公理と規則から導出する公理体系を構成した．

§1.　正しい推論

　推論は，いくつかの前提を仮定して1つの結論を導く，という形をしている．その推論が正しい推論（論理的に正しい推論）であるのは，どのような場合であろうか．どのような推論が正しい推論であるといえるのであろうか．つぎの2つの推論について考えてみよう．

(1)　彼が犯人ならば彼の血液型はA型である．
　　　彼の血液型はA型ではない．
　　　ゆえに，彼は犯人ではない．

(2)　彼が犯人ならば彼の血液型はA型である．
　　　彼は犯人ではない．
　　　ゆえに，彼の血液型はA型ではない．

　推論が正しい推論であるといえるためには，すべての前提が真のとき必ず結論も真になるということがいえなければならないであろう．(1)，(2) の推論のうち，それがいえるのは (1) の推論であり，それがいえないのは (2) の推論である．そのことを明確に知るためには，(1)，(2) の推論の形式に注目してみればよいであろう．

　(1) の推論はつぎのような形式をしている．

p ならば q.

q でない.

ゆえに, p でない.

このような形式をした推論では, p や q が表わす命題がどのようなものであっても,「p ならば q」と「q でない」という 2 つの前提が真のとき常に「p でない」という結論も真になる. なぜなら,「p ならば q」と「q でない」が真のとき,「q」が偽になり,「p ならば q」が真だから,「p」が偽でなければならないことになり,「p でない」が真であることになるからである.

　(1) の推論は, このような形式を有するがゆえに, すべての前提が真のとき必ず結論も真になるということがいえるのである.

　(2) の推論はつぎのような形式をしている.

p ならば q.

p でない.

ゆえに, q でない.

このような形式をした推論では, p や q が表わす命題がどのようなものであっても,「p ならば q」と「p でない」という 2 つの前提が真のとき常に「q でない」という結論も真になる, ということはいえない. p や q のとりかたによっては, 2 つの前提が真になり, 結論が偽になるということが起こりうる. 実際に,「p」が偽で「q」が真のとき,「p ならば q」と「p でない」が真になり,「q でない」が偽になる.

　(2) の推論は, このような形式を有するがゆえに, すべての前提が真のとき必ず結論も真になるということはいえないのである.

　推論の形式に含まれる, p, q などの記号（任意の命題を表わす記号）は「命題変項」とよばれ,「でない」,「ならば」などの語は「論理語」とよばれる.

　(★) のように, 命題変項が表わす命題がどのようなものであっても, すべての前提が真のとき常に結論も真になるような推論の形式のことを,「推論の妥当な形式」という. そして**正しい推論**は, 推論の妥当な形式にしたがった推論である. (1) の推論は, 推論の妥当な形式 (★) にしたがっているから, 正しい推論であり, (2) の推論は, 推論の妥当な形式にしたがっていないから, 正しい推論ではない.

　正しい命題（論理的に正しい命題）についても，同様のことがいえる．正しい命題は，たとえば，

(3)　「甲または乙が犯人であって，甲が犯人ではないならば，乙が犯人である」

のように，偽になることが考えられず，必ず真になるような命題である．この命題はつぎのような形式をしている．

　　　　「(p または q) かつ (p でない) ならば，q」　……………………… (★★)

このような形式をした命題は，p, q が表わす命題がどのようなものであっても常に真になる．なぜなら，①「p」が真のときは，「p でない」が偽だから，「ならば」の前が偽になって，全体が真になり，②「p」が偽のときも，「q」が真であれば，「ならば」の後が真だから，全体が真になり，「q」が偽であれば，「p または q」が偽だから，「ならば」の前が偽になって，全体が真になるからである．

　(3) の命題は，このような形式を有するがゆえに，必ず真になるということがいえるのである．

　(★★) のように，命題変項が表わす命題がどのようなものであっても常に真になるような命題の形式のことを，「命題の妥当な形式」という．そして**正しい命題**は，命題の妥当な形式にしたがった命題である．例にあげた (3) の命題は，命題の妥当な形式 (★★) にしたがっているから，正しい命題である．

　(★) のような推論の妥当な形式や (★★) のような命題の妥当な形式が，論理学の研究対象であり，論理学の主題である．論理学は，推論や命題の妥当な形式（主題）をめぐって，種々の問題をあつかっている．たとえば，推論や命題の妥当な形式にはどのようなものがあるだろうか，推論や命題の妥当な形式を厳密に特徴づけることはできないだろうか，推論や命題の妥当な形式のすべてを公理と規則から導出できるような公理体系を構成することはできないだろうか，などの問題である．

　推論や命題の妥当な形式は「論理法則」とよばれるものに相当する．推論の妥当な形式は「推論についての論理法則」であり，命題の妥当な形式は「命題についての論理法則」である．

§2. 対象言語とメタ言語

われわれは言語を用いて，言語外のものについて述べることもできるし，言語について述べることもできる．言語を用いて言語について述べるとき，述べる対象になる言語を**対象言語**といい，対象言語について述べる言語を**メタ言語**という．観察者の立場で，対象言語について述べる，より高いレベルの言語をメタ言語というのである．つぎの例で，対象言語とメタ言語の区別をみてみよう．

(1) 東京は日本の首都である．

(2)「東京」は 2 文字である．

(1) の場合，東京という語も全体の命題も，同じレベルの言語に属している．しかし (2) の場合，東京という語は対象言語に属しているが，全体の命題はメタ言語に属している．語や命題に「 」や‘ ’などの引用符が付されたものは，それが語や命題の名前であることを示す．語や命題に引用符が付されると，対象言語からメタ言語へと言語のレベルが上昇する．東京という語は対象言語に属しているが，「東京」という語や，「東京」という語を含む命題はメタ言語に属している．

対象言語とメタ言語の区別は相対的な区別である．命題 (2) の属する言語がメタ言語のとき，命題

(3)「「東京」は 2 文字である」は真である，

の属する言語はメタメタ言語である．しかし，命題 (2) の属する言語が対象言語とみなされるとき，命題 (3) の属する言語はメタ言語である．

論理学（記号論理学）は，人工的な記号言語を使用し，記号言語で書かれた論理式や公理体系などの性質を検討する．したがって論理学の文脈では，記号言語が対象言語であり，論理式や公理体系などの性質を論じる通常の日本語や英語などがメタ言語である．

論理学は，メタ言語のなかで，つぎのような 2 つの規約を（通常は暗々裡に）使用する．

①記号や記号列を，そのまま引用符なしで，自分自身の名前として用いることができる．

②いくつかの記号や記号列の名前を並置したものを，それらの記号や記号列が連

結された記号列の名前として用いることができる.

① によるとたとえば，'$p \wedge q$' のように書く代わりに $p \wedge q$ のように（引用符をつけないで）書いて，$p \wedge q$ を表わすことができる．すなわち $p \wedge q$ を，記号列 $p \wedge q$ の名前として用いることができるのである．

また ② によるとたとえば，Q が $\forall$ を表わし，x が x を表わし，A が $F(x)$ を表わすとき，$Q\text{x}A$ のように書いて，$\forall x F(x)$ を表わすことができる．すなわち $Q\text{x}A$ を，Q の表わす記号と x の表わす記号と A の表わす記号列が連結された記号列 $\forall x F(x)$ の名前として用いることができるのである．

これら 2 つの規約は，指摘されなければ気づかないほどの，きわめて自然な規約である．

対象言語とメタ言語というように，言語のレベルを区別する考え方を最初に述べたのは，A. タルスキーである．タルスキーは，「ここに書いてあることは偽である」という命題から生じる**嘘つきの逆理**（この命題が真ならば偽であることになり，偽ならば真であることになる）を分析して，異なるレベルの言語を同じ言語とみなすところに逆理の原因があると考えた．「P は偽である」という命題は，P の表わす命題よりも高いレベルの言語に属しているのであり，P で「P は偽である」を表わすことはできない，というのがタルスキーの論点である．この論点をみとめれば，「ここに書いてあること」で「ここに書いてあることは偽である」を表わすことはできないことになり，嘘つきの逆理は生じえないことになる．

§3. 公理体系

理論が厳密な理論であるためには，理論で用いられるすべての概念が明瞭な意味をもち，理論で主張されるすべての命題が確実な根拠をもつことが必要であろう．**公理体系**は，厳密な理論をめざして構成されるもので，つぎのような特徴をもつ．

(1) すべての概念が基本概念を用いて定義される．
(2) すべての定理が公理にもとづいて証明される．

基本概念が明瞭な意味をもち，公理が確実な根拠をもつならば，公理体系で用いられるすべての概念が明瞭な意味をもち，公理体系で主張されるすべての命題

（定理）が確実な根拠をもつことになるであろう．基本概念が明瞭な意味をもち，公理が確実な根拠をもつかぎり，公理体系のなかに意味のあいまいな概念や，根拠の不確かな命題がまぎれこむ可能性は排除されている．

　公理体系の起源をたどると，ユークリッドの『原論』（前300年ごろ）の体系にまでさかのぼることができる．『原論』は，最初に，「点とは部分をもたないものである」，「線とは幅のない長さである」など23個の定義を述べ，それに続いて，つぎのような5個の公理（公準）を述べている．

1. 任意の点から任意の点へ直線を引くことができる．
2. 有限の直線を連続して一直線に延長することができる．
3. 任意の中心と半径とをもって円を描くことができる．
4. すべての直角は互いに等しい．
5. 1本の直線が2本の直線に交わり，同じ側の内角の和が2直角より小さいならば，この2本の直線はかぎりなく延長されると，内角の和が2直角より小さい側において交わる．

　公理5は「平行線公理」（直線外の1点を通ってその直線に平行な直線は1本あって，1本しかない）と同値である．公理1～4を仮定すれば，公理5から平行線公理を導くことができるし，また逆に，平行線公理から公理5を導くこともできる．

　5つの公理を述べたあとで，『原論』は，数多くの幾何学の定理を証明している．1番目の定理は，「任意の線分を一辺とする正三角形が書ける」という定理であり，5番目の定理（驢馬の橋）は，「二等辺三角形の両底角は等しい」という定理である．そして47，48番目の定理は，ピタゴラスの定理とその逆の定理である．

　D. ヒルベルトは，『幾何学の基礎』（1899年）のなかで，『原論』の公理体系の不備な点を補正して，ユークリッド幾何学の厳密な公理体系を構成した．ヒルベルトの公理体系は，「点」，「直線」，「平面」，「上にある」，「間にある」などの基本概念を，定義なしに用いている（最も基本的な概念をさらに基本的な概念を用いて定義することは，原理的に不可能である）．そして，全部で20個の公理を仮定している．定理の証明に必要なことはすべて公理のなかに規定されているから，定理の証明のさいに，公理に規定されていないことを用いる必要はない．

　定理の証明は，公理に規定されていることのみを用いて，すなわち公理に規定

されている点や直線などの性質のみを用いて行なわれる．それゆえ点や直線などは，公理に規定されている性質をもつものであれば何でもよいのであり，通常の点や直線などである必要はない．公理のなかの点や直線などの言葉の意味を知らなくても，あるいは言葉の意味を誤解していても，定理の証明は可能である．ヒルベルトは友人に，「点，直線，平面という言葉の代わりに，テーブル，椅子，ビール・ジョッキと言いかえることができなければならない」と語ったといわれている．

　論理学の分野でも，公理体系が構成されている．フレーゲの『概念記法』（1879年）のなかで述べられている公理体系が，論理学の最初の公理体系である．ユークリッドの『原論』やヒルベルトの『幾何学の基礎』の公理体系では，定理の導出は，論理語の意味にもとづく内容的な推論によって行なわれるが，論理学の公理体系では，定理の導出は，論理式を変形する変形規則によって行なわれる．論理学の公理体系では，それゆえ，公理から定理を導出する過程は，論理式という記号列をつぎつぎと変形してゆく，形式的操作の過程になる．

　このような公理体系は，しばしば，将棋やチェスのゲームにたとえられる．将棋やチェスのゲームを開始するときの盤上の駒の配置が，公理体系の公理に対応し，ゲームが進行している途中の盤上の駒の配置が，公理体系の定理に対応する．そして駒を動かす規則が，公理体系の変形規則に対応する．「飛車」や「ビショップ」などの駒が何を意味するのかを知らなくても，駒を動かす規則（と勝負の決まり方）さえ知っていれば，将棋やチェスのゲームをすることができるように，論理式が何を意味するのかを知らなくても，論理式を変形する規則（と証明のみたすべき条件）さえ知っていれば，定理を証明することができるのである．

第2章　命題論理

　記号論理学は，命題論理と述語論理に分けられる．命題論理は，命題と命題との結びつき・結合関係のみをあつかう論理学である．述語論理は，命題論理を拡張した論理学であり，命題と命題との結合関係のみならず，命題の内部構造をもあつかうことができる論理学である．本章では命題論理について述べる．命題論理では，複雑な命題は単純な命題が「でない」，「かつ」，「または」などの論理語で結合されてできていると考える．そして，単純な命題がどのようなものであっても，構成された命題が常に真になるような命題結合の型を，論理法則として定式化しようとする．

§1. 命題の記号化

　命題論理では，「でない」，「かつ」，「または」，「ならば」，「同値」の5つの語を **論理語** として考え，複雑な命題は単純な命題が論理語で結合されてできていると考える．「かつ」にたいしては「そして」，「および」などの類似語があり，「または」にたいしても「あるいは」，「もしくは」などの類似語がある．他の論理語にたいしても，それぞれ類似語があるであろう．しかし「P そして Q」，「P および Q」などは，P，Q の真偽にたいして，「P かつ Q」と同じ真偽をとるから，「そして」，「および」などは「かつ」と同じはたらきをする語であるとみなし，「そして」，「および」などを論理語から除外する．他の類似語についても同様であり，類似語はそれが類似している論理語と同じはたらきをする語であるとみなし，類似語を論理語から除外する．こうして類似語を除外して，上記の5つの語（「でない」，「かつ」，「または」，「ならば」，「同値」）のみを論理語として考えるのである．

　命題論理は，命題を記号化するために，論理語を表わす記号を用いる．「でない」を表わす記号として $\sim$ を用い，「かつ」を表わす記号として $\wedge$ を用い，「または」，「ならば」，「同値」を表わす記号として，それぞれ，$\vee$，$\supset$，$\equiv$ を用いる．そして P，Q が命題を表わすとき，

「P でない」を，$\sim P$

「P かつ Q」を，$P \wedge Q$

「P または Q」を，$P \vee Q$

「P ならば Q」を，$P \supset Q$

「P 同値 Q」を，$P \equiv Q$

のように記号で表わす．論理語を表わす 5 つの記号 $\sim$，$\wedge$，$\vee$，$\supset$，$\equiv$ は，**論理記号**（logical symbol）とよばれる．

　論理記号を用いて，いろいろな命題の記号化を行なってみよう．命題を記号化することによって，命題の論理的な構造を明瞭に浮かび上がらせることができる．命題を記号化するときには，命題のなかに含まれている単純な命題を把握して，単純な命題を表わす命題記号を定義し，それらの記号と論理記号を用いてもとの命題を再構成する，というやり方で行なう．実際に，いくつかの命題を例にとって，命題の記号化を行なってみよう．いずれの例においても，最初に記号化される命題，つぎに命題記号の定義，最後にもとの命題の記号的表現，という順序で記述する．

例 1. メアリーはポールかジョンを愛している．

　　　　　P：メアリーはポールを愛している

　　　　　Q：メアリーはジョンを愛している

　　　記号化　$P \vee Q$

例 2. メアリーはポールもジョンも愛していない．

　　　　　例 1 と同じ命題記号 P, Q を用いる．

　　　記号化　$\sim P \wedge \sim Q$

例 3. メアリーはポールかジョンの一方だけを愛している．

　　　　　例 1 と同じ命題記号 P, Q を用いる．

　　　記号化　$(P \vee Q) \wedge \sim (P \wedge Q)$

例 4. 甲が犯人ならば乙も犯人であるということは，甲が犯人ではないかまたは乙が犯人であるということと同値である．

　　　　　P：甲が犯人である

　　　　　Q：乙が犯人である

記号化 $(P \supset Q) \equiv (\sim P \vee Q)$

例 5. 甲が犯人ならば乙も犯人であって，乙が犯人ではないならば，甲も犯人ではない．

例 4 と同じ命題記号 P, Q を用いる．

記号化 $((P \supset Q) \wedge \sim Q) \supset \sim P$

例 6. ブラウンがスミスと昨夜会っているならばブラウンは嘘をついていないが，ブラウンがスミスと昨夜会っていないならばブラウンは嘘をついていてスミスが殺人者である．

P : ブラウンはスミスと昨夜会っている

Q : ブラウンは嘘をついている

R : スミスが殺人者である

記号化 $(P \supset \sim Q) \wedge (\sim P \supset (Q \wedge R))$

§2. 論理式

前節で述べた命題の記号的表現（たとえば 例 1 の $P \vee Q$ など）は特定の命題を表現するものであったが，これから述べる「論理式」は，特定の命題を表現するものではなく，命題の形式を表現するものである．命題論理の論理式は，命題の形式すなわち，命題と命題との結合関係を表現する記号列である．

命題論理の論理式を構成する基本記号（primitive symbol）はつぎのものである．

●基本記号

(1) 命題変項　p, q, r, ……

(2) 論理記号　否定記号　$\sim$（でない，否定の）

連言記号　$\wedge$（かつ）

選言記号　$\vee$（または）

条件記号　$\supset$（ならば）

同値記号　$\equiv$（同値）

(3) 補助記号　カッコ　$(,)$

命題変項は，任意の命題を不特定に表わす記号である（添え字やダッシュを付

すなどして，無限個の命題変項が使用可能であると考える）．

　命題論理の論理式（formula）は，構成の手続きを明示する帰納的定義（inductive definition）によって，つぎのように定義される．

●論理式

(1) 命題変項は単独で論理式である．

(2) A が論理式ならば，$\sim A$ も論理式である．

(3) A, B が論理式ならば，$(A \wedge B)$, $(A \vee B)$, $(A \supset B)$, $(A \equiv B)$ も論理式である．

(4) (1)〜(3) によって論理式とされるものだけが論理式である．

　任意の論理式を表わす記号として A, B, C, D, S などを用い，任意の命題変項 $(p, q, r, \cdots)$ を表わす記号として **p**, **q** などを用いる．これらの記号は，対象言語について述べるメタ言語に属する記号であり，**構文論的変項**（syntactical variable）とよばれる．

　論理式は，命題変項から論理記号を用いて規則的に組みたてられている．たとえば，

$$\sim\sim p, \quad (p \vee \sim q), \quad (p \supset \sim (p \wedge q))$$

などは論理式である．しかし，

$$p \sim \vee q, \quad (p \wedge q) \sim q$$

などは，論理式を作る規則にしたがっていないから，論理式ではない．

　論理式によっては，カッコが幾重にもかさなって煩わしいこともあるので，カッコを省略するための規約を定める．規約にしたがって省略されたカッコは，いつでももと通りに復元可能である．

(1) 論理式全体を囲むカッコは省略できる．

(2) 論理記号の論理式を結合する力は $\sim$ が最も強く，以下 $\wedge$, $\vee$, $\supset$, $\equiv$ の順に弱くなるものとし，カッコを省略しても論理式に含まれる部分的論理式（部分の論理式）の結合関係に変化が生じないかぎり，カッコを省略することができるものとする．

　この規約を用いると，たとえば論理式

$$((\sim (p \wedge q) \vee r) \equiv (q \supset r))$$

のカッコは，つぎのように省略することができる．

$$\sim (p \wedge q) \vee r \equiv q \supset r$$

しかし，これ以上カッコを省略することはできない．これ以上カッコを省略すると，部分的論理式の結合関係が変化してしまうからである．

　種々の形の論理式に名称を与えておくと便利である．$\sim A$ を否定式，$A \wedge B$ を連言式，$A \vee B$ を選言式，$A \supset B$ を条件式，$A \equiv B$ を同値式とよぶ．また，連言式 $A \wedge B$ の A，B を連言肢とよび，選言式 $A \vee B$ の A，B を選言肢とよぶ．また，条件式 $A \supset B$ の A を前件，B を後件とよぶ．

§3. 真理値分析

　論理式自体は，規則にしたがってならべられた単なる記号列であり，真でも偽でもない．論理式は，命題変項に真偽を割りあて，論理記号に意味を与えることによって，はじめて真偽の値をもつようになる．

　論理記号に与える意味はだいたい，それが表わす論理語の通常の意味であると考えてよい．たとえば否定記号 $\sim$ に与える意味は，「でない」の通常の意味であり，つぎの表のような意味である．T は真 (truth)，F は偽 (falsity) を表わし，つぎの表は，A が真のとき $\sim A$ は偽になり，A が偽のとき $\sim A$ は真になることを表わしている．つぎの表のような，真偽の対応を表わす表のことを，**真理表** (truth table) という．

A	$\sim A$
T	F
F	T

　連言記号 $\wedge$ に与える意味は，「かつ」の通常の意味であり，つぎの表のような意味である．A と B がともに真のとき，$A \wedge B$ は真になり，A と B の少なくとも一方が偽のとき，$A \wedge B$ は偽になる．

A	B	$A \wedge B$
T	T	T
T	F	F
F	T	F
F	F	F

同値記号 $\equiv$ に与える意味は，「同値」の通常の意味であり，つぎの表のような意味である．A と B の真偽が同じであるとき，$A \equiv B$ は真になり，A と B の真偽が異なるとき，$A \equiv B$ は偽になる．

A	B	$A \equiv B$
T	T	T
T	F	F
F	T	F
F	F	T

選言記号 $\vee$ に与える意味は，つぎの表のような意味である．A と B の少なくとも一方が真のとき，$A \vee B$ は真になり，A と B がともに偽のとき，$A \vee B$ は偽になる．

A	B	$A \vee B$
T	T	T
T	F	T
F	T	T
F	F	F

通常の「または」には 2 つの用法がある．命題 P, Q にたいして，「P または Q」が真であるのは，P と Q の一方だけが真のときであるとする用法と，P と Q の少なくとも一方が真のときであるとする用法である．前者の用法の「または」を**排反的選言**（exclusive disjunction）とよび，後者の用法の「または」を**両立的選言**（inclusive disjunction）とよぶ．

たとえば，販売促進のキャンペーンで

「千円以上お買い上げの方に，A または B の景品をプレゼント」

というときの「または」は排反的選言であろう（プレゼントされるのは A か B の一方だけである）．他方，求人広告で

　　「英語またはスペイン語に堪能な人を求む」

というときの「または」は両立的選言であろう（英語とスペイン語の両方に堪能な人も求められている）．数学で用いられる「または」も両立的選言である．たとえば

　　「$xy = 0$ ならば，$x = 0$ または $y = 0$ である」

というときの「または」は両立的選言の意味で用いられている（$xy = 0$ ならば，x と y の少なくとも一方が 0 である）．

　論理学で用いられる「または」も，$A \lor B$ の真理表に示されるように，両立的選言である．両立的選言と排反的選言のどちらを採用すべきかは，結局のところは，便宜的な問題である．煩わしさを厭わなければ，区別しながら両方とも採用してもよい．肝心なことは，「または」の意味を明確に規定して，「または」の意味が多義的にならないようにすることである．

　条件記号 ⊃ に与える意味は，つぎの表のような意味である．A が真で B が偽のとき，$A \supset B$ は偽になり，それ以外のとき（A が偽または B が真のとき），$A \supset B$ は真になる．

A	B	$A \supset B$
T	T	T
T	F	F
F	T	T
F	F	T

　A が真で B も真のとき $A \supset B$ が真になり，A が真で B が偽のとき $A \supset B$ が偽になることは，通常の「ならば」の用法に一致していると思われるが，A が偽のとき，B が真であっても偽であっても，$A \supset B$ が真になると定めるのはいかがなものであろうか．奇妙な感じがしないでもない．

　しかし，つぎのような例を考えてみていただきたい．
x がどのような人間のときでも，

「x が日本人ならば，x は東洋人である」

という条件命題は常に真になるであろう．しかるに x が毛沢東のとき，条件命題の前件（毛沢東が日本人である）は偽であり，後件（毛沢東は東洋人である）は真である．そして x がマルクスのとき，条件命題の前件（マルクスが日本人である）は偽であり，後件（マルクスは東洋人である）も偽である．x が毛沢東のときも x がマルクスのときも条件命題は真になるから，前件が偽で後件が真であるときも，前件と後件がともに偽であるときも，条件命題は真になるのである．

また，つぎのような例も参考になる．教育熱心な母親が子供にたいして，

「学校の成績が上がったら自転車を買ってあげる」

という約束をしたとしよう．成績が上がって自転車を買ってもらった場合は約束は守られたのであり，成績が上がったのに自転車を買ってもらわなかった場合は約束は破られたのである．では，成績が上がらなかった場合はどうであろうか．成績が上がらなかった場合，母親に自転車を買ってもらっても，自転車を買ってもらわなくても，約束が破られたというわけではないであろう．つまり，約束の言明は偽ではない（真である）と考えられる．

実際には，命題 P が偽のとき「P ならば Q」の真偽は問題にならない（真でも偽でもない），という場合も多いであろう．それゆえ，条件記号 $\supset$ に与える意味（前ページの $A \supset B$ の真理表に示されるような）は，通常の「ならば」の用法の拡張であると考えられる．しかしこの拡張は，通常の「ならば」の用法と矛盾しないばかりではなく，上述の例などより，通常の「ならば」の用法にしたがっているとも考えられるのである．

A, B の真偽に $\sim A$, $A \wedge B$, $A \vee B$, $A \supset B$, $A \equiv B$ の真偽が対応する関係を，もう一度あらためて表にまとめておこう．

A	$\sim A$
T	F
F	T

A	B	$A \wedge B$	$A \vee B$	$A \supset B$	$A \equiv B$
T	T	T	T	T	T
T	F	F	T	F	F
F	T	F	T	T	F
F	F	F	F	T	T

　論理式は，命題変項に真偽を割りあて，論理記号に意味を与えることによって，真偽の値をもつようになる．論理記号に与える意味は（今まで述べてきたように）固定されているが，命題変項にたいする真偽の割りあては固定されてはいない．いろいろな真偽の割りあてを考えることができ，いろいろな真偽の割りあてに対応して，論理式の真偽が決まってくる．命題変項にたいするいろいろな真偽の割りあてに対応して，論理式の真偽がどのように決まってくるかを調べることを，真偽すなわち真理値の対応関係の分析であるから，**真理値分析**（truth value analysis）という．

　真理値分析を行なうための 1 つの方法は，論理式の真理表——論理式に含まれる命題変項の真偽と全体の論理式の真偽との対応を示す表——を書く方法である．論理式の真理表を書くときには，まず左の方に，命題変項にたいする真偽の割りあてを書く．つぎに右の方に，それぞれの割りあてに対応する論理式の真偽を書く．そのとき，全体の論理式の真偽を一遍に決定することは難しいので，部分的な論理式からはじめて，順次，段階的に真偽を決定してゆくとよい．

　実際に，論理式 $p \wedge q \supset \sim (p \vee q)$ を例にとって，論理式の真理表を書いてみよう．命題変項 p, q にたいする真偽の割りあては 4 通りあるから，この論理式の真理表は 4 行（4 段）になる．

p	q	$p \wedge q$	$p \vee q$	$\sim (p \vee q)$	$p \wedge q \supset \sim (p \vee q)$
T	T	T	T	F	F
T	F	F	T	F	T
F	T	F	T	F	T
F	F	F	F	T	T

　この真理表は，つぎのようにまとめて書くこともできる．

p	q	$p \wedge q \supset \sim (p \vee q)$
T	T	T　**F** F　T
T	F	F　**T** F　T
F	T	F　**T** F　T
F	F	F　**T** T　F

この簡略化された真理表では，論理記号の真下に，その論理記号を含む論理式の

真偽が示されている．つまり $\wedge$ の下に $p \wedge q$ の真偽が示され，$\vee$ の下に $p \vee q$ の真偽が示され，$\sim$ の下に $\sim(p \vee q)$ の真偽が示されている．そして $\supset$ の下に，全体の論理式の真偽が示されているのである．簡略化された真理表では，全体の論理式の真偽がどの列（縦列）で示されているのかわかりにくいので，結果の列をはっきりさせるために，T，F の文字を太字にしたり，T，F の列を枠で囲ったりする必要がある．

論理式 $p \wedge q \supset \sim(p \vee q)$ に含まれる命題変項は 2 種類 (p, q) だったから，真理表は 4 行になった．論理式に含まれる命題変項が 3 種類だと，真理表は 8 行になる．一般に，論理式に含まれる命題変項が n 種類のとき，命題変項にたいする真偽の割りあては 2^n 通りあるから，真理表は 2^n 行になる．原理的には，どんなに複雑で長い論理式でも，その真理表を作成することによって，その真理値分析を行なうことができる．

§4. トートロジー

いろいろな論理式の真理表を書いてみると，真理表の結果の列に，上から下までTがならぶような論理式や，TとFが混在しているような論理式や，上から下までFがならぶような論理式があることに気づく．上から下までTがならぶような論理式，つまり命題変項にたいするすべての真偽の割りあてにたいして真になるような論理式のことを**トートロジー**（tautology）という．また真理表の結果の列に，上から下までFがならぶような論理式，つまり命題変項にたいするすべての真偽の割りあてにたいして偽になるような論理式のことを**矛盾式**という．

たとえば，$(p \supset q) \wedge \sim q \supset \sim p$ はトートロジーであり，$(p \supset q) \wedge (p \wedge \sim q)$ は矛盾式である．

p	q	$(p \supset q)$	$\wedge$	$\sim q$	$\supset$	$\sim p$	$(p \supset q)$	$\wedge$	$(p \wedge \sim q)$
T	T	T	F	F	**T**	F	T	**F**	F F
T	F	F	F	T	**T**	F	F	**F**	T T
F	T	T	F	F	**T**	T	T	**F**	F F
F	F	T	T	T	**T**	T	T	**F**	F T

トートロジーを否定すると矛盾式になり，矛盾式を否定するとトートロジーに

なる．前件が矛盾式であるような条件式や，後件がトートロジーであるような条件式は，トートロジーである．また，トートロジーを選言肢にもつような選言式はトートロジーであり，矛盾式を連言肢にもつような連言式は矛盾式である．（これらのことはほとんど自明であるから，説明は不要であろう．）

　真理表を書いてみれば，論理式がトートロジーであるかないかを知ることができる．しかし，真理値分析の細かい情報は必要ではなく，トートロジーであるかないかだけを知りたいときには，**急襲法**（fell swoop）という方法がしばしば有効である．この方法は $A \supset B$ の形をした論理式（条件式）にたいして適用される．

(1) 前件 A が真になる命題変項にたいする真偽の割りあてが少数（ひと通りであることが望ましい）である場合，その割りあてを後件 B に適用する．そして B が偽になることがあれば，$A \supset B$ はトートロジーではない．B が偽になることがなければ，$A \supset B$ はトートロジーである．

(2) 後件 B が偽になる命題変項にたいする真偽の割りあてが少数（ひと通りであることが望ましい）である場合，その割りあてを前件 A に適用する．そして A が真になることがあれば，$A \supset B$ はトートロジーではない．A が真になることがなければ，$A \supset B$ はトートロジーである．

（$A \supset B$ は，A が真になる命題変項にたいする真偽の割りあてがない場合，あるいは B が偽になる命題変項にたいする真偽の割りあてがない場合には，トートロジーになる．）

例 1. $\sim(p \lor q) \supset \sim p \land \sim q$

　前件が真になるのは，p が偽，q も偽のときだけである．このとき，後件は真になる（偽になることはない）から，この論理式はトートロジーである．

例 2. $\sim(p \land q) \supset \sim p \lor \sim q$

　後件が偽になるのは，p が真，q も真のときだけである．このとき，前件は偽になる（真になることはない）から，この論理式はトートロジーである．

　「命題についての論理法則」は，構成要素の命題（単純な命題）がどのように変化しても常に真になるような命題の形式であり，それはトートロジーを用いて表現することができる．また「推論についての論理法則」は，構成要素の命題がどのように変化しても，すべての前提が真のとき常に結論も真になるような推論

の形式であり，それは「前提の連言を前件とし，結論を後件とする条件式がトートロジーになるような推論の形式」として表現することができる．昔から知られている，命題および推論についての論理法則のいくつかのものを列挙しておこう．（同一律から分配律までが命題についての論理法則であり，肯定式から単純破壊的ジレンマまでが推論についての論理法則である．）

$p \supset p$	同一律
$p \vee \sim p$	排中律
$\sim(p \wedge \sim p)$	矛盾律
$p \equiv \sim\sim p$	二重否定の法則
$(p \supset q) \equiv (\sim q \supset \sim p)$	対偶の法則
$\sim(p \wedge q) \equiv \sim p \vee \sim q$	ド・モルガンの法則
$\sim(p \vee q) \equiv \sim p \wedge \sim q$	ド・モルガンの法則
$((p \supset q) \supset p) \supset p$	パースの法則
$p \wedge (q \vee r) \equiv (p \wedge q) \vee (p \wedge r)$	分配律
$p \vee (q \wedge r) \equiv (p \vee q) \wedge (p \vee r)$	分配律

$$\frac{p \supset q, \ p}{q}$$ 肯定式（modus ponens）

$$\frac{p \supset q, \ \sim q}{\sim p}$$ 否定式（modus tollens）

$$\frac{p \supset q, \ q \supset r}{p \supset r}$$ 仮言三段論法

$$\frac{p \vee q, \ \sim p}{q}$$ 選言三段論法

$$\frac{p \supset r, \ q \supset r, \ p \vee q}{r}$$ 単純構成的ジレンマ

$$\frac{p \supset q, \ p \supset r, \ \sim q \vee \sim r}{\sim p}$$ 単純破壊的ジレンマ

§5. 同値定理

　命題変項にたいするすべての真偽の割りあてにたいして真偽が一致するような2つの論理式は，**同値である**といわれる．同じ命題変項を含む2つの論理式は，真理表の結果の列が完全に一致するならば，同値であり，真理表の結果の列が一

致しないならば，同値ではない．ゆえにたとえば $\sim(p \wedge q)$ と $\sim p \vee \sim q$ は，真理表の結果の列が完全に一致するから，同値であり， $\sim(p \wedge q)$ と $\sim(p \vee q)$ は，真理表の結果の列が一致しないから，同値ではない．

p	q	$\sim(p \wedge q)$	$\sim p \vee \sim q$	$\sim(p \vee q)$	$\sim(p \wedge q) \equiv (\sim p \vee \sim q)$
T	T	F	F	F	T
T	F	T	T	F	T
F	T	T	T	F	T
F	F	T	T	T	T

A と B が同値のとき $A \equiv B$ はトートロジーになり，$A \equiv B$ がトートロジーのとき A と B は同値になる．ゆえに A と B が同値であるのは，$A \equiv B$ がトートロジーであるときであり，またそのときにかぎる．

つぎの定理は，論理式のなかに含まれる論理式を，それと同値な論理式で置きかえて得られる論理式は，もとの論理式と同値であることを述べている．証明の最後にある ■ は「証明終わり」を意味する．

●同値定理

論理式 S のなかに含まれる A を何個所か A' で置きかえて得られる論理式を S' とするとき，A と A' が同値ならば，S と S' も同値である．

証明

S と S' は，S が A を含むいくつかの場所で S' が A' を含むという点で異なるだけだから，命題変項にたいする任意の真偽の割りあてにたいして，A と A' の真偽が一致するならば，S と S' の真偽も一致する．ゆえに，すべての真偽の割りあてにたいして A と A' の真偽が一致するならば，すべての真偽の割りあてにたいして S と S' の真偽も一致することになる．したがって，A と A' が同値ならば，S と S' も同値である．　　　　　　　　■

同値定理を用いると，$\sim(p \wedge q)$ と $\sim p \vee \sim q$ が同値だから，

$$\underline{\sim(p \wedge q)} \supset p \vee q \quad \text{と} \quad \underline{\sim p \vee \sim q} \supset p \vee q,$$

$$\sim(p \supset \underline{\sim(p \wedge q)}) \equiv r \quad \text{と} \quad \sim(p \supset \underline{\sim p \vee \sim q}) \equiv r$$

などがそれぞれ同値であることがわかる．

§6. 連言標準形

長い連言式や選言式は，連言肢や選言肢を結合する仕方をかえても互いに同値である．たとえば，連言式の場合，

$$((A \wedge B) \wedge C) \wedge D, \quad (A \wedge B) \wedge (C \wedge D),$$
$$(A \wedge (B \wedge C)) \wedge D, \quad A \wedge ((B \wedge C) \wedge D),$$
$$A \wedge (B \wedge (C \wedge D))$$

などはすべて同値である．選言式の場合も同様である．それゆえ，論理式の真偽のみが問題であるときは，連言式や選言式のカッコを省略して，

$$A \wedge B \wedge C \wedge D,$$
$$A \vee B \vee C \vee D$$

のように書くことにする．そして，このようにカッコを省略して書いたものも連言式，選言式とよび，A, B, C, D などを連言肢，選言肢とよぶことにする．

ここで，連言標準形とよばれる特殊な形をした論理式を定義する．**連言標準形**（conjunctive normal form）とは，全体が連言式

$$a_1 \wedge a_2 \wedge \cdots \wedge a_n \qquad (n \geq 1)$$

の形をしていて，各 a_i が選言式

$$b_1 \vee b_2 \vee \cdots \vee b_m \qquad (m \geq 1)$$

の形をしているような論理式のことである．ただし，b_j は命題変項か，その否定を表わしている．

たとえば，つぎのような論理式は連言標準形である．

$$\sim p, \quad p \vee \sim q, \quad \sim p \wedge (p \vee \sim q), \quad (p \vee \sim q) \wedge (p \vee q \vee \sim r)$$

しかし，つぎのような論理式は連言標準形ではない．

$$\sim \sim p, \quad \sim (p \vee \sim q), \quad \sim p \vee (p \wedge \sim q)$$

●定理 1

任意の論理式にたいして，それと同値な連言標準形が存在する．

証明

任意の論理式 S にたいして，S と同値であるような，S の連言標準形 S_C の作

り方を示す．S_C は，S から出発して，つぎの 5 つの手続きを経て最後に得られる論理式である．手続きは，いずれも，論理式の部分的変形を行なうものである．1 つの手続きが終了してから，つぎの手続きに進むものとする．手続きが適用できないときは，その手続きをとばしてつぎの手続きに進んでよい．

(1) 同値記号 $\equiv$ の排除

    $A \equiv B$ の部分を $(A \supset B) \wedge (B \supset A)$ で置きかえる．

(2) 条件記号 $\supset$ の排除

    $A \supset B$ の部分を $\sim A \vee B$ で置きかえる．

(3) 否定記号 $\sim$ の移動

    $\sim(A \wedge B)$ の部分を $\sim A \vee \sim B$ で，

    $\sim(A \vee B)$ の部分を $\sim A \wedge \sim B$ で置きかえる．

(4) 二重否定 $\sim\sim$ の消去

    $\sim\sim A$ の部分を A で置きかえる．

(5) 分配律の適用

    $A \vee (B \wedge C)$ の部分を $(A \vee B) \wedge (A \vee C)$ で置きかえる．

    つぎに

    $(B \wedge C) \vee A$ の部分を $(B \vee A) \wedge (C \vee A)$ で置きかえる．

　手続き (2) が終了した段階で，論理式に含まれる論理記号は，$\sim$，$\wedge$，$\vee$ のみである．手続き (4) が終了した段階では，論理式のなかの否定記号 $\sim$ は命題変項のみにかかっている．最後の (5) の手続きが終了して得られる論理式は，明らかに，連言標準形である．しかも，最後に得られる論理式 S_C は，最初の論理式 S と同値である．なぜなら，(1)〜(5) は，すべて，論理式に部分的に含まれる論理式をそれと同値な論理式で置きかえることを指示しており，S に何度この手続きを適用しても，得られる論理式はすべて S と同値であるはずだからである（同値定理）．

　S を $\sim(p \equiv \sim q)$ として，S の連言標準形 S_C を求めてみよう．

S $\sim(p \equiv \sim q)$

(1) $\sim((p \supset \sim q) \wedge (\sim q \supset p))$

(2) $\sim((\sim p \vee \sim q) \wedge (\sim\sim q \vee p))$

(3)　　$\sim(\sim p \vee \sim q) \vee \sim(\sim\sim q \vee p)$

　　　　$(\sim\sim p \wedge \sim\sim q) \vee (\sim\sim\sim q \wedge \sim p)$

(4)　　$(p \wedge q) \vee (\sim q \wedge \sim p)$

(5)　　$((p \wedge q) \vee \sim q) \wedge ((p \wedge q) \vee \sim p)$

　　　　$((p \vee \sim q) \wedge (q \vee \sim q)) \wedge ((p \vee \sim p) \wedge (q \vee \sim p))$

S_C　$(p \vee \sim q) \wedge (q \vee \sim q) \wedge (p \vee \sim p) \wedge (q \vee \sim p)$

　連言標準形がトートロジーであるかないかは，その形を見て，容易に判定することができる．連言標準形

　　　　$a_1 \wedge a_2 \wedge \cdots \wedge a_n$

がトートロジーのとき，すべての a_i はトートロジーである．なぜなら，ある a_i がトートロジーでないならば，a_i を偽にする命題変項の真偽の割りあてが存在し，その割りあてにたいして全体の連言標準形が偽になってしまうからである．逆に，すべての a_i がトートロジーのとき，連言標準形がトートロジーになることは明らかであろう．

　また，ある a_i がトートロジーのとき，a_i すなわち

　　　　$b_1 \vee b_2 \vee \cdots \vee b_m$

のなかには同一の命題変項の肯定と否定（p と $\sim p$ のような）がともに選言肢として含まれていなければならない．そうでないと，b_1, b_2, $\cdots$, b_m をすべて偽にする命題変項の真偽の割りあてが存在し，その割りあてにたいして a_i が偽になってしまうからである．逆に，a_i が同一の命題変項の肯定と否定を含むとき，a_i がトートロジーになることは明らかであろう．

　つまり，連言標準形がトートロジーであるのは，各連言肢がトートロジーであるときかつそのときにかぎり，また，各連言肢がトートロジーであるのは，同一の命題変項の肯定と否定がともに選言肢として含まれているときかつそのときにかぎる．したがって，連言標準形がトートロジーであるかないかを判定するためには，すべての連言肢のなかに，それぞれ，同一の命題変項の肯定と否定がともに選言肢として含まれているかどうかを見ればよいのである．

　論理式 S とその連言標準形 S_C は同値であるから，S_C がトートロジーであるかないかを判定することによって，S がトートロジーであるかないかを判定することができる．たとえば，$\sim(p \equiv \sim q)$ は，その連言標準形

$$(p \vee \sim q) \wedge (q \vee \sim q) \wedge (p \vee \sim p) \wedge (q \vee \sim p)$$

がトートロジーではないから，トートロジーではない．

また，$(p \supset q) \vee (p \wedge \sim q)$ は，その連言標準形

$$(\sim p \vee q \vee p) \wedge (\sim p \vee q \vee \sim q)$$

がトートロジーだから，トートロジーである．

§7. 選言標準形

　連言標準形とならんでよく用いられるのが選言標準形である．**選言標準形**（dis-junctive normal form）とは，全体が選言式

$$a_1 \vee a_2 \vee \cdots \vee a_n \qquad (n \geq 1)$$

の形をしていて，各 a_i が連言式

$$b_1 \wedge b_2 \wedge \cdots \wedge b_m \qquad (m \geq 1)$$

の形をしているような論理式のことである．ただし，b_j は命題変項か，その否定を表わしている．

　たとえば，つぎのような論理式は選言標準形である．

$$\sim p, \quad p \wedge \sim q, \quad \sim p \vee (p \wedge \sim q), \quad (p \wedge \sim q) \vee (p \wedge q \wedge \sim r)$$

しかし，つぎのような論理式は選言標準形ではない．

$$\sim \sim p, \quad \sim (p \wedge \sim q), \quad \sim p \wedge (p \vee \sim q)$$

　任意の論理式にたいしてそれと同値な連言標準形が存在したが，全く同様に，任意の論理式にたいしてそれと同値な選言標準形も存在する．

●定理2

　任意の論理式にたいして，それと同値な選言標準形が存在する．

証明

　任意の論理式 S にたいして，S と同値であるような，S の選言標準形 S_D の作り方を示す．S_D は，S から出発して，つぎの5つの手続きを経て最後に得られる論理式である．手続きは，いずれも，論理式の部分的変形を行なうものである．1つの手続きが終了してから，つぎの手続きに進むものとする．手続きが適用できないときは，その手続きをとばしてつぎの手続きに進んでよい．はじめの4つの

手続きは，S の連言標準形 S_C を作る手続きと同じである．手続き (5) が S_C を作る手続きとは異なる．

(1) 同値記号 $\equiv$ の排除

　　$A \equiv B$ の部分を $(A \supset B) \wedge (B \supset A)$ で置きかえる．

(2) 条件記号 $\supset$ の排除

　　$A \supset B$ の部分を $\sim A \vee B$ で置きかえる．

(3) 否定記号 $\sim$ の移動

　　$\sim(A \wedge B)$ の部分を $\sim A \vee \sim B$ で，

　　$\sim(A \vee B)$ の部分を $\sim A \wedge \sim B$ で置きかえる．

(4) 二重否定 $\sim\sim$ の消去

　　$\sim\sim A$ の部分を A で置きかえる．

(5) 分配律の適用

　　$A \wedge (B \vee C)$ の部分を $(A \wedge B) \vee (A \wedge C)$ で置きかえる．

　　つぎに

　　$(B \vee C) \wedge A$ の部分を $(B \wedge A) \vee (C \wedge A)$ で置きかえる．

　5つの手続きがすべて終了して得られる論理式は，明らかに，選言標準形である．しかも，最後に得られる論理式 S_D は，最初の論理式 S と同値である．なぜなら，(1)〜(5) は，すべて，論理式に部分的に含まれる論理式をそれと同値な論理式で置きかえることを指示しており，S に何度この手続きを適用しても，得られる論理式はすべて S と同値であるはずだからである（同値定理）．　　■

　S を $p \equiv \sim q$ として，S の選言標準形 S_D を求めてみよう．

S 　　$p \equiv \sim q$

(1) 　　$(p \supset \sim q) \wedge (\sim q \supset p)$

(2) 　　$(\sim p \vee \sim q) \wedge (\sim \sim q \vee p)$

(4) 　　$(\sim p \vee \sim q) \wedge (q \vee p)$

(5) 　　$((\sim p \vee \sim q) \wedge q) \vee ((\sim p \vee \sim q) \wedge p)$

　　　　$((\sim p \wedge q) \vee (\sim q \wedge q)) \vee ((\sim p \wedge p) \vee (\sim q \wedge p))$

S_D 　　$(\sim p \wedge q) \vee (\sim q \wedge q) \vee (\sim p \wedge p) \vee (\sim q \wedge p)$

　連言標準形の形を見て，それがトートロジーであるかないかを容易に判定でき

たのと同様に，選言標準形の形を見れば，それが矛盾式であるかないかを容易に
判定できる．選言標準形

$$a_1 \vee a_2 \vee \cdots \vee a_n$$

が矛盾式のとき，すべての a_i は矛盾式である．なぜなら，ある a_i が矛盾式でな
いならば，a_i を真にする命題変項の真偽の割りあてが存在し，その割りあてにた
いして全体の選言標準形が真になるからである．逆に，すべての a_i が矛盾式のと
き，選言標準形が矛盾式になることは明らかであろう．

また，ある a_i が矛盾式のとき，a_i すなわち

$$b_1 \wedge b_2 \wedge \cdots \wedge b_m$$

のなかには同一の命題変項の肯定と否定（p と $\sim p$ のような）がともに連言肢と
して含まれていなければならない．そうでないと，b_1, b_2, $\cdots$, b_m をすべて真
にする命題変項の真偽の割りあてが存在し，その割りあてにたいして a_i が真にな
るからである．逆に，a_i が同一の命題変項の肯定と否定を含むとき，a_i が矛盾式
になることは明らかであろう．

つまり，選言標準形が矛盾式であるのは，各選言肢が矛盾式であるときかつそ
のときにかぎり，また，各選言肢が矛盾式であるのは，同一の命題変項の肯定と
否定がともに連言肢として含まれているときかつそのときにかぎる．したがって，
選言標準形が矛盾式であるかないかを判定するためには，すべての選言肢のな
かに，それぞれ，同一の命題変項の肯定と否定がともに連言肢として含まれて
いるかどうかを見ればよいのである．

論理式 S とその選言標準形 S_D は同値であるから，S_D が矛盾式であるかない
かを判定することによって，S が矛盾式であるかないかを判定することができる．
たとえば，$p \equiv \sim q$ は，その選言標準形

$$(\sim p \wedge q) \vee (\sim q \wedge q) \vee (\sim p \wedge p) \vee (\sim q \wedge p)$$

が矛盾式ではないから，矛盾式ではない．
また，$(p \supset q) \wedge (p \wedge \sim q)$ は，その選言標準形

$$(\sim p \wedge p \wedge \sim q) \vee (q \wedge p \wedge \sim q)$$

が矛盾式だから，矛盾式である．

§8. 真理関数

変数と値がともに真理値であるような関数を**真理関数** (truth function) という. 真理関数は, 真理値 (の組) に真理値を対応させるような関数である. 命題変項の真理値が決まれば論理式の真理値が決まるから, 論理式は真理関数を表現している. n 種類の命題変項を含む論理式は, n 変数の真理関数を表現している. たとえば2種類の命題変項を含む論理式 $p \wedge q \supset \sim (p \vee q)$ は, つぎの右図のような2変数の真理関数 $f(x_1, x_2)$ を表現している.

p	q	$p \wedge q \supset \sim (p \vee q)$
T	T	F
T	F	T
F	T	T
F	F	T

x_1	x_2	$f(x_1, x_2)$
T	T	F
T	F	T
F	T	T
F	F	T

($p \wedge q \supset \sim (p \vee q)$ と同値な $\sim (p \wedge q)$ も $f(x_1, x_2)$ を表現している. 同じ命題変項を含む, 同値な論理式は, 同じ真理関数を表現している.)

真理関数 $f(x_1, x_2)$ は論理式 $p \wedge q \supset \sim (p \vee q)$ によって表現される. $p \wedge q \supset \sim (p \vee q)$ という論理式によって, 真理関数 $f(x_1, x_2)$ を表現することができるのである. では論理式によって, すべての真理関数を表現することはできるだろうか.

●定理3

論理記号として $\sim$, $\wedge$, $\vee$ のみを含むような論理式によって, すべての真理関数を表現することができる.

証明

任意の真理関数を $f(x_1, \cdots, x_n)$ とせよ. 論理記号として $\sim$, $\wedge$, $\vee$ のみを含み, $f(x_1, \cdots, x_n)$ を表現するような論理式 (D) を, つぎの 1), 2) のようにして作る. n 種類の命題変項 $\mathbf{p}_1$, $\cdots$, $\mathbf{p}_n$ を用いる.

1) $f(x_1, \cdots, x_n)$ の真理表の i 行目に注目して, 連言式 C_i を作る.

$$C_i : \quad \mathbf{p}_1{}' \wedge \cdots \wedge \mathbf{p}_n{}'$$

ここで $\mathbf{p}_j{}'$ は, $f(x_1, \cdots, x_n)$ の真理表の i 行目の x_j が真のとき $\mathbf{p}_j$ であり, x_j が偽のとき $\sim \mathbf{p}_j$ である ($1 \leq j \leq n$).

2) $f(x_1, \cdots, x_n)$ が真理表の i 行目で真であるようなすべての i にたいする C_i（それを $C_{i_1}, \cdots, C_{i_m}$ とする）をあつめて，選言式 D を作る．

$$D: \quad C_{i_1} \lor \cdots \lor C_{i_m}$$

この D が $f(x_1, \cdots, x_n)$ を表現していることをつぎに示す．

$f(x_1, \cdots, x_n)$ の真理表と，C_i や D の真理表の各行において，$x_1, \cdots, x_n$ にたいする真偽の割りあてと，$\mathbf{p}_1, \cdots, \mathbf{p}_n$ にたいする真偽の割りあてが完全に一致しているとせよ．$f(x_1, \cdots, x_n)$ が i 行目で真であるとき，D の選言肢のなかに C_i が含まれ，その C_i が i 行目で真になるから，D は i 行目で真になる．また $f(x_1, \cdots, x_n)$ が i 行目で偽であるとき，D の選言肢のなかに C_i が含まれず，D の選言肢 C_j（$j \neq i$）がすべて i 行目で偽になる（C_j は j 行目でのみ真になる）から，D は i 行目で偽になる．ゆえに D は $f(x_1, \cdots, x_n)$ を表現している．

$f(x_1, \cdots, x_n)$ が真理表のすべての行で偽であるときは，D を $(\mathbf{p}_1 \land \sim \mathbf{p}_1) \land \mathbf{p}_2 \land \cdots \land \mathbf{p}_n$ とすればよい．この D が $f(x_1, \cdots, x_n)$ を表現していることは明らかである．　■

定理の証明により，つぎの左図のような真理関数 $f(x_1, x_2)$ は，論理式 $(p \land \sim q) \lor (\sim p \land \sim q)$ によって表現される．（$f(x_1, x_2)$ が真になる行を*で示す．）

	x_1	x_2	$f(x_1, x_2)$
	T	T	F
*	T	F	T
	F	T	F
*	F	F	T

p	q	$(p \land \sim q) \lor (\sim p \land \sim q)$		
T	T	F	**F**	F
T	F	T	**T**	F
F	T	F	**F**	F
F	F	F	**T**	T

●定理 4

(1) 論理記号として $\sim$，$\land$ のみ，$\sim$，$\lor$ のみ，$\sim$，$\supset$ のみを含むような論理式によって，すべての真理関数を表現することができる．

(2) 論理記号として $\land$，$\lor$，$\supset$，$\equiv$ のみを含むような論理式によって，すべての真理関数を表現することはできない．

(3) 論理記号として $\sim$，$\equiv$ のみを含むような論理式によって，すべての真理関数を表現することはできない．

証明

(1) 任意の真理関数を $f(x_1, \cdots, x_n)$ とせよ. 前定理より, $f(x_1, \cdots, x_n)$ は, 論理記号として $\sim$, $\wedge$, $\vee$ のみを含むような論理式 D によって表現される.

D のなかの $\vee$ を排除して ($A \vee B$ の部分を $\sim(\sim A \wedge \sim B)$ で置きかえる手続きをくりかえして) D' を作ると, D' は論理記号として $\sim$, $\wedge$ のみを含み, D と同値だから, $f(x_1, \cdots, x_n)$ を表現している.

D のなかの $\wedge$ を排除して ($A \wedge B$ の部分を $\sim(\sim A \vee \sim B)$ で置きかえる手続きをくりかえして) D'' を作ると, D'' は論理記号として $\sim$, $\vee$ のみを含み, D と同値だから, $f(x_1, \cdots, x_n)$ を表現している.

D のなかの $\vee$, $\wedge$ を排除して ($A \vee B$ の部分を $\sim A \supset B$ で置きかえ, $A \wedge B$ の部分を $\sim(A \supset \sim B)$ で置きかえる手続きをくりかえして) D''' を作ると, D''' は論理記号として $\sim$, $\supset$ のみを含み, D と同値だから, $f(x_1, \cdots, x_n)$ を表現している.

(2) 論理記号として $\wedge$, $\vee$, $\supset$, $\equiv$ のみを含むような論理式は, 含まれるすべての命題変項が真のとき, 真になるから, $f(\mathrm{T}, \cdots, \mathrm{T}) = \mathrm{F}$ であるような真理関数 $f(x_1, \cdots, x_n)$ を表現することができない.

(3) 2 種類の命題変項 p, q を含み, 論理記号として $\sim$, $\equiv$ のみを含むような論理式によって, すべての 2 変数の真理関数を表現することはできないことを示せば十分である.

p, q の真偽の割りあて (4 通り) に対応する 4 行の真理表を考え, p, q から作られる論理式で, 論理式が真になる行数が 0, 2, 4 個であるような論理式を**偶数式**とよび, 論理式が真になる行数が 1, 3 個であるような論理式を**奇数式**とよぶことにする. $p \equiv q$, $\sim(p \equiv q)$ などは偶数式であり, p, q, $\sim p$ なども, 4 行の真理表のなかでは 2 つの行で真になるから, 偶数式である. そして $p \wedge q$, $p \vee q$ などは奇数式である.

<u>p, q から作られる論理式で, 論理記号として $\sim$, $\equiv$ のみを含むような論理式はすべて偶数式であることを示す.</u> これを示すためには, p, q が偶数式であること, A が偶数式ならば $\sim A$ も偶数式であること, A と B が偶数式ならば $A \equiv B$ も偶数式であることを示せばよい. p, q が偶数式であること, A が偶数式ならば $\sim A$ も偶数式であることは明らかだから, A と B が偶数式ならば $A \equiv B$ も偶数式であることを示す.

A と B の一方がトートロジーで，他方が真理表で真になる行数が 0，2，4 個であるとき，$A \equiv B$ が真理表で真になる行数も 0，2，4 個になるから，$A \equiv B$ は偶数式である．A と B の一方が矛盾式で，他方が真理表で真になる行数が 0，2，4 個であるとき，$A \equiv B$ が真理表で真になる行数は 4，2，0 個になるから，$A \equiv B$ は偶数式である．

A と B の両方がトートロジーでも矛盾式でもなく，両方の真理表での結果の列が 2 個の T と 2 個の F を含むとき，2 個の T に注目して，つぎの 3 つの場合が考えられる．1) T が（結果の列の）2 個所で一致する．2) T が 1 個所で一致する．3) T がどの個所でも一致しない．1) の場合，一致する T を除いた列（横にならべて書く）は，FF と FF であり，結果の列は 4 個所で一致する．2) の場合，一致する T を除いた列は，TFF と FTF，TFF と FFT，FTF と FFT であり，結果の列は 2 個所で一致する．3) の場合，結果の列は，TTFF と FFTT，TFTF と FTFT，TFFT と FTTF であり，結果の列は 0 個所で一致する（完全に不一致である）．ゆえに $A \equiv B$ が真理表で真になる行数は 4，2，0 個になり，$A \equiv B$ は偶数式である．

ゆえに p，q を含み，論理記号として ～，$\equiv$ のみを含むような論理式はすべて偶数式である．したがって p，q を含み，論理記号として ～，$\equiv$ のみを含むような論理式によって，奇数式が表現するような 2 変数の真理関数を表現することはできない．　　　　　　　　　　　　　　　　　　　　　　　　　　　■

この定理の (1) は，2 種類の論理記号（～ と ∧，～ と ∨，～ と ⊃）を含むような論理式によって，すべての真理関数を表現することができることを述べている．では 1 種類だけの論理記号を含むような論理式によって，すべての真理関数を表現することはできないだろうか．つぎの真理表のような意味をもつ論理記号 |，↓ が存在するとき，論理記号として | のみ，↓ のみを含むような論理式によって，すべての真理関数を表現することができる．| は **シェファーの棒**（Sheffer's stroke）とよばれ，↓ は **パースの矢**（Peirce's arrow）とよばれる．

A	B	$A \mid B$	$A \downarrow B$
T	T	F	F
T	F	T	F
F	T	T	F
F	F	T	T

$\mid$, $\downarrow$ は2変項の論理記号（2つの論理式をつなぐ論理記号）である.

●定理5

(1) 論理記号として $\mid$ のみ, $\downarrow$ のみを含むような論理式によって, すべての真理関数を表現することができる.

(2) 論理記号としてそれのみを含むような論理式によって, すべての真理関数を表現することができるような2変項の論理記号は, $\mid$ と $\downarrow$ のみである.

証明

(1) $A \mid B$ が $\sim (A \land B)$ と同値だから, $\sim A$ は, $\sim (A \land A)$, $A \mid A$ と同値であり, $A \land B$ は, $\sim (A \mid B)$, $(A \mid B) \mid (A \mid B)$ と同値である.

$A \downarrow B$ が $\sim (A \lor B)$ と同値だから, $\sim A$ は, $\sim (A \lor A)$, $A \downarrow A$ と同値であり, $A \lor B$ は, $\sim (A \downarrow B)$, $(A \downarrow B) \downarrow (A \downarrow B)$ と同値である.

ゆえに前定理の (1) を考慮して, 論理記号として $\mid$ のみ, $\downarrow$ のみを含むような論理式によって, すべての真理関数を表現することができる.

(2) 論理記号として $*$（2変項の論理記号）のみを含むような論理式によって, すべての真理関数を表現することができるとすると, A と B がともに真のとき $A * B$ は偽でなければならない. なぜなら, A と B がともに真のとき $A * B$ が真になると, 論理記号として $*$ のみを含むような論理式は, 含まれるすべての命題変項が真のとき, 真になるから, $f(\mathrm{T}, \cdots, \mathrm{T}) = \mathrm{F}$ であるような真理関数 $f(x_1, \cdots, x_n)$ を表現することができないからである. 同様に考えて, A と B がともに偽のとき $A * B$ は真でなければならない. それゆえ, $A * B$ の真理表はつぎのようなものになる.

A	B	$A * B$
T	T	F
T	F	α
F	T	β
F	F	T

α, β が T，T のとき $*$ は $|$ であり，α, β が F，F のとき $*$ は $\downarrow$ である．

α, β が F，T のとき $A * B$ は $\sim A$ と同値になるから，命題変項 p, q を含み，論理記号として $*$ のみを含むような論理式は，p, q, $\sim p$, $\sim q$ のいずれかと同値になる（たとえば $(p * q) * q$ は p と同値になり，$((p * q) * q) * q$ は $\sim p$ と同値になる）．ゆえに p, q を含み，論理記号として $*$ のみを含むような論理式によって，すべての 2 変数の真理関数を表現することはできない（たとえば常に真になるような 2 変数の真理関数を表現することはできない）．ゆえに，論理記号として $*$ のみを含むような論理式によって，すべての（2 変数の）真理関数を表現することはできない．

同様に考えて，α, β が T，F のとき（$A * B$ は $\sim B$ と同値になる）も，論理記号として $*$ のみを含むような論理式によって，すべての真理関数を表現することはできない． ■

§9.　公理体系 PL

命題論理（propositional logic）の公理体系は，すべてのトートロジーが定理として導出でき，またトートロジーだけが定理として導出できるように考えて作られる．すべてのトートロジーが定理として導出でき，またトートロジーだけが定理として導出できるような公理体系として，何種類かのものが考案されている．つぎに述べる公理体系 PL も，そのような公理体系の 1 つである．

公理体系 PL の内部で用いる基本記号や論理式は，すでに定義した基本記号や論理式と同じものである（10，11 ページ）．ただし論理記号のうち，基本の論理記号は $\sim$，$\supset$ のみであり，論理記号 $\vee$，$\wedge$，$\equiv$ はつぎの定義によって導入されるものとする．左辺は右辺の省略的な表現である．

$$(A \vee B) : (\sim A \supset B)$$

$$(A \land B): \ \sim(A \supset \sim B)$$

$$(A \equiv B): \ \sim((A \supset B) \supset \sim(B \supset A))$$

$\lor$, $\land$, $\equiv$ を含む表現は,それらを含まない論理式の省略的な表現である.たとえば $p \lor (q \land r)$ すなわち $(p \lor (q \land r))$ は,$(\sim p \supset \sim(q \supset \sim r))$ の省略的な表現である.

このようにして基本の論理記号の種類を制限することによって,公理図式や変形規則の個数を減らすことができ,公理体系を単純な形で定式化することができるようになる.

公理体系 PL の公理図式はつぎのものである.公理図式は無限個の公理をひとまとめに表わしたものである.

●公理図式

1. $A \supset (B \supset A)$

2. $(A \supset (B \supset C)) \supset ((A \supset B) \supset (A \supset C))$

3. $(\sim A \supset \sim B) \supset ((\sim A \supset B) \supset A)$

公理図式をみたす論理式が **公理** である.たとえば,

$$p \supset (q \supset p), \quad p \supset ((p \supset q) \supset p), \quad p \supset (p \supset p)$$

などは,公理図式 1 をみたすから公理であり,

$$(p \supset (q \supset r)) \supset ((p \supset q) \supset (p \supset r)),$$

$$(p \supset ((p \supset q) \supset r)) \supset ((p \supset (p \supset q)) \supset (p \supset r))$$

などは,公理図式 2 をみたすから公理であり,

$$(\sim p \supset \sim q) \supset ((\sim p \supset q) \supset p), \quad (\sim p \supset \sim p) \supset ((\sim p \supset p) \supset p)$$

などは,公理図式 3 をみたすから公理である.

公理体系 PL の変形規則はつぎのものである.

●変形規則（分離規則）

A と $A \supset B$ から B を導くことができる.

公理に何回か変形規則を適用して得られる論理式が **定理** である.公理自身も定理とみなす.公理と変形規則から定理を導く手続きが証明であり,定理は **証明可能な論理式** のことである.

　たとえば $p \supset p$ は定理であり，公理と変形規則からつぎのようにして導かれる．まず公理図式 2 より，

$$(p \supset ((p \supset p) \supset p)) \supset ((p \supset (p \supset p)) \supset (p \supset p))$$

が公理であり，公理図式 1 より，

$$p \supset ((p \supset p) \supset p)$$

も公理であるから，変形規則を用いて，

$$(p \supset (p \supset p)) \supset (p \supset p)$$

が導かれる．ところが公理図式 1 より，

$$p \supset (p \supset p)$$

も公理であるから，もう 1 度変形規則を用いて，

$$p \supset p$$

が導かれる．

　一般には，論理式が定理であることを示したいときに，その論理式を公理と変形規則から導こうとしても，うまくいかないことが多い．そのようなときに役立つのが，つぎに述べる「演繹定理」である．演繹定理を用いると，$A_1 \supset (A_2 \supset \cdots \supset (A_n \supset B) \cdots)$ のような形の論理式が定理であることを比較的容易に示すことができる．

§10. 演繹定理

　論理式の列 $A_1, \cdots, A_n$ のすべての A_i について，A_i が公理であるか，または列のなかで先行する（2 つの）論理式から変形規則を 1 回だけ用いて導かれる論理式である，ということがいえるとき，「$A_1, \cdots, A_n$ は，$\underline{A_n \text{の証明}}$ である」という．

　また，論理式の列 $A_1, \cdots, A_n$ のすべての A_i について，A_i が公理であるか，または $B_1, \cdots, B_m$ に含まれる論理式（ある B_j）であるか，または列のなかで先行する（2 つの）論理式から変形規則を 1 回だけ用いて導かれる論理式である，ということがいえるとき，「$A_1, \cdots, A_n$ は，$\underline{\text{仮定} B_1, \cdots, B_m \text{からの} A_n \text{の証}}$ $\underline{\text{明}}$（演繹）である」という．

「A の証明（であるような論理式の列）が存在する」ということを，$\vdash A$ のように書いて表わし，「仮定 $B_1, \cdots, B_m$ からの A の証明（であるような論理式の列）が存在する」ということを，$B_1, \cdots, B_m \vdash A$ のように書いて表わす．$\vdash A$ は，A が定理である（公理と変形規則から導かれる）ということと同値である．

●定理 6

(1) $\vdash A$ ならば，$B_1, \cdots, B_m \vdash A$.

(2) $B_1, \cdots, B_m \vdash B_j$. （$1 \leq j \leq m$）

(3) $C_1, \cdots, C_m \vdash A$ かつ $C_1, \cdots, C_m \vdash A \supset B$ ならば，$C_1, \cdots, C_m \vdash B$.

証明

(1) A の証明がそのまま，仮定 $B_1, \cdots, B_m$ からの A の証明になる．

(2) B_j のみの列が，仮定 $B_1, \cdots, B_m$ からの B_j の証明になる．

(3) 仮定 $C_1, \cdots, C_m$ からの A の証明と，同じ仮定からの $A \supset B$ の証明を連結して最後に B を付加した列が，同じ仮定からの B の証明になる．　■

●定理 7

$\vdash A \supset A$

証明

$A \supset A$ の証明であるような，論理式の列を示す．わかりやすいように，論理式の左に番号を付し，論理式の右にその論理式が得られる理由を記す．「公理図式 1 (2, 3)」と書く代わりに，簡単に「公理 1 (2, 3)」と書くことにする．

  1. $(A \supset ((A \supset A) \supset A)) \supset ((A \supset (A \supset A)) \supset (A \supset A))$ 公理 2

  2. $A \supset ((A \supset A) \supset A)$ 公理 1

  3. $(A \supset (A \supset A)) \supset (A \supset A)$ 2, 1, 変形規則

  4. $A \supset (A \supset A)$ 公理 1

  5. $A \supset A$ 4, 3, 変形規則

（$A \supset A$ は無限個の定理をひとまとめに表わしたものだから「定理図式」とよびうるものである．$A \supset A$ の証明も図式的な証明である．$A \supset A$ の証明は，$p \supset p$ の証明のなかの p を A ですべて置きかえて得られる．）　■

●演繹定理

$C_1, \cdots, C_m, A \vdash B$ のとき，$C_1, \cdots, C_m \vdash A \supset B$.

証明

仮定 C_1，$\cdots$，C_m，A からの B の証明を，B_1，$\cdots$，$B_n (= B)$ とする．i についての帰納法によって，$C_1, \cdots, C_m \vdash A \supset B_i$ $(1 \le i \le n)$ を証明する．B_i について，3 つの場合が考えられる．

1) B_i が公理であるか，ある C_j $(1 \le j \le m)$ である場合．定理 6 の (1)，(2) より，$C_1, \cdots, C_m \vdash B_i$ であり，公理図式 1 と定理 6 の (1) より，$C_1, \cdots, C_m \vdash B_i \supset (A \supset B_i)$ だから，定理 6 の (3) より，$C_1, \cdots, C_m \vdash A \supset B_i$ である．

2) B_i が A である場合．前定理より，$\vdash A \supset B_i$ だから，定理 6 の (1) より，$C_1, \cdots, C_m \vdash A \supset B_i$ である．

（$i = 1$ のとき，1) あるいは 2) の場合になる．）

3) B_i が先行する 2 つの論理式 B_k，B_l $(B_k \supset B_i)$ から変形規則を用いて導かれている場合．$k < i$，$l < i$ だから，帰納法の仮定により，$C_1, \cdots, C_m \vdash A \supset B_k$ および $C_1, \cdots, C_m \vdash A \supset (B_k \supset B_i)$ である．また公理図式 2 と定理 6 の (1) より，

$$C_1, \cdots, C_m \vdash (A \supset (B_k \supset B_i)) \supset ((A \supset B_k) \supset (A \supset B_i))$$

だから，定理 6 の (3) を 2 度用いて，$C_1, \cdots, C_m \vdash A \supset B_i$ である．

こうして $1 \le i \le n$ のとき，$C_1, \cdots, C_m \vdash A \supset B_i$ である．とくに $i = n$ のとき，$C_1, \cdots, C_m \vdash A \supset B$ である．∎

演繹定理により，$\vdash A_1 \supset (A_2 \supset \cdots \supset (A_n \supset B) \cdots)$ を示すためには，$A_1, A_2, \cdots, A_n \vdash B$ を示せばよいことになる．$\vdash A_1 \supset (A_2 \supset \cdots \supset (A_n \supset B) \cdots)$ を示すのは難しくても，$A_1, A_2, \cdots, A_n \vdash B$ を示すのは容易であることが多いから，$\vdash A_1 \supset (A_2 \supset \cdots \supset (A_n \supset B) \cdots)$ を示したいようなときには，演繹定理は非常に便利な定理である．

●定理 8

(1) $\vdash A \supset ((A \supset B) \supset B)$

(2) $A \supset B, B \supset C \vdash A \supset C$

(3) $\vdash \sim A \supset (A \supset B)$

(4) $\vdash \sim\sim A \supset A$

(5) $\vdash A \supset \sim\sim A$

(6) $A \supset B \vdash \sim B \supset \sim A$

(7) $\vdash A \supset (\sim B \supset \sim (A \supset B))$

(8) $\vdash (A \supset B) \supset ((\sim A \supset B) \supset B)$

((3), (5), (7) は後出の「カルマーの補題」の証明に用い, (8) は「完全性定理」の証明に用いる.)

証明

(1) $A,\ A \supset B$ を仮定して B を導く.

1.	A	仮定
2.	$A \supset B$	仮定
3.	B	1, 2, 変形規則

ゆえに $A, A \supset B \vdash B$. 演繹定理より $\vdash A \supset ((A \supset B) \supset B)$.

(2) $A \supset B,\ B \supset C,\ A$ を仮定して C を導く.

1.	$A \supset B$	仮定
2.	$B \supset C$	仮定
3.	A	仮定
4.	B	3, 1, 変形規則
5.	C	4, 2, 変形規則

ゆえに $A \supset B, B \supset C, A \vdash C$. 演繹定理より $A \supset B, B \supset C \vdash A \supset C$.

(3) $\sim A,\ A$ を仮定して B を導く.

1.	$\sim A$	仮定
2.	A	仮定
3.	$\sim A \supset (\sim B \supset \sim A)$	公理 1
4.	$A \supset (\sim B \supset A)$	公理 1
5.	$\sim B \supset \sim A$	1, 3, 変形規則
6.	$\sim B \supset A$	2, 4, 変形規則
7.	$(\sim B \supset \sim A) \supset ((\sim B \supset A) \supset B)$	公理 3
8.	$(\sim B \supset A) \supset B$	5, 7, 変形規則
9.	B	6, 8, 変形規則

ゆえに ~$A, A \vdash B$. 演繹定理より $\vdash$~$A \supset (A \supset B)$.

(4) ~~A を仮定して A を導く.

1.	~~A	仮定
2.	~~$A \supset ($~$A \supset$ ~~$A)$	公理 1
3.	~$A \supset$ ~~A	1, 2, 変形規則
4.	(~$A \supset$ ~~$A) \supset (($~$A \supset$ ~$A) \supset A)$	公理 3
5.	(~$A \supset$ ~$A) \supset A$	3, 4, 変形規則
6.	~$A \supset$ ~A	定理 7
7.	A	6, 5, 変形規則

ゆえに ~~$A \vdash A$. 演繹定理より $\vdash$ ~~$A \supset A$.

(5) $A \supset$ ~~A を導く.

1.	(~~~$A \supset$ ~$A) \supset (($~~~$A \supset A) \supset$ ~~$A)$	公理 3
2.	~~~$A \supset$ ~A	(4)
3.	(~~~$A \supset A) \supset$ ~~A	2, 1, 変形規則
4.	$A \supset ($~~~$A \supset A)$	公理 1
5.	$A \supset$ ~~A	4, 3, (2)

(2 を「2 の証明」で置きかえ, 5 を「仮定 4, 3 からの 5 の証明」で置きかえれ
ば, $A \supset$ ~~A の証明が得られる.)

(6) $A \supset B$ を仮定して ~$B \supset$ ~A を導く.

1.	$A \supset B$	仮定
2.	~~$A \supset A$	(4)
3.	~~$A \supset B$	2, 1, (2)
4.	$B \supset$ ~~B	(5)
5.	~~$A \supset$ ~~B	3, 4, (2)
6.	(~~$A \supset$ ~~$B) \supset (($~~$A \supset$ ~$B) \supset$ ~$A)$	公理 3
7.	(~~$A \supset$ ~$B) \supset$ ~A	5, 6, 変形規則
8.	~$B \supset ($~~$A \supset$ ~$B)$	公理 1
9.	~$B \supset$ ~A	8, 7, (2)

ゆえに $A \supset B \vdash$ ~$B \supset$ ~A.

(7) A を仮定して $\sim B \supset \sim (A \supset B)$ を導く.

 1. A 仮定

 2. $A \supset ((A \supset B) \supset B)$ (1)

 3. $(A \supset B) \supset B$ 1, 2, 変形規則

 4. $\sim B \supset \sim (A \supset B)$ 3, (6)

ゆえに $A \vdash \sim B \supset \sim (A \supset B)$. 演繹定理より $\vdash A \supset (\sim B \supset \sim (A \supset B))$.

(8) $A \supset B$, $\sim A \supset B$ を仮定して B を導く.

 1. $A \supset B$ 仮定

 2. $\sim A \supset B$ 仮定

 3. $\sim B \supset \sim A$ 1, (6)

 4. $\sim B \supset \sim \sim A$ 2, (6)

 5. $(\sim B \supset \sim \sim A) \supset ((\sim B \supset \sim A) \supset B)$ 公理 3

 6. $(\sim B \supset \sim A) \supset B$ 4, 5, 変形規則

 7. B 3, 6, 変形規則

ゆえに $A \supset B$, $\sim A \supset B \vdash B$. 演繹定理より $\vdash (A \supset B) \supset ((\sim A \supset B) \supset B)$. ■

§11. 無矛盾性

 命題論理の公理体系のすべての定理がトートロジーであるとき，その公理体系は **健全** (sound) であるという．公理体系 PL は，この意味において，健全である．

●健全性定理

 PL のすべての定理はトートロジーである．

証明

 PL の公理は，公理図式 1〜3 をみたす論理式であり，トートロジーの命題変項に論理式 A, B, C を代入して得られる論理式である．命題変項にたいする真偽の割りあてを変化させると，A, B, C は真になったり偽になったりするが，トートロジーの命題変項に A, B, C を代入して得られる論理式は常に真になる．真偽の割りあてをどのように変化させても常に真になるのであるから，PL のすべての公理はトートロジーである．

 また，PL の変形規則の 2 つの前提がトートロジーならば，結論もトートロジー

である．なぜなら，A と $A \supset B$ がトートロジーで，B がトートロジーではないと仮定すると，B が偽になるような命題変項にたいする真偽の割りあてが存在し，その真偽の割りあてにたいして，A が真になり（A はトートロジーだから），$A \supset B$ が偽になって，$A \supset B$ がトートロジーであるという仮定と矛盾するからである．

　したがって，PL の公理と変形規則から導かれる PL のすべての定理はトートロジーである．　　　　　　　　　　　　　　　　　　　　　　　　■

　A と $\sim A$ がともに定理として証明可能であるような論理式 A が存在するとき，その公理体系は**矛盾する**という．そして，そのような論理式 A が存在しないとき，その公理体系は**無矛盾**（consistent）であるという．公理体系 PL は，この意味において，無矛盾である．

●無矛盾性定理
　公理体系 PL は無矛盾である．

証明

　PL が矛盾すると仮定すると，A と $\sim A$ がともに定理であるような論理式 A が存在し，健全性定理により，A と $\sim A$ がともにトートロジーにならなければならないが，これは不可能である（A がトートロジーならば，$\sim A$ は矛盾式である）．ゆえに，PL は無矛盾である．　　　　　　　　　　　　　　　　　　　■

　PL のように，$\sim A \supset (A \supset B)$ を定理として含み（定理 8 の (3)），分離規則をもつような，命題論理の公理体系が矛盾するとき，すべての論理式が定理となってしまう．なぜなら，A と $\sim A$ がともに定理であるような論理式 A が存在し，任意の論理式 B にたいして，

$$\sim A \supset (A \supset B)$$

が定理であるならば，分離規則を 2 度用いて，任意の論理式 B が定理となってしまうからである．

　命題論理の公理体系は，トートロジーが定理になるように，そしてトートロジーだけが定理になるように考えて作るものであるから，すべての論理式が定理となってしまったのでは，公理体系を作った意味がないことになる．それゆえ無矛盾性は，命題論理の公理体系が（またすべての公理体系が）みたさなければならない，もっとも重要な条件である．

§12. 完全性

　すべてのトートロジーが命題論理の公理体系の定理であるとき，その公理体系は**完全**（complete）であるという．公理体系 PL は，この意味において，完全である．PL が完全であること（すべてのトートロジーが PL の定理であること）は，つぎの補題を用いて証明される．

●カルマーの補題

　論理式 A が $\mathbf{p}_1$, $\cdots$, $\mathbf{p}_n$ 以外の命題変項を含まないとき，命題変項にたいする真偽の割りあてにたいして，$\mathbf{p}_1{}'$, $\cdots$, $\mathbf{p}_n{}'$, A' をつぎのように定義する．まず，その真偽の割りあてで $\mathbf{p}_i$ が真のとき，$\mathbf{p}_i{}'$ は $\mathbf{p}_i$ であり，$\mathbf{p}_i$ が偽のとき，$\mathbf{p}_i{}'$ は $\sim\mathbf{p}_i$ である（$1 \leq i \leq n$）．そして，その真偽の割りあてで A が真になるとき，A' は A であり，A が偽になるとき，A' は $\sim A$ である．このとき，命題変項にたいする任意の真偽の割りあてにたいして，つぎのことがなりたつ．

$$\mathbf{p}_1{}', \cdots, \mathbf{p}_n{}' \vdash A'$$

（A が $p \supset q$ の場合，p が真で q が真のとき A は真であるから，$p, q \vdash p \supset q$ であり，p が真で q が偽のとき A は偽であるから，$p, \sim q \vdash \sim(p \supset q)$ である．また p が偽で q が真のとき，p が偽で q も偽のとき，A は真であるから，$\sim p, q \vdash p \supset q$，$\sim p, \sim q \vdash p \supset q$ である．）

証明

　A のなかの論理記号（$\sim$, $\supset$）の個数についての帰納法によって証明する．

1) A が命題変項 $\mathbf{p}_i$（$1 \leq i \leq n$）のとき．$\mathbf{p}_i{}'$ と A' が同じものだから，定理6 の (2) より，$\mathbf{p}_1{}', \cdots, \mathbf{p}_n{}' \vdash A'$ である．

2) A が $\sim B$ のとき．2つの場合に分けて考える．

　真偽の割りあてで B が真になるとき．帰納法の仮定より，$\mathbf{p}_1{}', \cdots, \mathbf{p}_n{}' \vdash B'$ すなわち $\mathbf{p}_1{}', \cdots, \mathbf{p}_n{}' \vdash B$ であり，定理8の (5) より，$\mathbf{p}_1{}', \cdots, \mathbf{p}_n{}' \vdash B \supset \sim\sim B$ だから，$\mathbf{p}_1{}', \cdots, \mathbf{p}_n{}' \vdash \sim\sim B$ すなわち $\mathbf{p}_1{}', \cdots, \mathbf{p}_n{}' \vdash (\sim B)'$ である（$\sim B$ が偽だから）．

　真偽の割りあてで B が偽になるとき．帰納法の仮定より，$\mathbf{p}_1{}', \cdots, \mathbf{p}_n{}' \vdash B'$ すなわち $\mathbf{p}_1{}', \cdots, \mathbf{p}_n{}' \vdash \sim B$ であり，$\mathbf{p}_1{}', \cdots, \mathbf{p}_n{}' \vdash (\sim B)'$ である（$\sim B$ が真だから）．

3) A が $B \supset C$ のとき. 3 つの場合に分けて考える.

真偽の割りあてで B が偽になるとき. 帰納法の仮定より, $\mathbf{p_1}', \cdots, \mathbf{p_n}' \vdash B'$ すなわち $\mathbf{p_1}', \cdots, \mathbf{p_n}' \vdash \sim B$ であり, 定理 8 の (3) より, $\mathbf{p_1}', \cdots, \mathbf{p_n}' \vdash \sim B \supset (B \supset C)$ だから, $\mathbf{p_1}', \cdots, \mathbf{p_n}' \vdash B \supset C$ すなわち $\mathbf{p_1}', \cdots, \mathbf{p_n}' \vdash (B \supset C)'$ である ($B \supset C$ が真だから).

真偽の割りあてで C が真になるとき. 帰納法の仮定より, $\mathbf{p_1}', \cdots, \mathbf{p_n}' \vdash C'$ すなわち $\mathbf{p_1}', \cdots, \mathbf{p_n}' \vdash C$ であり, 公理図式 1 より, $\mathbf{p_1}', \cdots, \mathbf{p_n}' \vdash C \supset (B \supset C)$ だから, $\mathbf{p_1}', \cdots, \mathbf{p_n}' \vdash B \supset C$ すなわち $\mathbf{p_1}', \cdots, \mathbf{p_n}' \vdash (B \supset C)'$ である ($B \supset C$ が真だから).

真偽の割りあてで B が真になり, C が偽になるとき. 帰納法の仮定より, $\mathbf{p_1}', \cdots, \mathbf{p_n}' \vdash B'$ すなわち $\mathbf{p_1}', \cdots, \mathbf{p_n}' \vdash B$ であり, $\mathbf{p_1}', \cdots, \mathbf{p_n}' \vdash C'$ すなわち $\mathbf{p_1}', \cdots, \mathbf{p_n}' \vdash \sim C$ である. 定理 8 の (7) より, $\mathbf{p_1}', \cdots, \mathbf{p_n}' \vdash B \supset (\sim C \supset \sim (B \supset C))$ だから, $\mathbf{p_1}', \cdots, \mathbf{p_n}' \vdash \sim (B \supset C)$ すなわち $\mathbf{p_1}', \cdots, \mathbf{p_n}' \vdash (B \supset C)'$ である ($B \supset C$ が偽だから). ∎

命題変項の真偽にたいして, 論理式 $(p \supset \sim q) \supset \sim (q \supset p)$ の真偽は, つぎの表のように対応している.

p	q	$\sim q$	$p \supset \sim q$	$q \supset p$	$\sim (q \supset p)$	$(p \supset \sim q) \supset \sim (q \supset p)$
T	T	F	F	T	F	T
T	F	T	T	T	F	F
F	T	F	T	F	T	T
F	F	T	T	T	F	F

ゆえにカルマーの補題により,

(1)　$p, q \vdash (p \supset \sim q) \supset \sim (q \supset p)$

(2)　$p, \sim q \vdash \sim ((p \supset \sim q) \supset \sim (q \supset p))$

(3)　$\sim p, q \vdash (p \supset \sim q) \supset \sim (q \supset p)$

(4)　$\sim p, \sim q \vdash \sim ((p \supset \sim q) \supset \sim (q \supset p))$

がなりたつ.

それではカルマーの補題を用いて, PL が完全であることを証明しよう.

●完全性定理

すべてのトートロジーは PL の定理である.

証明

任意の論理式 A について, A がトートロジーのとき, $\vdash A$ であることを示す. A がトートロジーで, A に含まれる命題変項が $\mathbf{p}_1, \cdots, \mathbf{p}_n$ のとき, カルマーの補題により, 命題変項にたいする任意の真偽の割りあてにたいして, $\mathbf{p}_1', \cdots, \mathbf{p}_n' \vdash A'$ である. A (トートロジー) は任意の真偽の割りあてにたいして真になるから, $\mathbf{p}_1', \cdots, \mathbf{p}_n' \vdash A$ である. $\mathbf{p}_1', \cdots, \mathbf{p}_{n-1}'$ ($\mathbf{p}_1, \cdots, \mathbf{p}_{n-1}$ の真偽) は共通で, $\mathbf{p}_n$ が真であるような真偽の割りあてと, $\mathbf{p}_n$ が偽であるような真偽の割りあてを考えると, $\mathbf{p}_1', \cdots, \mathbf{p}_{n-1}', \mathbf{p}_n \vdash A$, $\mathbf{p}_1', \cdots, \mathbf{p}_{n-1}', \sim \mathbf{p}_n \vdash A$ であり, 演繹定理により, $\mathbf{p}_1', \cdots, \mathbf{p}_{n-1}' \vdash \mathbf{p}_n \supset A$, $\mathbf{p}_1', \cdots, \mathbf{p}_{n-1}' \vdash \sim \mathbf{p}_n \supset A$ である. 定理 8 の (8) より, $\mathbf{p}_1', \cdots, \mathbf{p}_{n-1}' \vdash (\mathbf{p}_n \supset A) \supset ((\sim \mathbf{p}_n \supset A) \supset A)$ だから, $\mathbf{p}_1', \cdots, \mathbf{p}_{n-1}' \vdash A$ となり, $\mathbf{p}_n'$ の仮定を排除することができる. 同様にして, $\mathbf{p}_{n-1}', \cdots, \mathbf{p}_1'$ の仮定をつぎつぎと排除することができるから, 最後に $\vdash A$ が得られる. ∎

論理式 $(p \supset \sim q) \supset (q \supset \sim p)$ は, 命題変項にたいするすべての真偽の割りあてにたいして真になるから, トートロジーである.

p	q	$\sim q$	$p \supset \sim q$	$\sim p$	$q \supset \sim p$	$(p \supset \sim q) \supset (q \supset \sim p)$
T	T	F	F	F	F	T
T	F	T	T	F	T	T
F	T	F	T	T	T	T
F	F	T	T	T	T	T

完全性定理の証明にしたがって,

$$\vdash (p \supset \sim q) \supset (q \supset \sim p)$$

を示してみよう. まずカルマーの補題により,

(1) $p, q \vdash (p \supset \sim q) \supset (q \supset \sim p)$

(2) $p, \sim q \vdash (p \supset \sim q) \supset (q \supset \sim p)$

(3) $\sim p, q \vdash (p \supset \sim q) \supset (q \supset \sim p)$

(4) $\sim p, \sim q \vdash (p \supset \sim q) \supset (q \supset \sim p)$

がなりたつ．(1)，(2) と演繹定理，定理 8 の (8) より，

(5)　　$p \vdash (p \supset \sim q) \supset (q \supset \sim p)$

が得られ，(3)，(4) と演繹定理，定理 8 の (8) より，

(6)　　$\sim p \vdash (p \supset \sim q) \supset (q \supset \sim p)$

が得られる．ゆえに (5)，(6) と演繹定理，定理 8 の (8) より，

　　　　$\vdash (p \supset \sim q) \supset (q \supset \sim p)$

が得られる．

　補足：論理学で用いられる帰納法 (数学的帰納法) について注意しておく．論理学で用いられる帰納法は，通常の帰納法ではなく，その変形である「累積帰納法」(course-of-values induction) であることが多い．

　通常の帰納法は，自然数 (0 を含む) の性質 Φ にたいして，

(1) 0 が Φ であり，かつ
(2) 任意の自然数 n について，n が Φ であるならば $n+1$ も Φ である，がいえるとき，
(3) すべての自然数は Φ である，と結論する．

これにたいして累積帰納法は，

(1) 0 が Φ であり，かつ
(2) 0 以外の任意の自然数 n について，n より小さいすべての自然数が Φ である
　　ならば n も Φ である，がいえるとき，
(3) すべての自然数は Φ である，と結論する．

　通常の帰納法と累積帰納法は，同等の証明能力を有する帰納法であるが，論理学で用いられる帰納法は，累積帰納法であることが多い．

　たとえばカルマーの補題 (41 ページ) の証明における帰納法も，累積帰納法である．その証明は，(1) A のなかの論理記号の個数が 0 のとき補題がなりたち (証明の 1))，かつ (2) A のなかの論理記号の個数が n ($\neq 0$) より小さいとき補題がなりたつならば，A のなかの論理記号の個数が n のときも補題がなりたつ (証明の 2)，3))，がいえるから，(3) A のなかの論理記号の個数が何個であっても補題がなりたつ，という証明になっている．

§13.　正しい推論

　前提 P_1，P_2，$\cdots$，P_n から結論 Q を導く推論

$$\frac{P_1, P_2, \cdots, P_n}{Q} \quad \cdots\cdots\cdots\cdots\cdots\cdots\cdots\cdots\cdots (\bigstar)$$

が**正しい推論**（論理的に正しい推論）であるのは，命題

$$P_1 \wedge P_2 \wedge \cdots \wedge P_n \supset Q \qquad \cdots\cdots\cdots\cdots\cdots\cdots\cdots\cdots\cdots (\star\star)$$

がトートロジーの形式にしたがった命題であるときであり，またそのときにかぎる．それゆえ，推論 (★) が正しい推論であるか否かを判定するためには，命題 (★★) がトートロジーの形式にしたがった命題であるか否かを判定すればよいことになる．(★★) がトートロジーの形式にしたがっているならば (★) は正しいのであり，(★★) がトートロジーの形式にしたがっていないならば (★) は正しくないのである．

　この考え方にしたがって，実際に，推論が正しい推論であるか否かを判定してみよう．そのためにはまず，前提と結論の命題を記号で表わして，推論を記号化する必要がある．そして記号化された推論 (★) にたいする (★★) を考えて，(★★) がトートロジーの形式にしたがっているか否かを判定すればよいのである．

例 1. 彼がカトリックならばローマ法王の権威を認める．

　　　彼はローマ法王の権威を認めない．

　　　ゆえに，彼はカトリックではない．

　　　　P ： 彼はカトリックである

　　　　Q ： 彼はローマ法王の権威を認める

　　　記号化　$P \supset Q$

　　　　　　　$\dfrac{\sim Q}{\therefore \sim P}$

この推論は，つぎの命題（記号で表わされている）が下に示すトートロジー (1) の形式にしたがっているから，正しい推論である．

$$(P \supset Q) \wedge \sim Q \supset \sim P$$

$$(p \supset q) \wedge \sim q \supset \sim p \qquad \cdots\cdots\cdots\cdots\cdots\cdots\cdots\cdots\cdots (1)$$

例 2. 甲が犯人ならば乙は犯人ではない．

　　　乙が犯人である．

　　　ゆえに，甲は犯人ではない．

　　　　P ： 甲が犯人である

　　　　Q ： 乙が犯人である

記号化　$P \supset \sim Q$

$$\frac{Q}{\therefore \sim P}$$

この推論も，つぎの命題が下に示すトートロジー (2) の形式にしたがっているから，正しい推論である．

$(P \supset \sim Q) \wedge Q \supset \sim P$

$(p \supset \sim q) \wedge q \supset \sim p$　$\cdots\cdots\cdots\cdots\cdots\cdots\cdots\cdots\cdots\cdots$ (2)

例 3. 甲が犯人ならば乙は犯人ではない．

　　甲は犯人ではない．

　　　ゆえに，乙が犯人である．

　　　例 2 と同じ命題記号 P, Q を用いる．

　　記号化　$P \supset \sim Q$

$$\frac{\sim P}{\therefore Q}$$

この推論は，つぎの命題がトートロジーの形式にしたがっていないから（下に示す (3) がトートロジーではないから），正しい推論ではない．

$(P \supset \sim Q) \wedge \sim P \supset Q$

$(p \supset \sim q) \wedge \sim p \supset q$　$\cdots\cdots\cdots\cdots\cdots\cdots\cdots\cdots\cdots\cdots$ (3)

例 4. メアリーはポールかジョンを愛している．

　　　メアリーはポールを愛していない．

　　　ゆえに，メアリーはジョンを愛している．

　　　P : メアリーはポールを愛している

　　　Q : メアリーはジョンを愛している

　　記号化　$P \vee Q$

$$\frac{\sim P}{\therefore Q}$$

この推論は，つぎの命題が下に示すトートロジー (4) の形式にしたがっているから，正しい推論である．

$$(P \lor Q) \land \sim P \supset Q$$

$$(p \lor q) \land \sim p \supset q \qquad \cdots\cdots\cdots\cdots\cdots\cdots\cdots\cdots \text{(4)}$$

(1)，(2)，(4) の論理式がトートロジーであること，また (3) の論理式がトートロジーではないことは，真理表を書いて（あるいは急襲法を用いて）確かめることができる．

§14. 問題

1. つぎの命題を単純な命題に分解して記号化せよ．

   (1) 火星には生物がいるかいないかのどちらかである．

   (2) 彼は演奏家ではあるが芸術家ではない．

   (3) メアリーがポールを愛しているならば，メアリーはジョンを愛してはいない．

   (4) 彼が天才または努力家であって，彼が天才ではないならば，彼は努力家である．

   (5) 甲か乙が犯人であって，乙が犯人ならば丙が嘘をついているとするならば，丙が嘘をついていないならば甲が犯人である．

2. つぎの論理式で省略されたカッコを復元せよ．

   (1) $\sim p \land q \lor p \supset q \equiv r$

   (2) $p \lor q \land r \equiv \sim p \land q \supset q \lor r$

3. つぎの論理式のカッコを可能なかぎり省略せよ．

   (1) $((\sim (p \land q) \supset r) \equiv (p \lor (q \land r)))$

   (2) $(((\sim p \land q) \lor r) \equiv ((p \lor q) \supset r))$

   (3) $\sim (p \land (q \lor (p \supset (q \equiv r))))$

4. つぎの論理式の真理表を書け．

   (1) $(\sim p \lor q) \land (p \land \sim q)$

   (2) $(p \land q) \lor (\sim p \land \sim q)$

   (3) $(p \land \sim q) \lor (\sim p \land q)$

   (4) $p \lor q \supset \sim (p \land q)$

(5)　$\sim(p \wedge q) \equiv (p \vee q \supset \sim q)$

(6)　$\sim(p \vee q) \equiv (p \wedge q \supset \sim q)$

(7)　$(\sim p \vee q) \wedge (\sim q \supset p) \supset q$

(8)　$\sim(p \wedge q) \equiv \sim p \vee \sim q$

(9)　$\sim(p \vee q) \equiv \sim p \wedge \sim q$

(10)　$(\sim p \vee q \supset r) \supset p \wedge (q \supset r)$

(11)　$p \wedge (q \supset r) \supset (\sim p \vee q \supset r)$

(12)　$(p \supset q) \wedge (p \supset r) \supset (\sim q \vee \sim r \supset \sim p)$

5. つぎの論理式がトートロジーであるか否かを急襲法で判定せよ.

(1)　$p \supset (q \supset p)$

(2)　$(p \supset (q \supset r)) \supset ((p \supset q) \supset (p \supset r))$

(3)　$(\sim p \supset \sim q) \supset ((\sim p \supset q) \supset p)$

(4)　$(p \supset q) \supset q$

(5)　$((p \supset q) \supset p) \supset p$

(6)　$(p \supset q) \supset (p \supset p \wedge q)$

(7)　$(p \supset q) \supset (r \vee p \supset r \vee q)$

6. つぎの論理式の連言標準形と選言標準形を求めよ.

(1)　$\sim(p \equiv q)$

(2)　$(p \vee q) \wedge \sim p \supset q$

(3)　$(p \vee q \supset q) \wedge (p \wedge \sim q)$

7. つぎの推論を記号化して，正しい推論であるか否かを判定せよ.

(1)　彼がプロテスタントならばローマ法王の権威を認めない.
　　　彼はプロテスタントではない.
　　　ゆえに，彼はローマ法王の権威を認める.

(2)　彼が共産主義者ならば彼は無神論者だ.
　　　彼は無神論者だ.
　　　ゆえに，彼は共産主義者だ.

(3) 甲か乙が犯人である.

　　乙が犯人ならば丙は嘘をついている.

　　丙は嘘をついてはいない.

　　ゆえに，甲が犯人である.

(4) 神は完全である.

　　神が存在しないならば神は完全ではない.

　　ゆえに，神は存在する.

(5) 神が存在するならばこの世は最善の世界である.

　　この世が最善の世界であるならばこの世に悪は存在しない.

　　この世には悪が存在する.

　　ゆえに，神は存在しない.

(6) ジョンが来なければメアリーは来ない.

　　ポールが来なければジョンは来ない.

　　ゆえに，メアリーが来ればポールも来る.

(7) ブラウンがスミスと昨夜会っているならば，ブラウンは嘘をついていない.

　　ブラウンがスミスと昨夜会っていないならば，スミスが殺人者である.

　　ブラウンは嘘をついている.

　　ゆえに，スミスが殺人者である.

8. 旅人がふたまたの分かれ道にさしかかった．一方の道は，常に真実を述べる正直者が住んでいる村に通じ，他方の道は，常に虚偽を述べる嘘つきが住んでいる村に通じている．旅人が近くに立っていたいずれかの村の住人に1つだけ質問をして，正直者の村へ行ける道を確実に知るためには，どのような質問をすればよいか．ただし質問は，「はい」か「いいえ」で答えられる質問でなければならないものとする．

9. A，B，Cの3人のうち，1人は騎士，1人は悪漢，1人は普通人である．騎士は常に真実を述べ，悪漢は常に嘘をつき，普通人は時には真実を述べ，時には嘘をつく．この3人がつぎのように言っている．

　　A：私は普通人だ.

　　B：それは正しい.

　　C：私は普通人ではない.

A，B，C は何者か.

　(R. スマリヤン『この本の名は？』より）

ヒント．まず A が何者かを考える.

10．ある国に 1 本の川が流れていて，その川には 1 つの橋がかかっている．橋の手前に検問所があり，橋の向こうに絞首台がある．検問所では，係官が橋をわたる人たちを足止めして，橋をわたってどこに行き，何をするのかを問いただしている．この国には，「橋をわたってどこに行き，何をするのか，真実の申告をしたものは，橋を自由にわたってよいが（放免されるが），虚偽の申告をしたものは，絞首台で処刑されなければならない」というおきてがある．あるとき，ひとりの男がつぎのような申告をした．「私は向こうの絞首台で処刑されるためにまいりました．他に目的はございません.」この男は放免されるべきであろうか，処刑されるべきであろうか．（セルバンテス『ドン・キホーテ』続編 3 より）

第3章　述語論理

　命題論理は，命題と命題との結合関係のみをあつかう論理学であった．しかし，命題と命題との結合関係のみをあつかう論理学では，たとえば，つぎのような（論理的に正しい）推論の正しさを説明することができない．

　　すべての人間は死ぬ．

　　ソクラテスは人間である．

　　ゆえに，ソクラテスは死ぬ．

命題論理で考えると，この推論の前提と結論の命題は，単純な命題が論理語で結合されてできているわけではないから，P, Q, R というようにそれぞれ単独の文字（異なる文字）を用いて記号化せざるをえない．そして $P \wedge Q \supset R$ という命題がトートロジーの形式にしたがっていないから，推論（上記）は正しい推論ではない，ということになる．このような推論の正しさは，前提と結論の命題の内部構造に起因するがゆえに，命題の内部構造をあつかうことができない命題論理では，このような推論の正しさを説明することができないのである．本章で述べる述語論理は，命題と命題との結合関係のみならず，命題の内部構造をもあつかうことができる論理学である．述語論理を用いれば，本章の §13 で述べるように，このような推論の正しさを説明することもできる．

§1. 命題の記号化

　述語論理は，命題と命題との結合関係のみならず，命題の内部構造をもあつかうことができる論理学であるが，命題の内部構造には，主語と述語の関係や，「すべての」と「存在する」の用法が含まれる．主語と述語の関係や，「すべての」と「存在する」の用法を記号で表現するために，述語論理は，つぎのような方法を用いる．

(1) 主語と述語

　「ソクラテスは人間である」は,「ソクラテス」という個体が「人間である」という性質をみたすという命題であり,「ソクラテスはプラトンの師である」は,「ソクラテス」という個体と「プラトン」という個体が「師である」という関係をみたすという命題である.

　このような命題は, 個体を a, b などで表わし, 個体の性質や関係を Φ, Ψ などで表わすことにすると,「a は Φ である」(a は性質 Φ をみたす),「a と b は Ψ である」(a と b は関係 Ψ をみたす)のように表わされる. 述語論理は, これらをさらに記号で表わすことを考えて,

　　　　「a は Φ である」を, $\Phi(a)$

　　　　「a と b は Ψ である」を, $\Psi(a,b)$

　　　　・・・・・・・・・・・・・・・・・・・・・・・

のように記号化する. $\Phi(a)$, $\Psi(a,b)$ のような表わし方は, 数学の関数(の値)の表わし方にならったものである.

(2)「すべての」と「存在する」

　「すべてのものは変化する」は, 個体変項 x を用いて,「すべての x について, x は変化する」といいかえられる. また「あるものは変化する」は,「ある x が存在して, x は変化する」といいかえられる.

　このような命題は,「x は変化する」を $\Phi(x)$ で表わすことにすると,「すべての x について $\Phi(x)$」,「ある x が存在して $\Phi(x)$」のように表わされる. 述語論理は, これらをさらに記号で表わすことを考えて,

　　　　「すべての x について $\Phi(x)$」を, $\forall x \Phi(x)$

　　　　「ある x が存在して $\Phi(x)$」を, $\exists x \Phi(x)$

のように記号化する.「すべての x について」を $\forall x$ で表わし,「ある x が存在して」を $\exists x$ で表わすのである.

　$\forall$ は All(すべての)の頭文字を回転させたものであり, $\exists$ は Exist(存在する)の頭文字を回転させたものである. $\forall$ を全称記号, $\exists$ を存在記号とよび, $\forall$ と $\exists$ をあわせて**限量記号**とよぶ. また $\forall x$, $\exists x$ のように, 限量記号と個体変項をならべたものを**限量子**(quantifier)とよぶ.

「すべての」と「存在する」ということばで限量される（言及される）ものは個体に限定されている．「すべての x について」，「ある x が存在して」というのは，「すべての個体 x について」，「ある個体 x が存在して」という意味である．個体として何を考えるかは議論の場面によって異なるが，考えられている個体の範囲，あるいは個体の集合のことを **個体領域**（individual domain）という．何もない個体について議論することはありえないから，個体領域は空ではないことが仮定される．

個体にたいする限量のみをゆるすような述語論理は，**1 階の述語論理** とよばれ，個体の性質や，個体の性質の性質などにたいする限量をもゆるすような述語論理は，**高階の述語論理** とよばれる．本書で述べる述語論理は，1 階の述語論理である．

前ページの (1), (2) の方法を用いて，いろいろな命題の記号化を行なってみよう．命題を記号化することによって，命題の論理的な構造を明瞭に浮かび上がらせることができる．命題を記号化するときには，命題のなかに含まれている固有名（個体名）や述語を把握して，固有名や述語を表わす個体記号や述語記号を定義し，それらの記号と論理記号を用いてもとの命題を再構成する，というやり方で行なう．実際に，いくつかの命題を例にとって，命題の記号化を行なってみよう．いずれの例においても，最初に記号化される命題，つぎに個体記号や述語記号の定義，最後にもとの命題の記号的表現，という順序で記述する．

厳密にいえば，個体領域を決めなければ限量記号や，限量記号を含む表現の意味も決まらないのであるが，命題に含まれる述語（たとえば「富者である」，「幸福である」）を見て，どのような個体領域が考えられているか（人間全体の集合）がわかる場合が多いから，個体領域の指定は行なわないことにする．

例 1. すべての人間は動物である．

（すべての x について，x が人間であるならば x は動物である．）

$\qquad Hm(x) : x$ は人間である

$\qquad An(x) : x$ は動物である

記号化　$\forall x(Hm(x) \supset An(x))$

例 2. ある動物は草食である．

（ある x が存在して，x は動物でありかつ x は草食である．）

$An(x)$: x は動物である

$Hr(x)$: x は草食である

記号化　$\exists x(An(x) \wedge Hr(x))$

例 3. 富める者必ずしも幸福ならず.

（すべての x について，x が富者であるならば x は幸福である，というわけではない.）

$Rc(x)$: x は富者である

$Hp(x)$: x は幸福である

記号化　$\sim \forall x(Rc(x) \supset Hp(x))$

例 4. ヘーゲルを尊敬しない哲学者がいる.

（ある x が存在して，x は哲学者でありかつ x はヘーゲルを尊敬しない.）

h : ヘーゲル

$Ph(x)$: x は哲学者である

$Rs(x, y)$: x は y を尊敬する

記号化　$\exists x(Ph(x) \wedge \sim Rs(x, h))$

例 5. すべての猫は，それぞれ，ある犬を恐れている.

（すべての x について，x が猫であるならば x はある犬を恐れている.）

$Ct(x)$: x は猫である

$Dg(x)$: x は犬である

$Fr(x, y)$: x は y を恐れている

記号化　$\forall x(Ct(x) \supset \exists y(Dg(y) \wedge Fr(x, y)))$

例 6. ある犬はすべての猫に恐れられている.

（ある y が存在して，y は犬でありかつ y はすべての猫に恐れられている.）

例 5 と同じ述語記号 Ct, Dg, Fr を用いる.

記号化　$\exists y(Dg(y) \wedge \forall x(Ct(x) \supset Fr(x, y)))$

例 7. すべての馬の頭は動物の頭である.

（すべての x について，x がある馬の頭であるならば x はある動物の頭である.）

$Hr(x)$: x は馬である

$An(x)$: x は動物である

$Hd(x, y)$: x は y の頭である

記号化　$\forall x(\exists y(Hr(y) \wedge Hd(x, y)) \supset \exists y(An(y) \wedge Hd(x, y)))$

§2. 限量記号の用法

限量記号（$\forall$ と $\exists$）の用法についてもう少し説明をしておこう．

(1) $\forall x\Phi(x)$ と $\exists x\Phi(x)$ の意味

$\forall x\Phi(x)$ は「すべての個体 x について $\Phi(x)$」を表わし，$\exists x\Phi(x)$ は「ある個体 x が存在して $\Phi(x)$」を表わすから，個体領域を決めなければ，$\forall x\Phi(x)$ や $\exists x\Phi(x)$ の意味も決まらないが，個体領域を決めれば，$\forall x\Phi(x)$ や $\exists x\Phi(x)$ の意味も決まってくる．個体領域が人間全体の集合のとき，$\forall x\Phi(x)$ は「すべての人間は Φ である」という意味になり，$\exists x\Phi(x)$ は「ある人間は Φ である」という意味になる．また個体領域が日本人全体の集合のときは，$\forall x\Phi(x)$ は「すべての日本人は Φ である」という意味になり，$\exists x\Phi(x)$ は「ある日本人は Φ である」という意味になる．

(2) 限量記号と否定記号

限量記号と否定記号のならびかたが変化すれば，それらを含む表現の意味も変化する．個体領域が日本人全体の集合で，$\Phi(x)$ が「x は正直である」を表わすとき，つぎの左側の表現は，それぞれ，右側の命題のような意味になる．

$\forall x\Phi(x)$：「すべての日本人は正直である」

$\exists x\Phi(x)$：「ある日本人は正直である」

$\sim\forall x\Phi(x)$：「すべての日本人が正直であるわけではない」

$\sim\exists x\Phi(x)$：「正直である日本人はいない」

$\forall x \sim\Phi(x)$：「すべての日本人は不正直である」

$\exists x \sim\Phi(x)$：「ある日本人は不正直である」

$\sim\forall x \sim\Phi(x)$：「すべての日本人が不正直であるわけではない」

$\sim\exists x \sim\Phi(x)$：「不正直である日本人はいない」

右側の命題の真偽を考えると，つぎの 4 組の命題が同値であることがわかる．

「すべての日本人は正直である」と「不正直である日本人はいない」

「ある日本人は正直である」と「すべての日本人が不正直であるわけではない」

「すべての日本人が正直であるわけではない」と「ある日本人は不正直である」

「正直である日本人はいない」と「すべての日本人は不正直である」

この 4 組の命題が同値であることを記号で表現するとつぎのようになる.

$$\forall x \Phi(x) \equiv \sim \exists x \sim \Phi(x), \quad \sim \forall x \Phi(x) \equiv \exists x \sim \Phi(x)$$
$$\exists x \Phi(x) \equiv \sim \forall x \sim \Phi(x), \quad \sim \exists x \Phi(x) \equiv \forall x \sim \Phi(x)$$

これらは,個体領域が日本人全体の集合でなくても,また $\Phi(x)$ が「x は正直である」でなくてもなりたつ.これらは,任意の個体領域,任意の単項述語 Φ にたいして常になりたつのである.

(3) 限量記号の順序

2 種類の限量記号のならびかた(順序)が変化すれば,それらを含む表現の意味も変化する.個体領域が人間全体の集合で,$\Psi(x, y)$ が「x は y を愛する」を表わすとき,つぎの左側の表現は,それぞれ,右側の命題のような意味になる.

$\forall x \forall y \Psi(x, y)$：「すべての人はすべての人を愛する」

$\exists x \exists y \Psi(x, y)$：「ある人はある人を愛する」

$\forall x \exists y \Psi(x, y)$：「すべての人は,それぞれ,ある人を愛する」

$\exists x \forall y \Psi(x, y)$：「ある人はすべての人を愛する」

$\forall x \exists y \Psi(x, y)$ と $\exists x \forall y \Psi(x, y)$ の意味について若干の補足をしておこう.

$\forall x \exists y \Psi(x, y)$ は,「すべての人 x について,x はある人を愛する」という意味であり,「すべての人は,それぞれ,ある人を愛する」という意味である.人によって愛する相手はちがっているかもしれないが,すべての人にはそれぞれ愛する人がいる,という意味である.そして $\exists x \forall y \Psi(x, y)$ は,「ある人 x が存在して,x はすべての人を愛する」という意味であり,「ある人はすべての人を愛する」という意味である.すべての人を愛する聖人のような人がいる,という意味である.

$\forall x \exists y \Psi(x, y)$ の意味と,$\forall x$ と $\exists y$ を入れ替えた $\exists y \forall x \Psi(x, y)$ の意味は混同しやすいので注意しなければならない.$\forall x \exists y \Psi(x, y)$ は,すべての人にはそれぞれ愛する人がいる,という意味であり,$\exists y \forall x \Psi(x, y)$ は,すべての人に愛される人(すべての人の愛情をあつめる人)がいる,という意味である.すべての人に愛される人がいるならば,すべての人にはそれぞれ愛する人がいることになるから,

$$\exists y \forall x \Psi(x, y) \supset \forall x \exists y \Psi(x, y) \qquad \cdots\cdots\cdots\cdots\cdots\cdots\cdots\cdots\cdots\cdots (\bigstar)$$

がなりたつ.しかしこの逆は,すべての人にそれぞれ愛する人がいても,すべて

の人に愛される人がいるとはかぎらないから，なりたつとはかぎらない．

（★）は，個体領域が人間全体の集合でなくても，また $\Psi(x,y)$ が「x は y を愛する」でなくてもなりたつ．（★）は，任意の個体領域，任意の2項述語 Ψ にたいして常になりたつのである．しかし（★）の逆は，任意の個体領域，任意の2項述語 Ψ にたいして常になりたつというわけではない．

§3. 論理式

§1 で述べた命題の記号的表現（たとえば 例1 の $\forall x(Hm(x) \supset An(x))$ など）は特定の命題を表現するものであったが，これから述べる「論理式」は，特定の命題を表現するものではなく，命題の形式を表現するものである．述語論理の論理式は，命題の形式すなわち，命題と命題との結合関係や命題の内部構造を表現する記号列である．

述語論理の論理式を構成する基本記号はつぎのものである．

●基本記号

(1) 命題変項　$p,\ q,\ r,\ \cdots\cdots$

(2) 個体変項　$x,\ y,\ z,\ \cdots\cdots$

(3) 述語変項　単項述語変項　$F^1,\ G^1,\ H^1,\ \cdots\cdots$

　　　　　　　2項述語変項　$F^2,\ G^2,\ H^2,\ \cdots\cdots$

　　　　　　　3項述語変項　$F^3,\ G^3,\ H^3,\ \cdots\cdots$

（4）論理記号　否定記号　$\sim$（でない，否定の）

　　　　　　　連言記号　$\wedge$（かつ）

　　　　　　　選言記号　$\vee$（または）

　　　　　　　条件記号　$\supset$（ならば）

　　　　　　　同値記号　$\equiv$（同値）

　　　　　　　全称記号　$\forall$（すべての）

　　　　　　　存在記号　$\exists$（存在する）

（5）補助記号　カッコ　$(,\ )$

　　　　　　　コンマ　$,$

　命題変項は任意の命題を，個体変項は任意の個体を，述語変項は任意の述語を，それぞれ不特定に表わす記号である（添え字やダッシュを付すなどして無限個の命題変項，個体変項，述語変項が使用可能であると考える）．述語変項の肩つき数字は省略されることが多い．

　述語論理の論理式は，つぎのように帰納的に定義される．

●論理式

(1) 命題変項は論理式である．

(2) $\mathbf{F}$ が n 項述語変項で，$\mathbf{x}_1, \cdots, \mathbf{x}_n$ が個体変項のとき，$\mathbf{F}(\mathbf{x}_1, \cdots, \mathbf{x}_n)$ は論理式である．

(3) A が論理式ならば，$\sim A$ も論理式である．

(4) A, B が論理式ならば，$(A \wedge B)$, $(A \vee B)$, $(A \supset B)$, $(A \equiv B)$ も論理式である．

(5) $\mathbf{x}$ が個体変項で，A が論理式ならば，$\forall \mathbf{x} A$, $\exists \mathbf{x} A$ も論理式である．

(6) (1)～(5) によって論理式とされるものだけが論理式である．

　任意の論理式を表わす記号として A, B, C, S など，任意の命題変項を表わす記号として $\mathbf{p}, \mathbf{q}$ など，任意の個体変項を表わす記号として $\mathbf{x}, \mathbf{y}, \mathbf{z}$ など，そして任意の述語変項を表わす記号として $\mathbf{F}, \mathbf{G}$ などを用いる．これらの記号（構文論的変項）は，メタ言語に属する記号である．

　命題変項および $\mathbf{F}(\mathbf{x}_1, \cdots, \mathbf{x}_n)$ の形の論理式を **原子式**（atomic formula）という．

　論理式は，原子式から論理記号を用いて規則的に組みたてられている．たとえば，

$$((p \vee q) \wedge \sim p), \quad \forall x(\sim p \supset F(x)), \quad (F(x) \vee \sim \exists y\, G(y))$$

などは論理式（述語変項の肩つき数字は省略）である．しかし，

$$p \sim \vee q, \quad F(x) \supset \forall x, \quad F(p, x)$$

などは，論理式を作る規則にしたがっていないから，論理式ではない．

　命題論理の場合と同様に，論理式のカッコを省略するための規約を定める．規約にもとづいて省略されたカッコは，いつでももと通りに復元可能である．

(1) 論理式全体を囲むカッコは省略できる．

(2) 論理記号や限量子の論理式を結合する力は，$\sim$, $\forall \mathbf{x}$, $\exists \mathbf{x}$ の 3 つが最も強く，

以下 ∧, ∨, ⊃, ≡ の順に弱くなるものとする. そして, カッコを省略しても論理式に含まれる部分的論理式（部分の論理式）の結合関係に変化が生じないかぎり, カッコを省略することができるものとする.

この規約を用いると, たとえば論理式

$$((\forall x(F(x) \wedge p) \vee \sim q) \equiv (p \supset q))$$

のカッコは, つぎのように省略することができる.

$$\forall x(F(x) \wedge p) \vee \sim q \equiv p \supset q$$

しかし, これ以上カッコを省略することはできない. これ以上カッコを省略すると, 部分的論理式の結合関係が変化してしまうからである.

種々の形の論理式に名称を与えておこう. $\sim A$ を否定式, $A \wedge B$ を連言式, $A \vee B$ を選言式, $A \supset B$ を条件式, $A \equiv B$ を同値式, $\forall \mathbf{x}A$ を全称式, $\exists \mathbf{x}A$ を存在式とよぶ. また, 条件式 $A \supset B$ の A を前件, B を後件とよぶ.

§4. 束縛変項と自由変項

論理式のなかに $\forall \mathbf{x}A$, $\exists \mathbf{x}A$ が含まれているとき, $\forall \mathbf{x}$, $\exists \mathbf{x}$ の直後の A の範囲（論理式 A を構成する最初の記号から最後の記号までの範囲）を, $\forall \mathbf{x}$, $\exists \mathbf{x}$ の **作用域** (scope) という. たとえば論理式

$$\forall x(\sim \exists x(p \wedge F(x)) \vee G(x,y)) \supset F(x)$$
①| ②└──────┘_____│

において, $\forall x$ の作用域は ① の範囲であり, $\exists x$ の作用域は ② の範囲である.

論理式のなかで, $\forall \mathbf{x}$, $\exists \mathbf{x}$ のなかに含まれる $\mathbf{x}$ の現われ (occurrence) は, その限量子 ($\forall \mathbf{x}$, $\exists \mathbf{x}$) によって束縛されているという. また $\forall \mathbf{x}$, $\exists \mathbf{x}$ のなかではなく, $\forall \mathbf{x}$, $\exists \mathbf{x}$ の作用域のなかに含まれる $\mathbf{x}$ の現われは,「それを作用域のなかに含む限量子 $\forall \mathbf{x}$ や $\exists \mathbf{x}$ のうちで最小の作用域をもつようなもの」によって束縛されているという.

そして論理式のなかで, いずれかの限量子によって束縛されているような現われをもつ個体変項を, その論理式の **束縛変項** (bound variable) とよび, どの限量子によっても束縛されていないような現われをもつ個体変項を, その論理式の **自由変項** (free variable) とよぶ.

たとえば論理式

$$\forall x(\sim\exists x(p \land F(x)) \lor G(x,y)) \supset F(x)$$

のなかには，個体変項 x が 5 回，個体変項 y が 1 回現われている．左から 1，4 番目の x の現われは $\forall x$ によって束縛されており，2，3 番目の x の現われは $\exists x$ によって束縛されている．そして 5 番目の x の現われおよび y の現われは，どの限量子によっても束縛されていない．したがって x は，この論理式の束縛変項であり，自由変項でもある．そして y は，この論理式の自由変項である（束縛変項ではない）．

　少しルーズないい方になるが，「個体変項 **x** の現われ」ではなく「個体変項 **x**」が，$\forall$**x**，$\exists$**x** によって束縛されている，といういい方も認めることにしよう．そしていずれかの限量子によって束縛されている個体変項を「束縛変項」とよび，どの限量子によっても束縛されていない個体変項を「自由変項」とよぶことにしよう．この用語法を用いると，論理式

$$\forall x(\sim\exists x(p \land F(x)) \lor G(x,y)) \supset F(x)$$

のなかに現われている個体変項 x，y のうち，左から 1，4 番目の x は，$\forall x$ によって束縛されているから，束縛変項であり，2，3 番目の x は，$\exists x$ によって束縛されているから，やはり束縛変項である．そして 5 番目の x および y は，どの限量子によっても束縛されていないから，自由変項であるということになる．

§5. 解釈 (1)

　論理式自体は，規則にしたがってならべられた単なる記号列であり，真でも偽でもない．論理式は，つぎに述べる「解釈」を定め，論理記号に意味を与えることによって，はじめて真偽の値をもつようになる．

　解釈（interpretation）は，命題変項にたいする真偽の割りあてを拡張したもので，つぎの 2 つの手続きによって行なわれる．

(1) **個体領域** D を指定する．

(2) 命題変項に真理値（T，F）を対応させ，個体変項に個体を対応させ，n 項述語変項に個体についての n 項述語を対応させるような**付値関数** V を定める．

ただし (1) で指定する D は空集合であってはならない．また (2) で V が個体変項に対応させる個体は，(1) で指定した D に属する個体でなければならず，V が述語変項に対応させる述語も，(1) で指定した D に属する個体についての述語でなければならない．

「論理式 A が個体領域 D，付値関数 V をもつ解釈のもとで真である」
（簡単に「A が真である」と書く）ということを，つぎのように定義する．$V(*)$ は $*$ にたいする V の値を表わし，$\Leftrightarrow$ は「同値」を表わす．

(1) $\mathbf{p}$ が真である $\Leftrightarrow V(\mathbf{p}) = \mathrm{T}$

(2) $\mathbf{F}(\mathbf{x}_1, \cdots, \mathbf{x}_n)$ が真である $\Leftrightarrow V(\mathbf{F})(V(\mathbf{x}_1), \cdots, V(\mathbf{x}_n))$

(3) $\sim A$ が真である $\Leftrightarrow A$ が真でない（偽である）

(4) $A \wedge B$ が真である $\Leftrightarrow A$ が真でありかつ B も真である

(5) $A \vee B$ が真である $\Leftrightarrow A$ が真であるかまたは B が真である

(6) $A \supset B$ が真である $\Leftrightarrow A$ が真でない（偽である）かまたは B が真である

(7) $A \equiv B$ が真である $\Leftrightarrow A$ が真であることと B が真であることが同値である

(8) $\forall \mathbf{x} A$ が真である

　　　$\Leftrightarrow$ たかだか $\mathbf{x}$ にたいする値のみが V と異なっているようなすべての付値関数 V' について，A が V' をもつ解釈のもとで真になる

(9) $\exists \mathbf{x} A$ が真である

　　　$\Leftrightarrow$ たかだか $\mathbf{x}$ にたいする値のみが V と異なっているようなある付値関数 V' が存在して，A が V' をもつ解釈のもとで真になる

(1)，(2) によって原子式の真偽が定義され，(3)〜(9) によって複合的な論理式の真偽が定義されている．また (3)〜(9) によって，論理記号に与える意味が定められている．

「$\forall \mathbf{x} \mathbf{F}(\mathbf{x})$ が真である」は，(2)，(8) より，「たかだか $\mathbf{x}$ にたいする値のみが V と異なっているようなすべての V' について $V'(\mathbf{F})(V'(\mathbf{x}))$」と同値であり，「たかだか $\mathbf{x}$ にたいする値のみが V と異なっているようなすべての V' について $V(\mathbf{F})(V'(\mathbf{x}))$」と同値であり，これは，「すべての $a \in D$ について $V(\mathbf{F})(a)$」と同値である．

また「$\exists \mathbf{x} \mathbf{F}(\mathbf{x})$ が真である」は，(2)，(9) より，「たかだか $\mathbf{x}$ にたいする値のみが V と異なっているようなある V' が存在して $V'(\mathbf{F})(V'(\mathbf{x}))$」と同値であり，

「たかだか **x** にたいする値のみが V と異なっているようなある V' が存在して $V(\mathbf{F})(V'(\mathbf{x}))$ 」と同値であり，これは，「ある $a \in D$ が存在して $V(\mathbf{F})(a)$ 」と同値である．

　論理式は，解釈を定め，論理記号に意味を与えることによって，真偽の値をもつようになる．論理記号に与える意味は (3)〜(9) のように固定されているが，解釈の定め方（D と V の定め方）は固定されてはいない．いろいろな解釈を考えることができ，いろいろな解釈に対応して，論理式の真偽が決まってくる．

　つぎのような個体領域 D と付値関数 V をもつ解釈を考えてみよう（p, q, x, y, F, G 以外の変項にたいする V の値は適当なものをとる）．

$D = \{1, 2, 3\}$

$V(p) = \mathrm{T}$, $V(q) = \mathrm{F}$

$V(x) = 1$, $V(y) = 2$

$V(F)(a) \Leftrightarrow a$ は奇数である

$V(G)(a, b) \Leftrightarrow a < b$

この解釈のもとで，$p \wedge {\sim} q$ は，p が真で ${\sim} q$ も真だから，真になる．

また $F(y)$ は，$V(F)(V(y))$（つまり，2 が奇数である）ではないから，偽になる．

また $G(x, y)$ は，$V(G)(V(x), V(y))$（つまり，$1 < 2$）であるから，真になる．

また $\forall x F(x)$ は，すべての $a \in D$ について $V(F)(a)$（つまり，すべての $a \in \{1, 2, 3\}$ について，a は奇数である）ではないから，偽になる．

また $\exists x F(x)$ は，ある $a \in D$ が存在して $V(F)(a)$（つまり，ある $a \in \{1, 2, 3\}$ が存在して，a は奇数である）であるから，真になる．

§6.　妥当な論理式

　いろいろな論理式の（解釈のもとでの）真偽をしらべてみると，すべての解釈のもとで真になるような論理式や，ある解釈のもとでは真になり，他の解釈のもとでは偽になるような論理式や，すべての解釈のもとで偽になるような論理式があることに気づく．

　すべての解釈のもとで真になるような論理式のことを **妥当な論理式**（valid formula）という．A が妥当な論理式であるということは，どのような個体領域をと

り，どのような付値関数をとっても，A がその解釈のもとで真になるということである．

　妥当な論理式の例をあげてみよう．

(1) トートロジー

　　解釈を変化させると，トートロジーの命題変項は真になったり偽になったりするが，トートロジーは常に真になる．解釈をどのように変化させても常に真になる（すべての解釈のもとで真になる）のであるから，トートロジーは妥当な論理式である．

(2) トートロジーの命題変項に任意の論理式を代入して得られる論理式

　　解釈を変化させると，トートロジーの命題変項に「代入される論理式」は真になったり偽になったりするが，「代入して得られる論理式」は常に真になる．解釈をどのように変化させても常に真になる（すべての解釈のもとで真になる）のであるから，トートロジーの命題変項に代入して得られる論理式は妥当な論理式である．

(3) $\forall x F(x) \supset \exists x F(x)$

　　任意の解釈（個体領域 D，付値関数 V）のもとで，すべての $a \in D$ について $V(F)(a)$ であるとき，ある $a \in D$ が存在して $V(F)(a)$ であることになるから，(3) は妥当な論理式である．

(4) $\forall x F(x) \vee \forall x G(x) \supset \forall x (F(x) \vee G(x))$

　　任意の解釈（個体領域 D，付値関数 V）のもとで，すべての $a \in D$ について $V(F)(a)$ であるか，またはすべての $a \in D$ について $V(G)(a)$ であるとき，すべての $a \in D$ について，$V(F)(a)$ または $V(G)(a)$ であることになるから，(4) は妥当な論理式である．

　(3)，(4) は妥当な論理式であるが，(3)，(4) の逆は妥当な論理式ではない．(3)，(4) の逆が妥当な論理式ではないことを示すためには，(3)，(4) の逆が偽になるような解釈を示せばよい．(3) の逆が偽になるような解釈を示すことは容易であるから，(4) の逆が偽になるような解釈を示してみよう．(4) の逆 $\forall x (F(x) \vee G(x)) \supset \forall x F(x) \vee \forall x G(x)$ は，たとえば，

　　$D =$ 人間全体の集合

　　$V(F)(a) \Leftrightarrow a$ は男である

$$V(G)(a) \Leftrightarrow a \text{ は女である}$$

のような解釈（F, G 以外の変項にたいする V の値は適当なものをとる）のもと
で偽になる．すべての人間は男または女であるが，すべての人間が男ではないし，
すべての人間が女でもないからである．

　妥当な論理式の例をもう少しあげておこう．

$$\forall x F(x) \supset F(y), \quad F(y) \supset \exists x F(x)$$

$$\sim \forall x F(x) \equiv \exists x \sim F(x), \quad \sim \exists x F(x) \equiv \forall x \sim F(x)$$

$$\forall x(p \vee F(x)) \supset (p \vee \forall x F(x))$$

$$\exists x(F(x) \wedge G(x)) \supset \exists x F(x) \wedge \exists x G(x)$$

$$\forall x(F(x) \supset G(x)) \supset (\forall x F(x) \supset \forall x G(x))$$

　妥当な論理式は，命題論理のトートロジーに対応するもので，述語論理のなか
で「命題についての論理法則」を表現するものである．妥当な論理式は，述語論
理の中心の概念であり，最も重要な概念である．

§7. 妥当性のテスト

　任意に与えられた論理式にたいして，「それが妥当な論理式であるかないか」を
判定する，有限回で終了する機械的な手続きは存在するだろうか．そのような手
続きは存在しないことが，A. チャーチによって示されている（1936 年，チャーチ
の定理）．任意に与えられた論理式にたいして，それが妥当な論理式であるかない
かを判定する手続きは存在しないのであるが，多くの論理式にたいして，それが
妥当な論理式であるかないかを判定する手続き・方法は存在する．ここでは，そ
のような 1 つの方法について述べる．

　ここで述べる方法は，分析タブローとよばれる図を用いる方法であり，**分析タ
ブローの方法**とよばれる．分析タブローは，与えられた論理式の下に論理式の枝
（列）が伸びているような図である．与えられた論理式の分析タブローの図を書い
てみて，すべての枝の下に×印がつけられるならば，その論理式は妥当であり，
少なくとも 1 つの枝の下に○印がつけられるならば，その論理式は妥当ではない，
と判定する．

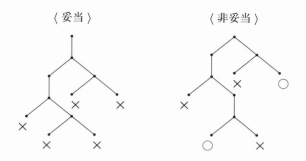

〈 妥当 〉　　　　　　〈 非妥当 〉

　分析タブローはつぎのような規則にしたがって書かれる．規則は，与えられた論理式から出発して，論理式の枝を下方に伸ばしてゆく規則である．論理式の下に記される 1，0 はそれぞれ真，偽を意味する．

●規則 1

　与えられた論理式が自由変項を含むとき，すべての自由変項に個体記号（a, b, c, …）を代入する．異なる自由変項には異なる個体記号を代入しなければならない．そして，得られた論理式（個体記号を含んでいるから厳密には論理式ではないが，便利だから，論理式とよぶことにする）の真下に 0 と記す．与えられた論理式が自由変項を含まないときは，そのままで，真下に 0 と記す．

●規則 2

　つぎの図のように，論理式（1，0 がついている）の枝を下方に伸ばす．図の 1 段目の論理式が規則の適用を受ける論理式であり，2 段目，3 段目の論理式が新たに書き加えられる論理式である．たとえば，$\sim A$ に 1（0）がついたものがそれまでの枝のなかにあったら，枝の先に A に 0（1）がついたものを書き加える．また，$A \wedge B$ に 1 がついたものがそれまでの枝のなかにあったら，枝の先に A に 1 がついたものと B に 1 がついたものを縦にならべて書き加える．他の形の論理式についても同様である．規則の適用を受ける論理式と新たに書き加えられる論理式との間に他の論理式が介在していてもかまわない．これは，規則 3，4 についてもいえることである．

$\sim A$	$\sim A$	$A \wedge B$	$A \vee B$	$A \supset B$	$\forall \mathbf{x} A(\mathbf{x})$	$\exists \mathbf{x} A(\mathbf{x})$
1	0	1	0	0	0	1
A	A	A	A	A	$A(\mathbf{a})$	$A(\mathbf{a})$
0	1	1	0	1	0	1
		B	B	B		
		1	0	0		

ここで $A(\mathbf{a})$ は $A(\mathbf{x})$ のなかの自由変項 $\mathbf{x}$ に個体記号 $\mathbf{a}$ を代入したものである. $\mathbf{a}$ はそれまでの枝に含まれない新しい個体記号を用いなければならない.（$A(\mathbf{x})$ が自由変項 $\mathbf{x}$ を含まないときは $A(\mathbf{a})$ は $A(\mathbf{x})$ と同じである.）

●規則3

つぎの図のように, 論理式の枝を下方に伸ばす. たとえば, $A \wedge B$ に 0 がついたものがそれまでの枝のなかにあったら, 枝の先に A に 0 がついたものと B に 0 がついたものを枝分かれさせて書き加える. 他の形の論理式についても同様である.

$A \wedge B$		$A \vee B$		$A \supset B$		$A \equiv B$		$A \equiv B$	
0		1		1		1		0	
A	B	A	B	A	B	A	A	A	A
0	0	1	1	0	1	1	0	1	0
						B	B	B	B
						1	0	0	1

●規則4

つぎの図のように, 論理式の枝を下方に伸ばす. 全称式 $\forall \mathbf{x} A(\mathbf{x})$ に 1 がついたものがそれまでの枝のなかにあったら, 枝の先に $A(\mathbf{a}_1)$, $\cdots$, $A(\mathbf{a}_n)$ にそれぞれ 1 がついたものを縦にならべて書き加える. 存在式についても同様である. この規則を適用するさい, 規則の適用を受ける論理式の左側に＊を付し, あとでみつけやすいようにする（規則の適用を受ける論理式を書くときに＊を付してもよい）.

$$
\begin{array}{cc}
* \quad \forall \mathbf{x} A(\mathbf{x}) & * \quad \exists \mathbf{x} A(\mathbf{x}) \\
1 & 0 \\
A(\mathbf{a}_1) & A(\mathbf{a}_1) \\
1 & 0 \\
\vdots & \vdots \\
A(\mathbf{a}_n) & A(\mathbf{a}_n) \\
1 & 0
\end{array}
$$

　ここで $\mathbf{a}_1, \cdots, \mathbf{a}_n$ はそれまでの枝に含まれるすべての個体記号である．それまでの枝に個体記号が含まれない場合は個体記号 a を用いればよい．枝の上方にすでに現われている $A(\mathbf{a}_i)$（に1，0がついたもの）は書かないことにする．それまでの枝に含まれる，1がついた全称式や0がついた存在式のすべてについて，この書き加えを行なう．

（この規則で，それまでの枝に含まれるすべての個体記号 $\mathbf{a}_1, \cdots, \mathbf{a}_n$ を $A(\mathbf{x})$ の $\mathbf{x}$ に代入するように規定したのは，分析タブローの方法を機械的な方法にするためである．枝を伸ばしたときに同じ論理式が異なる付値をもつことが予想されるような個体記号のみを代入するようにすれば，より効率的な方法になるが，機械的な方法ではなくなる．）

　規則1からはじめて，規則を番号順に適用する．規則を適用できない場合は，その規則をとばしてつぎの規則に進む．規則3の適用によって規則2の適用の可能性が出てきた場合は，規則2に立ちかえる．規則2も規則3も適用できない場合にはじめて，規則4に進む．規則4の適用によって規則2や規則3の適用の可能性が出てきた場合は，それらに立ちかえる（規則2が優先される）．規則4以外の規則は，1つの枝で，同じ場所の論理式にたいして2度適用されることはない．規則4は，新しい個体記号が現われるたびごとに，＊のついた論理式にたいしてくりかえし適用されねばならない．

　このようなやり方で論理式の枝を下方に伸ばしてゆき，同じ枝のなかで同じ論理式が異なる付値（1，0）をもつことが起こったならば，その枝の下に × 印をつけて，ただちにその枝を終了させる．同じ論理式が異なる付値をもつことなく枝が終了したときは，その枝の下に○印をつける．終了したすべての枝をながめて，すべての枝の下に × 印がついている場合は，もとの論理式は妥当であり，少なく

とも1つの枝の下に○印がついている場合は，もとの論理式は妥当ではない，と
判定する．

　分析タブローの方法は，計算によって帰謬法を実行しようとするものである．
与えられた論理式が妥当であることを示すためには，その論理式が妥当ではない
ことを仮定して矛盾が導かれることを示せばよい．それゆえ分析タブローの図で
は，与えられた論理式（の自由変項に個体記号を代入したもの）の下に0と記し
て，その論理式がある解釈のもとで偽になるという仮定から出発するのである．
そして規則を適用しながら，仮定がなりたつための条件をつぎつぎと書き加えて
ゆく．

　論理式が縦にならぶのは連言の意味であり，論理式が枝分かれするのは選言の
意味である．たとえば，$A \wedge B$ が真であるための条件は A も B も真であるとい
うことであるから，A に1がついたものと B に1がついたものを縦にならべて書
くのである．また，$A \wedge B$ が偽であるための条件は A または B が偽であるとい
うことであるから，A に0がついたものと B に0がついたものを枝分かれさせて
書くのである．

　規則2で，代入される個体記号が新しい個体記号でなければならないのは，
$\forall x A(x)$ の $A(x)$ を偽にしたり，$\exists x A(x)$ の $A(x)$ を真にしたりする個体がすでに
現われている個体記号で表わされるとはかぎらないからである．規則4で，それ
までの枝に含まれるすべての個体記号を代入するのは，それらの個体記号で表わ
されるすべての個体が $\forall x A(x)$ の $A(x)$ を真にしたり，$\exists x A(x)$ の $A(x)$ を偽にし
たりしなければならないからである．

　論理式の枝の下につく○印は，その枝に含まれるすべての条件（もとの論理式
が偽になるという仮定を含む）をみたす解釈が存在することを表わし，論理式の
枝の下につく×印は，その枝に含まれるすべての条件をみたす解釈は存在しない
ことを表わしている．したがって，論理式の分析タブローの図を書いてみて，す
べての枝の下に×印がつく場合は，もとの論理式は妥当であり，少なくとも1つ
の枝の下に○印がつく場合は，もとの論理式は妥当ではない，と判定するわけで
ある．

　それでは分析タブローの方法を用いて，様々な論理式の妥当性をテストしてみ
よう．

例 1. $(p \supset q) \supset (r \vee p \supset r \vee q)$

$$0$$
$$p \supset q$$
$$1$$
$$r \vee p \supset r \vee q$$
$$0$$
〈 妥当 〉 $r \vee p$
$$1$$
$$r \vee q$$
$$0$$
▼

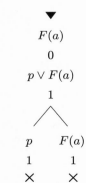

例 2. $\forall x(p \vee F(x)) \supset (p \vee \forall x F(x))$

$$0$$
∗ $\forall x(p \vee F(x))$
$$1$$
$$p \vee \forall x F(x)$$
$$0$$
〈 妥当 〉 p
$$0$$
$$\forall x F(x)$$
$$0$$
▼

▼
$$F(a)$$
$$0$$
$$p \vee F(a)$$
$$1$$

p $F(a)$
1 1
×   ×

例 3.　$\forall x F(x) \vee \forall x G(x) \supset \forall x(F(x) \vee G(x))$

$$0$$

$$\forall x F(x) \vee \forall x G(x)$$

$$1$$

$$\forall x(F(x) \vee G(x))$$

$$0 \qquad\qquad\qquad\qquad\qquad \blacktriangledown$$

〈 妥当 〉$\qquad F(a) \vee G(a) \qquad\qquad\qquad G(a)$

$$0 \qquad\qquad\qquad\qquad\qquad 0$$

$$F(a)$$

$$0 \qquad\qquad * \;\; \forall x F(x) \qquad * \;\; \forall x G(x)$$

$$\blacktriangledown \qquad\qquad\qquad 1 \qquad\qquad\qquad 1$$

$$F(a) \qquad\qquad\qquad G(a)$$

$$1 \qquad\qquad\qquad 1$$

$$\times \qquad\qquad\qquad \times$$

例 4.　$\forall x(F(x) \vee G(x)) \supset \forall x F(x) \vee \forall x G(x)$

$$0$$

$$* \;\; \forall x(F(x) \vee G(x))$$

$$1$$

$$\forall x F(x) \vee \forall x G(x)$$

$$0 \qquad\qquad\qquad\qquad\qquad \blacktriangledown$$

$$\forall x F(x) \qquad\qquad\qquad F(a) \vee G(a)$$

$$0 \qquad\qquad\qquad\qquad\qquad 1$$

$$\forall x G(x) \qquad\qquad\qquad F(b) \vee G(b)$$

〈 非妥当 〉$\qquad 0 \qquad\qquad\qquad\qquad\qquad 1$

$$F(a) \qquad\qquad F(a) \qquad G(a)$$

$$0 \qquad\qquad\qquad 1 \qquad\qquad 1$$

$$G(b) \qquad\qquad \times$$

$$0 \qquad\qquad\qquad\qquad F(b) \qquad G(b)$$

$$\blacktriangledown \qquad\qquad\qquad\qquad 1 \qquad\qquad 1$$

$$\bigcirc \qquad\qquad \times$$

例 5.　　　　　＊　∃x∀yF(x,y)

$$\exists x \forall y F(x,y)$$
$$0$$

	$\forall y F(a,y)$		$\forall y F(b,y)$	
〈判定不能〉	0		0	
	$F(a,b)$		$F(b,c)$	
	0		0	
	▼		$\forall y F(c,y)$	
			0	
			$F(c,d)$	
			0	
			⋮	

　分析タブローが無限の枝（無限の長さの枝）をもち，同時に，○印のついた有限の枝（有限の長さの枝）をももつような論理式は「非妥当」である．しかし例5のように，分析タブローが無限の枝をもち，○印のついた有限の枝をもたないような論理式は「判定不能」である．分析タブローが無限の枝をもち，○印のついた有限の枝をもたないような論理式は，無限の枝をもつかぎり，妥当ではないのであるが，妥当ではないことを，○印のついた有限の枝を見て判定できるわけではないから，「判定不能」と考えなければならない．

　分析タブローが○印のついた有限の枝を（1つでも）もつような論理式は「非妥当」であり，分析タブローが×印のついた有限の枝のみをもつような論理式は「妥当」である．そして，分析タブローが○印のついた有限の枝をもたず，無限の枝をもつような論理式は「判定不能」である．分析タブローの方法は，多くの論理式にたいして使える便利な判定手続きではあるが，「判定不能」な論理式が存在するから，すべての論理式にたいして使える判定手続きとはいえないのである．

§8.　公理体系 FL

　述語論理（functional logic, predicate logic）の公理体系は，すべての妥当な論理式が定理として導出でき，また妥当な論理式だけが定理として導出できるように考えて作られる．すべての妥当な論理式が定理として導出でき，また妥当な論理式だけが定理として導出できるような公理体系として，何種類かのものが考

案されている．つぎに述べる公理体系 FL も，そのような公理体系の 1 つである．

　公理体系 FL の内部で用いる基本記号や論理式は，すでに定義した基本記号や論理式と同じものである（57，58 ページ）．ただし論理記号のうち，基本の論理記号は $\sim$，$\supset$，$\forall$ のみであり，論理記号 $\vee$，$\wedge$，$\equiv$，$\exists$ はつぎの定義によって導入されるものとする．左辺は右辺の省略的な表現である．

$$(A \vee B) : (\sim A \supset B)$$
$$(A \wedge B) : \sim(A \supset \sim B)$$
$$(A \equiv B) : \sim((A \supset B) \supset \sim(B \supset A))$$
$$\exists \mathbf{x} A : \sim \forall \mathbf{x} \sim A$$

$\vee$，$\wedge$，$\equiv$，$\exists$ を含む表現は，それらを含まない論理式の省略的な表現である．たとえば $\exists x F(x) \wedge p$ すなわち $(\exists x F(x) \wedge p)$ は，$\sim(\sim \forall x \sim F(x) \supset \sim p)$ の省略的な表現である．

　このようにして基本の論理記号の種類を制限することによって，公理図式や変形規則の個数を減らすことができ，公理体系を単純な形で定式化することができるようになる．

　公理体系 FL の公理図式はつぎのものである．公理図式は無限個の公理をひとまとめに表わしたものである．

●公理図式

1. $A \supset (B \supset A)$
2. $(A \supset (B \supset C)) \supset ((A \supset B) \supset (A \supset C))$
3. $(\sim A \supset \sim B) \supset ((\sim A \supset B) \supset A)$
4. $\forall \mathbf{x} A(\mathbf{x}) \supset A(\mathbf{y})$
5. $\forall \mathbf{x}(A \supset B) \supset (A \supset \forall \mathbf{x} B)$　　　　　＊ A は自由変項 $\mathbf{x}$ を含まない．

公理図式 4 における $A(\mathbf{y})$ は，$A(\mathbf{x})$ のなかの自由変項 $\mathbf{x}$ に $\mathbf{y}$ を代入して得られる論理式である．$\mathbf{y}$ は代入の結果束縛されてはならない（79 ページの注意参照）．

　公理図式をみたす論理式が**公理**である．たとえば

$$\forall x \exists y F(x, y) \supset \exists y F(z, y)$$

は，公理図式 4 をみたすから公理であり，

$$\forall x(F(y) \supset G(x)) \supset (F(y) \supset \forall x G(x))$$

は，公理図式 5 をみたすから公理である．しかしたとえば

$$\forall x \exists y F(x, y) \supset \exists y F(y, y)$$

は，公理図式 4 をみたしているように見えるが，$\exists y F(x, y)$ の x に代入した y が後件で束縛されるようになっているから，公理図式 4 をみたす公理ではない．またたとえば

$$\forall x (F(x) \supset G(x)) \supset (F(x) \supset \forall x G(x))$$

は，公理図式 5 をみたしているように見えるが，＊で示される注意を守っていないから，公理図式 5 をみたす公理ではない．

公理体系 FL の変形規則はつぎのものである．

●変形規則

(1) 分離規則

A と $A \supset B$ から B を導くことができる．

(2) 一般化の規則

A から $\forall \mathbf{x} A$ を導くことができる．

公理に何回か変形規則を適用して得られる論理式が**定理**である．公理自身も定理とみなす．公理と変形規則から定理を導く手続きが証明であり，定理は**証明可能な論理式**のことである．

公理体系 PL（前章 §9）のすべての公理と変形規則は，FL の公理と変形規則でもある．それゆえ，PL のすべての定理は FL の定理でもあり，すべてのトートロジーが PL の定理である（43 ページ）から，すべてのトートロジーは FL の定理である．また，$p \supset p$ の証明から $A \supset A$ の証明が得られるように，トートロジーの証明からトートロジーの命題変項に任意の論理式を代入したものの証明が得られるから，トートロジーの命題変項に任意の論理式を代入して得られる論理式も FL の定理である．

論理式

$$A_1 \supset (A_2 \supset \cdots \supset (A_n \supset B) \cdots) \quad \cdots\cdots\cdots\cdots\cdots\cdots\cdots\cdots\cdots (\bigstar)$$

がトートロジーであるか，またはトートロジーに代入して得られる論理式であるとき，A_1, A_2, $\cdots$, A_n から B が**命題論理的に帰結する**という．

A_1, A_2, $\cdots$, A_n から B が命題論理的に帰結するとき，$(\bigstar)$ が FL の定理に

なるから，A_1，A_2，$\cdots$，A_n がすべて FL の定理ならば，分離規則により，B も FL の定理である．

A が FL の定理であることを $\vdash A$ のように書いて表わすことにすると，A_1,
A_2，$\cdots$，A_nからBが命題論理的に帰結するとき，$\vdash A_1$，$\vdash A_2$，$\cdots$，$\vdash A_n$ならば，$\vdash B$である．

A_1，$\cdots$，A_n から B が命題論理的に帰結するとき，$\vdash A_1$，$\cdots$，$\vdash A_n$ から $\vdash B$ を推論することができるが，そのさい，いちいち「A_1，$\cdots$，A_n から B が命題論理的に帰結するから」と書くのは面倒だから，簡単に，「命題論理的帰結により」と書くことにする．

命題論理的帰結の関係を用いて，

$$\vdash \sim \forall x F(x) \supset \exists x \sim F(x)$$

を示してみよう．まず公理図式 4 より，

$$\vdash \forall x \sim\sim F(x) \supset \sim\sim F(x)$$

であり，命題論理的帰結により，

$$\vdash \forall x \sim\sim F(x) \supset F(x)$$

である．一般化の規則により，

$$\vdash \forall x (\forall x \sim\sim F(x) \supset F(x))$$

であるが，公理図式 5 より，

$$\vdash \forall x (\forall x \sim\sim F(x) \supset F(x)) \supset (\forall x \sim\sim F(x) \supset \forall x F(x))$$

であるから，分離規則により，

$$\vdash \forall x \sim\sim F(x) \supset \forall x F(x)$$

である．ゆえに命題論理的帰結により，

$$\vdash \sim \forall x F(x) \supset \forall x \sim\sim F(x)$$

であり，$\exists$ の定義により，

$$\vdash \sim \forall x F(x) \supset \exists x \sim F(x)$$

である．

§9. 無矛盾性

A と $\sim A$ がともに定理として証明可能であるような論理式 A が存在するとき，その公理体系は**矛盾する**という．そして，そのような論理式 A が存在しないとき，その公理体系は**無矛盾**（consistent）であるという．公理体系 FL は，この意味において，無矛盾である．

●無矛盾性定理

公理体系 FL は無矛盾である．

証明

まず，FL の論理式 A の変換式 A^* を定義する．

A^* はつぎの3つの手続きによって最後に得られる論理式である．

1) A のなかの限量子をすべて消去する．
2) 述語変項（肩つき数字をもつ）に続く左カッコと，カッコで囲まれた個体変項やコンマと，右カッコをすべて消去する．
3) 述語変項を A に含まれない命題変項で書きかえる（異なる述語変項は異なる命題変項で書きかえる）．

たとえば，A が $\forall x(p \supset F^1(x)) \supset (\sim F^1(y) \supset F^2(y, z))$ のとき，A^* は $(p \supset q) \supset (\sim q \supset r)$ のようになる．

FL の公理図式 1〜5 をみたす論理式（FL の公理）の変換式は，容易に確かめられるように，すべてトートロジーになる．また，FL の変形規則の前提の変換式がトートロジーならば，結論の変換式もトートロジーになる．これは，分離規則については，A^* と $A^* \supset B^*$ がトートロジーならば B^* もトートロジーになることから明らかである．また，一般化の規則については，前提と結論の変換式が同じ形になることから明らかである．したがって，FL の公理と変形規則から導かれる FL の定理の変換式は，すべてトートロジーになる．

いま，FL が矛盾すると仮定すると，A と $\sim A$ がともに定理であるような論理式 A が存在し，A^* と $\sim A^*$ がともにトートロジーにならなければならないが，これは不可能である（A^* がトートロジーならば，$\sim A^*$ は矛盾式である）．ゆえに，FL は無矛盾である． ■

FL のように，$A \supset (\sim A \supset B)$ を定理として含み，分離規則をもつような，述語論理の公理体系が矛盾するとき，すべての論理式が定理となってしまう．なぜなら，A と $\sim A$ がともに定理であるような論理式 A が存在し，任意の論理式 B にたいして，

$$A \supset (\sim A \supset B)$$

が定理であるならば，分離規則を 2 度用いて，任意の論理式 B が定理となってしまうからである．

　述語論理の公理体系は，妥当な論理式が定理になるように，そして妥当な論理式だけが定理になるように考えて作るものであるから，すべての論理式が定理となってしまったのでは，公理体系を作った意味がないことになる．それゆえ無矛盾性は，述語論理の公理体系が（またすべての公理体系が）みたさなければならない，もっとも重要な条件である．

§10. 解釈 (2)

　本章の §5（60 ページ）で解釈について述べた．§5 で述べた解釈は，(1) 個体領域を指定し，(2) 命題変項に真理値を，個体変項に個体を，述語変項に述語を対応させる付値関数を定める，という手続きで行なわれるものであった．

　その解釈では，付値関数が述語変項に対応させるものは「述語」であったが，それを「集合」と考えることもできる．付値関数が述語変項に対応させるものを述語ではなく，集合と考える新しい解釈をここで定義する．そして今後は，その新しい解釈を解釈として考えることにする．

　新しい**解釈**は，つぎの 2 つの手続きによって行なわれる．

(1) **個体領域** D を指定する．

(2) 命題変項に真理値（T，F）を対応させ，個体変項に個体を対応させ，n 項述語変項に個体の n 項組の集合を対応させるような**付値関数** V を定める．

　ただし (1) で指定する D は空集合であってはならない．また (2) で V が個体変項に対応させる個体は，(1) で指定した D に属する個体でなければならず，V が述語変項に対応させる個体の組の集合も，(1) で指定した D に属する個体の組の集合でなければならない．

新しい解釈にもとづいて，「論理式 A が個体領域 D，付値関数 V をもつ解釈の もとで真である」（簡単に $V \models A$ で表わす）ということを，つぎの (1)～(5) の ように定義する．$\not\models$ は $\models$ の否定を表わし，$V[\mathbf{x} \,|\, a]$ は，$\mathbf{x}$ にたいする値が $a \in D$ で，他の個体変項や命題変項や述語変項にたいする値は V と同じであるような付 値関数を表わす．

(1) $V \models \mathbf{p} \Leftrightarrow V(\mathbf{p}) = \mathrm{T}$

(2) $V \models \mathbf{F}(\mathbf{x}_1, \cdots, \mathbf{x}_n) \Leftrightarrow \langle V(\mathbf{x}_1), \cdots, V(\mathbf{x}_n) \rangle \in V(\mathbf{F})$

　　　（$n = 1$ のとき，$V \models \mathbf{F}(\mathbf{x}_1) \Leftrightarrow V(\mathbf{x}_1) \in V(\mathbf{F})$）

(3) $V \models {\sim} A \Leftrightarrow V \not\models A$

(4) $V \models A \supset B \Leftrightarrow V \not\models A$ または $V \models B$

(5) $V \models \forall \mathbf{x} A \Leftrightarrow$ すべての $a \in D$ について $V[\mathbf{x} \,|\, a] \models A$

((5) は，

　　　$V \models \forall \mathbf{x} A \Leftrightarrow$ たかだか $\mathbf{x}$ にたいする値のみが V と異なっているような

　　　　　　　すべての付値関数 V' について，$V' \models A$

としてもよいが，(5) のような簡潔な定義にした方が使いやすい．)

　$A \lor B$, $A \land B$, $A \equiv B$, $\exists \mathbf{x} A$ は $\sim$, $\supset$, $\forall$ を用いて書きなおすことができる から（72 ページ），定義 (3)～(5) より，つぎのことが導かれる．

(6) $V \models A \lor B \Leftrightarrow V \models A$ または $V \models B$

(7) $V \models A \land B \Leftrightarrow V \models A$ かつ $V \models B$

(8) $V \models A \equiv B \Leftrightarrow V \models A$ 同値 $V \models B$

(9) $V \models \exists \mathbf{x} A \Leftrightarrow$ ある $a \in D$ が存在して $V[\mathbf{x} \,|\, a] \models A$

　論理式は，解釈を定め，論理記号に意味を与えることによって，真偽の値をも つようになる．論理記号に与える意味は (3)～(9) のように固定されているが，解 釈の定め方は固定されてはいない．いろいろな解釈を考えることができ，いろい ろな解釈に対応して，論理式の真偽が決まってくる．

　つぎのような個体領域 D と付値関数 V をもつ解釈を考えてみよう（p, q, x, y, F, G 以外の変項にたいする V の値は適当なものをとる）．

　　　$D = \{1, 2, 3\}$

　　　$V(p) = \mathrm{T}$, $V(q) = \mathrm{F}$

$$V(x) = 1, \ V(y) = 2$$
$$V(F) = \{1, 3\}, \ V(G) = \{\langle 1, 2 \rangle, \langle 2, 3 \rangle, \langle 1, 3 \rangle\}$$

この解釈のもとで，$V \models p$ かつ $V \models {\sim}q$ だから，$V \models p \wedge {\sim}q$ であり，$p \wedge {\sim}q$ は真である．

また，$V(y) \in V(F)$（つまり，$2 \in \{1, 3\}$）ではないから，$V \not\models F(y)$ であり，$F(y)$ は偽である．

また，$\langle V(x), V(y) \rangle \in V(G)$（つまり，$\langle 1, 2 \rangle \in \{\langle 1, 2 \rangle, \langle 2, 3 \rangle, \langle 1, 3 \rangle\}$）であるから，$V \models G(x, y)$ であり，$G(x, y)$ は真である．

また，すべての $a \in D$ について $V[x|a] \models F(x)$（つまり，すべての $a \in \{1, 2, 3\}$ について $a \in \{1, 3\}$）ではないから，$V \not\models \forall x F(x)$ であり，$\forall x F(x)$ は偽である．

また，ある $a \in D$ が存在して $V[x|a] \models F(x)$（つまり，ある $a \in \{1, 2, 3\}$ が存在して $a \in \{1, 3\}$）であるから，$V \models \exists x F(x)$ であり，$\exists x F(x)$ は真である．

<u>すべての解釈のもとで真になるような論理式</u>のことを **妥当な論理式** という．A が妥当な論理式であるということは，どのような個体領域 D をとり，どのような付値関数 V をとっても，A がその解釈のもとで真になる（$V \models A$）ということである．

本節で導入した解釈 (2) は，§5 で述べた解釈 (1) と実質的に同等な概念であるから，解釈 (1) で考えたときの妥当な論理式は，解釈 (2) で考えたときの妥当な論理式でもあり，解釈 (2) で考えたときの妥当な論理式は，解釈 (1) で考えたときの妥当な論理式でもある．

ここで，後の議論で必要になる 2 つの定理（定理 1，2）を証明しておく．

●**定理 1**（一致の原理）

個体変項にたいする値のみが異なっているような 2 つの付値関数を V，V' とする．論理式 A が $\mathbf{x}_1$，$\cdots$，$\mathbf{x}_n$ 以外の自由変項を含まないとき，

$$V(\mathbf{x}_1) = V'(\mathbf{x}_1), \ \cdots, \ V(\mathbf{x}_n) = V'(\mathbf{x}_n)$$

ならば，$V \models A \Leftrightarrow V' \models A$ である．

証明

A のなかの論理記号（$\sim$，$\supset$，$\forall$）の個数についての帰納法によって証明する．
1) A が $\mathbf{p}$ のとき．

$$V \models \mathbf{p} \Leftrightarrow V(\mathbf{p}) = \mathrm{T} \Leftrightarrow V'(\mathbf{p}) = \mathrm{T} \Leftrightarrow V' \models \mathbf{p}$$

2) A が $\mathbf{F}(\mathbf{y}_1, \cdots, \mathbf{y}_m)$ で $\{\mathbf{y}_1, \cdots, \mathbf{y}_m\} \subseteq \{\mathbf{x}_1, \cdots, \mathbf{x}_n\}$ のとき.

$$\begin{aligned}
V \models \mathbf{F}(\mathbf{y}_1, \cdots, \mathbf{y}_m) &\Leftrightarrow \langle V(\mathbf{y}_1), \cdots, V(\mathbf{y}_m) \rangle \in V(\mathbf{F}) \\
&\Leftrightarrow \langle V'(\mathbf{y}_1), \cdots, V'(\mathbf{y}_m) \rangle \in V'(\mathbf{F}) \\
&\Leftrightarrow V' \models \mathbf{F}(\mathbf{y}_1, \cdots, \mathbf{y}_m)
\end{aligned}$$

3) A が $\sim B$ のとき. 帰納法の仮定を用いて,

$$V \models \sim B \Leftrightarrow V \not\models B \Leftrightarrow V' \not\models B \Leftrightarrow V' \models \sim B$$

4) A が $B \supset C$ のとき. 帰納法の仮定を用いて,

$$\begin{aligned}
V \models B \supset C &\Leftrightarrow V \not\models B \text{ または } V \models C \\
&\Leftrightarrow V' \not\models B \text{ または } V' \models C \\
&\Leftrightarrow V' \models B \supset C
\end{aligned}$$

5) A が $\forall \mathbf{y} B$ のとき. 任意の個体 $a \in D$ について, 付値関数 $V[\mathbf{y}|a]$, $V'[\mathbf{y}|a]$ は, $\mathbf{x}_1, \cdots, \mathbf{x}_n, \mathbf{y}$ にたいして同じ値をとるから, 帰納法の仮定により, $V[\mathbf{y}|a] \models B \Leftrightarrow V'[\mathbf{y}|a] \models B$ である. ゆえに,

$$\begin{aligned}
V \models \forall \mathbf{y} B &\Leftrightarrow \text{すべての } a \in D \text{ について } V[\mathbf{y}|a] \models B \\
&\Leftrightarrow \text{すべての } a \in D \text{ について } V'[\mathbf{y}|a] \models B \\
&\Leftrightarrow V' \models \forall \mathbf{y} B \qquad \blacksquare
\end{aligned}$$

　この定理は, 個体変項にたいする値のみが異なっているような付値関数を考えるとき, V (をもつ解釈) のもとでの A の真偽は, A の自由変項にたいする V の値のみによって決まることを意味している. A の自由変項にたいする V の値と V' の値が同じならば, 他の個体変項にたいする V の値と V' の値が異なっていても, V のもとでの A の真偽は, V' のもとでの A の真偽と一致する. とくに A が自由変項を含まないときは, 個体変項にたいする V の値と V' の値がまったく異なっていても, V のもとでの A の真偽は, V' のもとでの A の真偽と一致する.

注意:$A(\mathbf{x})$, $A(\mathbf{y})$ のような表現について注意しておく. 同じ文脈で $A(\mathbf{x})$, $A(\mathbf{y})$ のような表現を用いる場合, アルファベット順で $\mathbf{y}$ よりも早い $\mathbf{x}$ をもつ $A(\mathbf{x})$ が代入のもとになる論理式を表わし, $A(\mathbf{y})$ は, $A(\mathbf{x})$ のなかの自由変項 $\mathbf{x}$ (もしあれば) のすべてに $\mathbf{y}$ を代入して得られる論理式を表わしている. $A(\mathbf{y})$ の $\mathbf{y}$ は代入の結果, 束縛されることはないものとする. ただし, $A(\mathbf{x})$ が必ず自由変項

$\mathbf{x}$ を含んでいるとはかぎらないので注意しなければならない．$A(\mathbf{x})$ が自由変項 $\mathbf{x}$ を含まないとき，$A(\mathbf{y})$ は $A(\mathbf{x})$ と同じ論理式になる．

●定理 2（置換の原理）

任意の論理式 $A(\mathbf{x})$ にたいして，

$$V[\mathbf{x}|\,V(\mathbf{y})\,] \models A(\mathbf{x}) \Leftrightarrow V \models A(\mathbf{y})$$

である．

証明

$A(\mathbf{x})$ のなかの論理記号の個数についての帰納法によって証明する．

$V' = V[\mathbf{x}|\,V(\mathbf{y})\,]$ とおく．

1) $A(\mathbf{x})$ が $\mathbf{p}$ のとき．$A(\mathbf{y})$ も $\mathbf{p}$ だから，

$$V' \models A(\mathbf{x}) \Leftrightarrow V'(\mathbf{p}) = \mathrm{T} \Leftrightarrow V(\mathbf{p}) = \mathrm{T} \Leftrightarrow V \models A(\mathbf{y})$$

2) $A(\mathbf{x})$ が $\mathbf{F}(\mathbf{x}_1, \cdots, \mathbf{x}_n)$ のとき．$\mathbf{x}_i^{\,*} = \begin{cases} \mathbf{y} & \mathbf{x}_i = \mathbf{x} \text{ のとき} \\ \mathbf{x}_i & \mathbf{x}_i \neq \mathbf{x} \text{ のとき} \end{cases}$

とすると，$A(\mathbf{y})$ は $\mathbf{F}(\mathbf{x}_1^{\,*}, \cdots, \mathbf{x}_n^{\,*})$ と同形（同じ形）で，$\mathbf{x}_i = \mathbf{x}$ のときは，$\underline{V'(\mathbf{x}_i) = V(\mathbf{y}) = V(\mathbf{x}_i^{\,*})}$，$\mathbf{x}_i \neq \mathbf{x}$ のときも，$\underline{V'(\mathbf{x}_i) = V(\mathbf{x}_i) = V(\mathbf{x}_i^{\,*})}$ だから，

$$\begin{aligned} V' \models A(\mathbf{x}) &\Leftrightarrow \langle V'(\mathbf{x}_1), \cdots, V'(\mathbf{x}_n) \rangle \in V'(\mathbf{F}) \\ &\Leftrightarrow \langle V(\mathbf{x}_1^{\,*}), \cdots, V(\mathbf{x}_n^{\,*}) \rangle \in V(\mathbf{F}) \\ &\Leftrightarrow V \models \mathbf{F}(\mathbf{x}_1^{\,*}, \cdots, \mathbf{x}_n^{\,*}) \\ &\Leftrightarrow V \models A(\mathbf{y}) \end{aligned}$$

3) $A(\mathbf{x})$ が $\sim B(\mathbf{x})$ のとき．帰納法の仮定を用いて，

$$\begin{aligned} V' \models A(\mathbf{x}) &\Leftrightarrow V' \not\models B(\mathbf{x}) \\ &\Leftrightarrow V \not\models B(\mathbf{y}) \\ &\Leftrightarrow V \models A(\mathbf{y}) \end{aligned}$$

4) $A(\mathbf{x})$ が $B(\mathbf{x}) \supset C(\mathbf{x})$ のとき．帰納法の仮定を用いて，

$$\begin{aligned} V' \models A(\mathbf{x}) &\Leftrightarrow V' \not\models B(\mathbf{x}) \text{ または } V' \models C(\mathbf{x}) \\ &\Leftrightarrow V \not\models B(\mathbf{y}) \text{ または } V \models C(\mathbf{y}) \\ &\Leftrightarrow V \models A(\mathbf{y}) \end{aligned}$$

5) $A(\mathbf{x})$ が $\forall \mathbf{z} B(\mathbf{x})$ のとき.

$A(\mathbf{x})$ が自由変項 $\mathbf{x}$ を含まないならば,$A(\mathbf{y})$ は $A(\mathbf{x})$ と同形で,$A(\mathbf{x})$ の自由変項($\mathbf{x}$ ではない)にたいする V の値と V' の値が同じだから,前定理を用いて,
$$V \models A(\mathbf{y}) \Leftrightarrow V \models A(\mathbf{x}) \Leftrightarrow V' \models A(\mathbf{x}).$$

$A(\mathbf{x})$ が自由変項 $\mathbf{x}$ を含むならば,$\mathbf{z}$ と $\mathbf{x}$ は異なり,$A(\mathbf{y})$ は $\forall \mathbf{z} B(\mathbf{y})$ と同形である.$\mathbf{y}$ は $A(\mathbf{x})$ の $\mathbf{x}$ に代入したとき束縛されてはならないから,$\mathbf{z}$ と $\mathbf{y}$ も異なる.ゆえに任意の個体 $a \in D$ について,$V[\mathbf{z}|a][\mathbf{x}|V(\mathbf{y})] = V[\mathbf{x}|V(\mathbf{y})][\mathbf{z}|a]$ であり,$\underline{V[\mathbf{z}|a](\mathbf{y}) = V(\mathbf{y})}$ である.ゆえに帰納法の仮定を用いて,

$$
\begin{aligned}
V \models A(\mathbf{y}) \;\Leftrightarrow\;\; & V \models \forall \mathbf{z} B(\mathbf{y}) \\
\Leftrightarrow\;\; & \text{すべての } a \in D \text{ について } V[\mathbf{z}|a] \models B(\mathbf{y}) \\
\Leftrightarrow\;\; & \text{すべての } a \in D \text{ について } V[\mathbf{z}|a]\,' \models B(\mathbf{x}) \\
\Leftrightarrow\;\; & \text{すべての } a \in D \text{ について } V[\mathbf{z}|a][\mathbf{x}|\underline{V[\mathbf{z}|a](\mathbf{y})}] \models B(\mathbf{x}) \\
\Leftrightarrow\;\; & \text{すべての } a \in D \text{ について } V[\mathbf{z}|a][\mathbf{x}|\underline{V(\mathbf{y})}] \models B(\mathbf{x}) \\
\Leftrightarrow\;\; & \text{すべての } a \in D \text{ について } V[\mathbf{x}|V(\mathbf{y})][\mathbf{z}|a] \models B(\mathbf{x}) \\
\Leftrightarrow\;\; & V[\mathbf{x}|V(\mathbf{y})] \models \forall \mathbf{z} B(\mathbf{x}) \\
\Leftrightarrow\;\; & V' \models A(\mathbf{x}) \qquad\qquad\qquad\qquad \blacksquare
\end{aligned}
$$

この定理は,$\mathbf{x}$ にたいする値が $V(\mathbf{y})$ で,他の個体変項にたいする値は V と同じであるような付値関数($V[\mathbf{x}|V(\mathbf{y})]$)のもとでの $A(\mathbf{x})$ の真偽は,V のもとでの $A(\mathbf{y})$ の真偽と一致することを述べている.この定理を用いると,たとえば

$$V[x|V(y)] \models \sim F(x) \supset G(y) \Leftrightarrow V \models \sim F(y) \supset G(y),$$
$$V[x|V(y)] \models \forall z(F(x) \supset G(z)) \Leftrightarrow V \models \forall z(F(y) \supset G(z))$$

などがなりたつことがわかる.

§11. 健全性

述語論理の公理体系のすべての定理が妥当な論理式であるとき,その公理体系は **健全**(sound)であるという.公理体系 FL は,この意味において,健全である.FL が健全であること(FL のすべての定理が妥当な論理式であること)を証明するためには,つぎの定理を証明しておく必要がある.

●定理 3
(1) 公理図式 1〜5 をみたす論理式は妥当な論理式である.

(2) A と $A \supset B$ が妥当な論理式ならば，B も妥当な論理式である.

(3) A が妥当な論理式ならば，$\forall \mathbf{x} A$ も妥当な論理式である.

証明

(1) 公理図式 1〜5 のうち，公理図式 1〜3 をみたす論理式は，トートロジーの命題変項に論理式 A, B, C を代入して得られる論理式である. 解釈を変化させると，A, B, C は真になったり偽になったりするが，トートロジーの命題変項に A, B, C を代入して得られる論理式は常に真になる. 解釈をどのように変化させても常に真になるのであるから，公理図式 1〜3 をみたす論理式は妥当な論理式である.

つぎに，公理図式 4 をみたす論理式 $\forall \mathbf{x} A(\mathbf{x}) \supset A(\mathbf{y})$ が妥当な論理式であることを示す. $\forall \mathbf{x} A(\mathbf{x}) \supset A(\mathbf{y})$ が妥当な論理式ではないと仮定すると，ある解釈 (付値関数 V) が存在して，$V \models \forall \mathbf{x} A(\mathbf{x})$, $V \not\models A(\mathbf{y})$ である. $V' = V[\mathbf{x} \,|\, V(\mathbf{y})]$ とすると，前定理より，$V' \not\models A(\mathbf{x})$ であるが，これは $V \models \forall \mathbf{x} A(\mathbf{x})$ と矛盾する.

つぎに，公理図式 5 をみたす論理式 $\forall \mathbf{x}(A \supset B) \supset (A \supset \forall \mathbf{x} B)$ (ただし A は自由変項 $\mathbf{x}$ を含まない) が妥当な論理式であることを示す. $\forall \mathbf{x}(A \supset B) \supset (A \supset \forall \mathbf{x} B)$ が妥当な論理式ではないと仮定すると，ある解釈 (付値関数 V) が存在して，$V \models \forall \mathbf{x}(A \supset B)$, $V \models A$, $V \not\models \forall \mathbf{x} B$ である. $V \not\models \forall \mathbf{x} B$ より，ある $V' = V[\mathbf{x} \,|\, a]$ (a は個体) が存在して，$V' \not\models B$ である. A の自由変項 ($\mathbf{x}$ ではない) にたいする V の値と V' の値が同じであり，$V \models A$ であるから，定理 1 より，$V' \models A$ である. しかしこのとき，$V' \not\models A \supset B$ となって，$V \models \forall \mathbf{x}(A \supset B)$ と矛盾する.

(2) A と $A \supset B$ が妥当な論理式で，B が妥当な論理式ではないと仮定すると，ある解釈 (付値関数 V) が存在して，$V \not\models B$ であり，A は妥当な論理式だから，$V \models A$ である. しかしこのとき，$V \not\models A \supset B$ となって，$A \supset B$ が妥当な論理式であるという仮定と矛盾する.

(3) A が妥当な論理式で，$\forall \mathbf{x} A$ が妥当な論理式ではないと仮定すると，ある解釈 (付値関数 V) が存在して，$V \not\models \forall \mathbf{x} A$ であり，ある $V' = V[\mathbf{x} \,|\, a]$ (a は個体) が存在して，$V' \not\models A$ である. しかしこれは，A が妥当な論理式であるという仮定と矛盾する. ■

●健全性定理

FL のすべての定理は妥当な論理式である.

証明

前定理より，公理図式 1〜5 をみたす論理式（公理）は妥当な論理式であり，変形規則（分離規則，一般化の規則）は妥当な論理式であるという性質を保存するから，公理と変形規則から導かれる，FL のすべての定理は妥当な論理式である．∎

§12. 完全性

すべての妥当な論理式が述語論理の公理体系の定理であるとき，その公理体系は**完全**（complete）であるという．公理体系 FL は，この意味において，完全である．FL が完全であること（すべての妥当な論理式が FL の定理であること）を証明するためには，いくらかの準備が必要である．

●定理 4

(1) $\vdash A \supset B$ ならば $\vdash \forall \mathbf{x} A \supset \forall \mathbf{x} B$.

(2) $\vdash A \equiv B$ ならば $\vdash \forall \mathbf{x} A \equiv \forall \mathbf{x} B$.

(3) $A(\mathbf{x})$ が自由変項 $\mathbf{y}$ を含まないとき，$\vdash \forall \mathbf{x} A(\mathbf{x}) \equiv \forall \mathbf{y} A(\mathbf{y})$.

(4) B が自由変項 $\mathbf{y}$ を含まないとき，$\vdash A \supset B$ ならば $\vdash \sim\forall \mathbf{y} \sim A \supset B$.

(5) $A(\mathbf{x})$ が自由変項 $\mathbf{y}$ を含まないとき，$\vdash \sim\forall \mathbf{y} \sim (A(\mathbf{y}) \supset \forall \mathbf{x} A(\mathbf{x}))$.

((2)，(3) は，それぞれ，定理 5，定理 6 の証明に用い，(4) と (5) は定理 7 の証明に用いる．)

証明

(1) 公理図式 4 より，$\vdash \forall \mathbf{x} A \supset A$ だから，$\vdash A \supset B$ ならば，命題論理的帰結により，$\vdash \forall \mathbf{x} A \supset B$ である．ゆえに一般化の規則と公理図式 5 より，$\vdash \forall \mathbf{x} A \supset \forall \mathbf{x} B$ である．

(2) $\vdash A \equiv B$ ならば，命題論理的帰結により，$\vdash A \supset B$，$\vdash B \supset A$ であり，(1) より，$\vdash \forall \mathbf{x} A \supset \forall \mathbf{x} B$，$\vdash \forall \mathbf{x} B \supset \forall \mathbf{x} A$ である．ゆえに命題論理的帰結により，$\vdash \forall \mathbf{x} A \equiv \forall \mathbf{x} B$ である．

(3) 公理図式 4 より，$\vdash \forall \mathbf{x} A(\mathbf{x}) \supset A(\mathbf{y})$ だから，$A(\mathbf{x})$ が自由変項 $\mathbf{y}$ を含まないとき，一般化の規則と公理図式 5 より，$\vdash \forall \mathbf{x} A(\mathbf{x}) \supset \forall \mathbf{y} A(\mathbf{y})$ である．また $A(\mathbf{x})$ が自由変項 $\mathbf{y}$ を含まないとき，$A(\mathbf{y})$ の自由変項 $\mathbf{y}$ に $\mathbf{x}$ を代入すると $A(\mathbf{x})$ にもどるから，$\vdash \forall \mathbf{y} A(\mathbf{y}) \supset A(\mathbf{x})$ であり，一般化の規則と公理図式 5 より，

$\vdash \forall \mathbf{y} A(\mathbf{y}) \supset \forall \mathbf{x} A(\mathbf{x})$ である．ゆえに命題論理的帰結により，$\vdash \forall \mathbf{x} A(\mathbf{x}) \equiv \forall \mathbf{y} A(\mathbf{y})$ である．

(4) $\vdash A \supset B$ ならば，命題論理的帰結により，$\vdash \sim B \supset \sim A$ である．B が自由変項 $\mathbf{y}$ を含まないとき，一般化の規則と公理図式 5 より，$\vdash \sim B \supset \forall \mathbf{y} \sim A$ であり，命題論理的帰結により，$\vdash \sim \forall \mathbf{y} \sim A \supset B$ である．

(5) $A(\mathbf{x})$ が自由変項 $\mathbf{y}$ を含まないとき，(3) から命題論理的帰結により，

$$\vdash \forall \mathbf{y} A(\mathbf{y}) \supset \forall \mathbf{x} A(\mathbf{x}) \qquad \cdots\cdots\cdots\cdots\cdots\cdots\cdots\cdots (\star)$$

である．一方，公理図式 4 より，

$$\vdash \forall \mathbf{y} \sim (A(\mathbf{y}) \supset \forall \mathbf{x} A(\mathbf{x})) \supset \sim (A(\mathbf{y}) \supset \forall \mathbf{x} A(\mathbf{x})) \qquad \cdots\cdots\cdots\cdots (\ast)$$

であり，命題論理的帰結により，$\vdash \forall \mathbf{y} \sim (A(\mathbf{y}) \supset \forall \mathbf{x} A(\mathbf{x})) \supset A(\mathbf{y})$ である．ゆえに一般化の規則と公理図式 5 より，

$$\vdash \forall \mathbf{y} \sim (A(\mathbf{y}) \supset \forall \mathbf{x} A(\mathbf{x})) \supset \forall \mathbf{y} A(\mathbf{y}) \qquad \cdots\cdots\cdots\cdots\cdots\cdots (\star\star)$$

である．また，$(\ast)$ から命題論理的帰結により，

$$\vdash \forall \mathbf{y} \sim (A(\mathbf{y}) \supset \forall \mathbf{x} A(\mathbf{x})) \supset \sim \forall \mathbf{x} A(\mathbf{x}) \qquad \cdots\cdots\cdots\cdots\cdots\cdots (\star\star\star)$$

であり，$(\star)$，$(\star\star)$，$(\star\star\star)$ から命題論理的帰結により，

$\vdash \sim \forall \mathbf{y} \sim (A(\mathbf{y}) \supset \forall \mathbf{x} A(\mathbf{x}))$ である． ■

●定理 5 （同値定理）

$\vdash A \equiv A'$ とし，論理式 S のなかに含まれる A を何個所か A' で置きかえて得られる論理式を S' とするとき，$\vdash S \equiv S'$ である．

証明

$\vdash A \equiv A'$ を仮定し，S のなかの論理記号の個数についての帰納法によって証明する．

1) S が A を含まないとき，あるいは含んでいても置きかえを行なわないとき．S と S' は同形（同じ形）だから，$\vdash S \equiv S'$ である．

2) S と A が同形で置きかえを行なうときも，S' と A' が同形だから，$\vdash S \equiv S'$（$\vdash A \equiv A'$）である．

（S が原子式のとき，1) あるいは 2) の場合になる．）

3) S が $\sim S_1$ で，S_1 にたいして置きかえを行なうとき．帰納法の仮定によって，$\vdash S_1 \equiv S_1'$ であり，命題論理的帰結により，$\vdash \sim S_1 \equiv \sim S_1'$ である．ゆえに

$\vdash S \equiv S'$ である.

4) S が $S_1 \supset S_2$ で, S_1 または S_2 にたいして置きかえを行なうとき. 帰納法の仮定によって, $\vdash S_1 \equiv S_1{}'$, $\vdash S_2 \equiv S_2{}'$ であり, 命題論理的帰結により, $\vdash (S_1 \supset S_2) \equiv (S_1{}' \supset S_2{}')$ である. ゆえに $\vdash S \equiv S'$ である.

5) S が $\forall \mathbf{x} S_1$ で, S_1 にたいして置きかえを行なうとき. 帰納法の仮定によって, $\vdash S_1 \equiv S_1{}'$ であり, 前定理の (2) より, $\vdash \forall \mathbf{x} S_1 \equiv \forall \mathbf{x} S_1{}'$ である. ゆえに $\vdash S \equiv S'$ である. ■

●**定理 6**（束縛変項の書きかえ）

論理式 S のなかに含まれる $\forall \mathbf{x} A(\mathbf{x})$ を何個所か $\forall \mathbf{y} A(\mathbf{y})$（$\mathbf{y}$ は $A(\mathbf{x})$ の自由変項ではない）で置きかえて得られる論理式を S' とするとき, $\vdash S \equiv S'$ である.

証明

$\mathbf{y}$ は $A(\mathbf{x})$ の自由変項ではない（$A(\mathbf{x})$ が自由変項 $\mathbf{y}$ を含まない）から, 定理 4 の (3) より, $\vdash \forall \mathbf{x} A(\mathbf{x}) \equiv \forall \mathbf{y} A(\mathbf{y})$ であり, 前定理より, $\vdash S \equiv S'$ である. ■

この定理により, 論理式 S の自由変項 $\mathbf{x}$ に $\mathbf{y}$ を代入すると $\mathbf{y}$ が束縛されるようになるとき, S の束縛変項を書きかえることによって, S^* の自由変項 $\mathbf{x}$ に $\mathbf{y}$ を代入しても $\mathbf{y}$ が束縛されるようにはならず, しかも $\vdash S \equiv S^*$ であるような S^* を作ることができる.

論理式の集合が**矛盾する**, **無矛盾である**ということを定義する. 論理式の有限集合 $\{A_1, \cdots, A_n\}$ が矛盾するとは, $\vdash \sim (A_1 \wedge \cdots \wedge A_n)$ であるということであり, 無矛盾であるとは, $\nvdash \sim (A_1 \wedge \cdots \wedge A_n)$ であるということである（$\nvdash$ は $\vdash$ の否定を表わす）. また論理式の無限集合 Γ が矛盾するとは, Γ のある有限部分集合が矛盾するということであり, 無矛盾であるとは, Γ のすべての有限部分集合が無矛盾であるということである.

（B と B' が同じ連言肢をもつ連言式のとき, 連言肢の結合の仕方や順序が異なっていても, $\vdash \sim B$ と $\vdash \sim B'$ が同値になるから, 連言式のカッコを省略して, $\vdash \sim (A_1 \wedge \cdots \wedge A_n)$, $\nvdash \sim (A_1 \wedge \cdots \wedge A_n)$ のように書いてもかまわないであろう.）

「論理式の集合が矛盾する, 無矛盾である」ということと「公理体系が矛盾する, 無矛盾である」（75 ページ）ということは異なることであるから, 混同しないように注意しなければならない.

Γ と Δ が論理式の集合で，$\Gamma \subseteq \Delta$ のとき，Γ が矛盾するならば Δ も矛盾する．（これは Δ が無限集合のときは自明であり，Δ が有限集合のときも，$\{A_1, \cdots, A_n\} \subseteq \{B_1, \cdots, B_m\}$ ならば $\vdash \sim (A_1 \wedge \cdots \wedge A_n) \supset \sim (B_1 \wedge \cdots \wedge B_m)$ であることを考慮すれば，明らかである．）　したがって $\Gamma \subseteq \Delta$ のとき，Δ が無矛盾ならば Γ も無矛盾である．

$\forall \mathbf{x} A(\mathbf{x})$ の形のすべての論理式（すべての全称式）にたいして，それぞれ，

$$(A(\mathbf{y}) \supset \forall \mathbf{x} A(\mathbf{x})) \in \Gamma$$

であるような個体変項 $\mathbf{y}$ が存在するとき，論理式の集合 Γ は**ヘンキン集合**であるという．Γ がヘンキン集合ならば，Γ を包含する集合もヘンキン集合であることは明らかである．

●**定理 7**（ヘンキン集合の定理）

　論理式の有限集合 Θ が無矛盾ならば，Θ を包含する無矛盾なヘンキン集合 Δ が存在する．

証明

$\forall \mathbf{x} A(\mathbf{x})$ の形のすべての論理式（すべての全称式）をならべた列を

$$\forall \mathbf{x}_1 A_1(\mathbf{x}_1), \ \forall \mathbf{x}_2 A_2(\mathbf{x}_2), \ \cdots\cdots$$

とする．そして，論理式の集合の列 Δ_1，Δ_2，$\cdots$ および Δ をつぎのように定義する．

$$\Delta_1 = \Theta$$
$$\Delta_{n+1} = \Delta_n \cup \{A_n(\mathbf{y}_n) \supset \forall \mathbf{x}_n A_n(\mathbf{x}_n)\}$$
$$\Delta = \Delta_1 \cup \Delta_2 \cup \cdots$$

ここで $\mathbf{y}_n$ は，Δ_1，$\cdots$，Δ_n，$A_n(\mathbf{x}_n)$ に含まれない個体変項である．$A_n(\mathbf{y}_n) \supset \forall \mathbf{x}_n A_n(\mathbf{x}_n)$ を B_n で表わすことにすると，

$$\Delta_{n+1} = \Delta_n \cup \{B_n\} = \Theta \cup \{B_1, \cdots, B_n\}$$
$$\Delta = \Theta \cup \{B_1, B_2, \cdots\}$$

である．この Δ は Θ を包含し，すべての B_n を含んでいるから，ヘンキン集合である．Θ が無矛盾であることを仮定して，Δ も無矛盾であることを示す．Δ が矛盾するならば，Δ のある有限部分集合が矛盾することになり，ある Δ_n が矛盾することになるから，すべての Δ_n が無矛盾であることを示せばよい．n について

の帰納法を用いる．まず，$\Delta_1 = \Theta$ は無矛盾である．また，Δ_{n+1} が矛盾すると仮定すると，Δ_n に含まれるすべての論理式の連言 C にたいして，$\vdash \sim(C \wedge B_n)$ である．ゆえに命題論理的帰結により，$\vdash B_n \supset \sim C$ である．C は $\mathbf{y}_n$ を含まないから，定理 4 の (4) より，$\vdash \sim \forall \mathbf{y}_n \sim B_n \supset \sim C$ である．一方また，$A_n(\mathbf{x}_n)$ は $\mathbf{y}_n$ を含まないから，定理 4 の (5) より，$\vdash \sim \forall \mathbf{y}_n \sim (A_n(\mathbf{y}_n) \supset \forall \mathbf{x}_n A_n(\mathbf{x}_n))$ すなわち $\vdash \sim \forall \mathbf{y}_n \sim B_n$ である．分離規則を用いて，$\vdash \sim C$ となり，Δ_n が矛盾することになる．ゆえに，Δ_n が無矛盾ならば Δ_{n+1} も無矛盾である． ■

論理式の集合 Γ が無矛盾であり，Γ に含まれない任意の論理式を 1 つでも Γ につけ加えるならば無矛盾ではなくなるとき，Γ は **極大無矛盾な集合**（maximal consistent set）であるという．

●リンデンバウムの補題

論理式の集合 Δ が無矛盾ならば，Δ を包含する極大無矛盾な集合 Γ が存在する．
証明

すべての論理式をならべた列を A_1, A_2, $\cdots$ とする．そして，論理式の集合の列 Γ_1, Γ_2, $\cdots$ および Γ をつぎのように定義する．

$$\Gamma_1 = \Delta$$

$$\Gamma_{n+1} = \begin{cases} \Gamma_n \cup \{A_n\} & \Gamma_n \cup \{A_n\} \text{ が無矛盾であるとき ①} \\ \Gamma_n & \text{そうではないとき ②} \end{cases}$$

$$\Gamma = \Gamma_1 \cup \Gamma_2 \cup \cdots$$

この Γ は明らかに，Δ を包含している．Δ が無矛盾であることを仮定して，Γ も無矛盾であることを示す．Γ が矛盾するならば，Γ のある有限部分集合が矛盾することになり，ある Γ_n が矛盾することになるから，すべての Γ_n が無矛盾であることを示せばよい．n についての帰納法を用いる．まず，$\Gamma_1 = \Delta$ は無矛盾である．また，Γ_n が無矛盾ならば，Γ_{n+1} の定義より，Γ_{n+1} も無矛盾である（① のとき，② のときを考える）．ゆえに，すべての Γ_n は無矛盾である．また，Γ に含まれない任意の論理式を $B (= A_n)$ とすると，$\Gamma_{n+1} = \Gamma_n$ であり，$\Gamma_n \cup \{B\}$ が矛盾することになるから，$\Gamma \cup \{B\}$ も矛盾することになる．したがって，Γ は極大無矛盾な集合である． ■

定理 7（ヘンキン集合の定理）とリンデンバウムの補題より，論理式の有限集

合 Θ が無矛盾ならば，Θ を包含する極大無矛盾なヘンキン集合 Γ が存在することがわかる.

●定理 8

Γ が極大無矛盾な集合であるとき，Γ はつぎの性質をみたす．A, B は任意の論理式である.

(1) $A \in \Gamma$ または $\sim A \in \Gamma$.

(2) $A \in \Gamma$ かつ $\sim A \in \Gamma$，ではない.

(3) $\vdash A$ ならば $A \in \Gamma$.

(4) $A \in \Gamma$ かつ $(A \supset B) \in \Gamma$ ならば，$B \in \Gamma$.

証明

(1) $A \notin \Gamma$ かつ $\sim A \notin \Gamma$ と仮定せよ．Γ が極大無矛盾な集合だから，$\Gamma \cup \{A\}$，$\Gamma \cup \{\sim A\}$ が矛盾することになり，Γ の有限部分集合 γ, δ が存在して $\gamma \cup \{A\}$, $\delta \cup \{\sim A\}$ が矛盾することになる．γ, δ に含まれるすべての論理式の連言をそれぞれ G, D とすると，$\vdash \sim(G \wedge A)$，$\vdash \sim(D \wedge \sim A)$ であり，命題論理的帰結により，$\vdash A \supset \sim G$，$\vdash \sim A \supset \sim D$ である．しかるに

$$\vdash (A \supset \sim G) \supset ((\sim A \supset \sim D) \supset (\sim G \vee \sim D))$$
$$\vdash (A \supset \sim G) \supset ((\sim A \supset \sim D) \supset \sim (G \wedge D))$$

だから，分離規則により，$\vdash \sim(G \wedge D)$ であり，Γ の有限部分集合 $\gamma \cup \delta$ が矛盾することになるが，これは Γ が無矛盾であるという仮定に反する.

(2) $A \in \Gamma$ かつ $\sim A \in \Gamma$ と仮定せよ．$\vdash \sim (A \wedge \sim A)$ だから，Γ の部分集合 $\{A, \sim A\}$ が矛盾することになるが，これは Γ が無矛盾であるという仮定に反する.

(3) $\vdash A$, $A \notin \Gamma$ と仮定せよ．$\vdash A$ より $\vdash \sim\sim A$ であり，$A \notin \Gamma$ と (1) より $\sim A \in \Gamma$ だから，Γ の部分集合 $\{\sim A\}$ が矛盾することになるが，これは Γ が無矛盾であるという仮定に反する.

(4) $A \in \Gamma$, $(A \supset B) \in \Gamma$, $B \notin \Gamma$ と仮定せよ．$B \notin \Gamma$ と (1) より $\sim B \in \Gamma$ であり，$\vdash \sim(A \wedge (A \supset B) \wedge \sim B)$ だから，Γ の部分集合 $\{A, A \supset B, \sim B\}$ が矛盾することになるが，これは Γ が無矛盾であるという仮定に反する.　■

極大無矛盾なヘンキン集合 Γ にもとづく解釈 I をつぎのように定義する.

(1) 個体領域 D はすべての個体変項からなる集合である.

(2) 付値関数 V はつぎのものである.

命題変項 $\mathbf{p}$ にたいしては,$V(\mathbf{p}) = \begin{cases} \mathrm{T} & \mathbf{p} \in \Gamma \text{のとき} \\ \mathrm{F} & \mathbf{p} \notin \Gamma \text{のとき} \end{cases}$

個体変項 $\mathbf{x}$ にたいしては,$V(\mathbf{x}) = \mathbf{x}$

n 項述語変項 $\mathbf{F}$ にたいしては,$V(\mathbf{F}) = \{\langle \mathbf{x}_1, \cdots, \mathbf{x}_n \rangle \mid \mathbf{F}(\mathbf{x}_1, \cdots, \mathbf{x}_n) \in \Gamma\}$

●定理 9（真理補題）

極大無矛盾なヘンキン集合 Γ にもとづく解釈 I（付値関数 V）について,つぎのことがなりたつ.A は任意の論理式である.

$$V \models A \;\Leftrightarrow\; A \in \Gamma$$

証明

A のなかの論理記号の個数についての帰納法によって証明する.

1) A が $\mathbf{p}$ のとき.$V \models \mathbf{p} \Leftrightarrow V(\mathbf{p}) = \mathrm{T} \Leftrightarrow \mathbf{p} \in \Gamma$

2) A が $\mathbf{F}(\mathbf{x}_1, \cdots, \mathbf{x}_n)$ のとき.

$$\begin{aligned} V \models \mathbf{F}(\mathbf{x}_1, \cdots, \mathbf{x}_n) &\Leftrightarrow \langle V(\mathbf{x}_1), \cdots, V(\mathbf{x}_n) \rangle \in V(\mathbf{F}) \\ &\Leftrightarrow \langle \mathbf{x}_1, \cdots, \mathbf{x}_n \rangle \in V(\mathbf{F}) \\ &\Leftrightarrow \mathbf{F}(\mathbf{x}_1, \cdots, \mathbf{x}_n) \in \Gamma \end{aligned}$$

3) A が $\sim B$ のとき.$V \models \sim B$ ならば,$V \not\models B$ だから,帰納法の仮定より,$B \notin \Gamma$ である.ゆえに定理 8 の (1) より,$\sim B \in \Gamma$ である.逆に $\sim B \in \Gamma$ ならば,定理 8 の (2) より,$B \notin \Gamma$ だから,帰納法の仮定より,$V \not\models B$ であり,$V \models \sim B$ である.

4) A が $B \supset C$ のとき.$V \models B \supset C$ ならば,$V \not\models B$ または $V \models C$ だから,帰納法の仮定と定理 8 の (1) より,$\sim B \in \Gamma$ または $C \in \Gamma$ である.定理 8 の (3) より,$(\sim B \supset (B \supset C)) \in \Gamma$,$(C \supset (B \supset C)) \in \Gamma$ だから,定理 8 の (4) より,$(B \supset C) \in \Gamma$ である.反対に $V \not\models B \supset C$ ならば,$V \models B$ かつ $V \not\models C$ だから,帰納法の仮定と定理 8 の (1) より,$B \in \Gamma$ かつ $\sim C \in \Gamma$ である.定理 8 の (3) より,$(B \supset (\sim C \supset \sim (B \supset C))) \in \Gamma$ だから,定理 8 の (4) より,$\sim (B \supset C) \in \Gamma$ である.ゆえに定理 8 の (2) より,$(B \supset C) \notin \Gamma$ である.

5) A が $\forall \mathbf{x} B(\mathbf{x})$ のとき.

まず, $\forall \mathbf{x} B(\mathbf{x}) \in \Gamma$ と仮定する. 任意の $\mathbf{y}$ をとり, $B(\mathbf{x})$ の束縛変項を書きかえて (定理 6), 自由変項 $\mathbf{x}$ に $\mathbf{y}$ を代入しても $\mathbf{y}$ が束縛されないような $B^*(\mathbf{x})$ を作ると, 定理 4 の (1) より, $\vdash \forall \mathbf{x} B(\mathbf{x}) \supset \forall \mathbf{x} B^*(\mathbf{x})$ であり, $(\forall \mathbf{x} B(\mathbf{x}) \supset \forall \mathbf{x} B^*(\mathbf{x})) \in \Gamma$ だから, 定理 8 の (4) より, $\forall \mathbf{x} B^*(\mathbf{x}) \in \Gamma$ である. しかるに公理図式 4 より $\vdash \forall \mathbf{x} B^*(\mathbf{x}) \supset B^*(\mathbf{y})$ であり, $(\forall \mathbf{x} B^*(\mathbf{x}) \supset B^*(\mathbf{y})) \in \Gamma$ だから, 定理 8 の (4) より, $B^*(\mathbf{y}) \in \Gamma$ である. 帰納法の仮定より, $V \models B^*(\mathbf{y})$ であり, $V' = V[\mathbf{x} | V(\mathbf{y})]$ とすると, $V' \models B^*(\mathbf{x})$ である (定理 2). $B^*(\mathbf{x}) \supset B(\mathbf{x})$ が妥当な論理式だから, $V' \models B^*(\mathbf{x}) \supset B(\mathbf{x})$ であり, $V' \models B^*(\mathbf{x})$ だから, $V' \models B(\mathbf{x})$ である. ゆえに任意の $\mathbf{y} \in D$ にたいして, $V' \models B(\mathbf{x})$ すなわち $V[\mathbf{x} | \mathbf{y}] \models B(\mathbf{x})$ であり, $V \models \forall \mathbf{x} B(\mathbf{x})$ であることになる.

つぎに, $\forall \mathbf{x} B(\mathbf{x}) \notin \Gamma$ と仮定すると, 定理 8 の (1) より, $\sim \forall \mathbf{x} B(\mathbf{x}) \in \Gamma$ である. Γ はヘンキン集合であるから, ある $\mathbf{y}$ にたいして, $(B(\mathbf{y}) \supset \forall \mathbf{x} B(\mathbf{x})) \in \Gamma$ であり, 定理 8 の (3) と (4) より, $(\sim \forall \mathbf{x} B(\mathbf{x}) \supset \sim B(\mathbf{y})) \in \Gamma$ である. ゆえに定理 8 の (4) より, $\sim B(\mathbf{y}) \in \Gamma$ であり, 定理 8 の (2) より, $B(\mathbf{y}) \notin \Gamma$ である. 帰納法の仮定より, $V \not\models B(\mathbf{y})$ であり, $V' = V[\mathbf{x} | V(\mathbf{y})]$ とすると, $V' \not\models B(\mathbf{x})$ である (定理 2). ゆえにある $\mathbf{y} \in D$ にたいして, $V' \not\models B(\mathbf{x})$ すなわち $V[\mathbf{x} | \mathbf{y}] \not\models B(\mathbf{x})$ であり, $V \not\models \forall \mathbf{x} B(\mathbf{x})$ であることになる. ∎

●完全性定理

すべての妥当な論理式は FL の定理である.

証明

任意の論理式 A について, $\not\vdash A$ のとき, A は妥当ではないことを示す. $\not\vdash A$ のとき, $\not\vdash \sim \sim A$ であり, $\{\sim A\}$ が無矛盾であるから, 定理 7 とリンデンバウムの補題より, $\{\sim A\}$ を包含する極大無矛盾なヘンキン集合 Γ が存在する. この Γ にもとづく解釈 I (付値関数 V) を考えると, $\sim A \in \Gamma$ だから, 前定理より, $V \models \sim A$ であり, $V \not\models A$ である. ゆえに A は妥当ではないことになる. ∎

補足: 論理式の意味を考えないで, 論理式という記号列の特徴や, 論理式の導出関係のような, 論理式の構文論的な性質のみを研究する分野を「証明論」 (proof theory) という. A と $\sim A$ がともに公理体系のなかで導出可能であるような論理式 A は存在しないこと (無矛盾性) を示す問題や, ある特定の論理式が公理体系のなかで導出可能では

ないこと（独立性）を示す問題などは，証明論の問題である．証明論のなかでは，常に生成しつつある無限の概念のみが用いられる．

　それにたいして，論理式の意味を考えて，論理式の真偽や妥当性のような，論理式の意味論的な性質を研究する分野を「モデル理論」（model theory）という．公理体系のなかで導出可能なすべての論理式が妥当な論理式であること（健全性）を示す問題や，すべての妥当な論理式が公理体系のなかで導出可能であること（完全性）を示す問題などは，モデル理論の問題である．モデル理論のなかでは，完結した全体としての無限の概念が自由に用いられる．

§13. 正しい推論

　前提 P_1, P_2, $\cdots$, P_n から結論 Q を導く推論

$$\frac{P_1, P_2, \cdots, P_n}{Q} \qquad \text{.............................} (\star)$$

が **正しい推論**（論理的に正しい推論）であるのは，命題

$$P_1 \wedge P_2 \wedge \cdots \wedge P_n \supset Q \qquad \text{.............................} (\star\star)$$

が妥当な論理式の形式にしたがった命題であるときであり，またそのときにかぎる．それゆえ，推論（$\star$）が正しい推論であるか否かを判定するためには，命題（$\star\star$）が妥当な論理式の形式にしたがった命題であるか否かを判定すればよいことになる．（$\star\star$）が妥当な論理式の形式にしたがっているならば（$\star$）は正しいのであり，（$\star\star$）が妥当な論理式の形式にしたがっていないならば（$\star$）は正しくないのである．

　この考え方にしたがって，実際に，推論が正しい推論であるか否かを判定してみよう．そのためにはまず，前提と結論の命題を記号で表わして，推論を記号化する必要がある．そして記号化された推論（$\star$）にたいする（$\star\star$）を考えて，（$\star\star$）が妥当な論理式の形式にしたがっているか否かを判定すればよいのである．

例 1. すべての人間は死ぬ．

　　　ソクラテスは人間である．

　　　ゆえに，ソクラテスは死ぬ．

　　　　s：ソクラテス

　　　　$Hm(x)$：x は人間である

　　　　$Mr(x)$：x は死ぬ

記号化　$\forall x(Hm(x) \supset Mr(x))$

$$\frac{Hm(s)}{\therefore~Mr(s)}$$

この推論は，つぎの命題（記号で表わされている）が下に示す妥当な論理式 (1)
の形式にしたがっているから，正しい推論である．

$\forall x(Hm(x) \supset Mr(x)) \wedge Hm(s) \supset Mr(s)$

$\forall x(F(x) \supset G(x)) \wedge F(y) \supset G(y)$　$\cdots\cdots\cdots\cdots\cdots\cdots\cdots\cdots$ (1)

例 2. ピーターの友人はみなジョンの友人でもある．

　$\underline{\text{メアリーはジョンの友人ではない.}}$

　ゆえに，メアリーはピーターの友人ではない．

　　m : メアリー

　　$Pt(x)$: x はピーターの友人である

　　$Jh(x)$: x はジョンの友人である

記号化　$\forall x(Pt(x) \supset Jh(x))$

$$\frac{\sim Jh(m)}{\therefore~\sim Pt(m)}$$

この推論も，つぎの命題が下に示す妥当な論理式 (2) の形式にしたがっているか
ら，正しい推論である．

$\forall x(Pt(x) \supset Jh(x)) \wedge \sim Jh(m) \supset \sim Pt(m)$

$\forall x(F(x) \supset G(x)) \wedge \sim G(y) \supset \sim F(y)$　$\cdots\cdots\cdots\cdots\cdots\cdots\cdots$ (2)

例 3. ピーターの友人はみなジョンの友人でもある．

　$\underline{\text{メアリーはピーターの友人ではない.}}$

　ゆえに，メアリーはジョンの友人ではない．

　　例 2 と同じ個体記号 m, 述語記号 Pt, Jh を用いる．

記号化　$\forall x(Pt(x) \supset Jh(x))$

$$\frac{\sim Pt(m)}{\therefore~\sim Jh(m)}$$

この推論は，つぎの命題が妥当な論理式の形式にしたがっていないから（命題の
下に示す (3) が妥当な論理式ではないから），正しい推論ではない．

$$\forall x(Pt(x) \supset Jh(x)) \wedge \sim Pt(m) \supset \sim Jh(m)$$

$$\forall x(F(x) \supset G(x)) \wedge \sim F(y) \supset \sim G(y) \quad \cdots\cdots\cdots\cdots\cdots\cdots\cdots\cdots (3)$$

例 4. <u>すべての馬は動物である.</u>

  <u>ゆえに,すべての馬の頭は動物の頭である.</u>

  $Hr(x) : x$ は馬である

  $An(x) : x$ は動物である

  $Hd(x, y) : x$ は y の頭である

  記号化 <u>$\forall x(Hr(x) \supset An(x))$</u>

  $\therefore \forall x(\exists y(Hr(y) \wedge Hd(x, y)) \supset \exists y(An(y) \wedge Hd(x, y)))$

この推論は,つぎの命題が下に示す妥当な論理式 (4) の形式にしたがっているから,正しい推論である.

$$\forall x(Hr(x) \supset An(x)) \supset \forall x(\exists y(Hr(y) \wedge Hd(x, y)) \supset \exists y(An(y) \wedge Hd(x, y)))$$

$$\forall x(F(x) \supset G(x)) \supset \forall x(\exists y(F(y) \wedge H(x, y)) \supset \exists y(G(y) \wedge H(x, y))) \quad \cdots\cdots(4)$$

(1), (2), (4) の論理式が妥当な論理式であること,また (3) の論理式が妥当な論理式ではないことは,§7 で述べた分析タブローの方法を用いて確かめることができる.

§14. 問題

1. 命題の内部構造を分析して,つぎの命題を記号化せよ.

  (1) 心貧しき者は幸いなり.

  (2) ある人は神を信じない.

  (3) 輝くもの必ずしも黄金にあらず.

  (4) 羊はひづめが分かれていて反芻する動物である.

  (5) 猪はひづめが分かれてはいるが反芻しない動物である.

  (6) 駱駝は反芻するがひづめが分かれていない動物である.

  (7) 馬は反芻もしないしひづめが分かれてもいない動物である.

  (8) すべての哲学者は,それぞれ,ある科学者を尊敬する.

  (9) ある科学者はすべての哲学者に尊敬される.

  (10) 犬も歩けば棒に当たる.(どんな犬でも歩けば,ある棒に当たる.)

2. つぎの論理式で省略されたカッコを復元せよ.

   (1) $\sim\forall xF(x) \wedge p \vee q \supset \exists xG(x) \equiv r$

   (2) $p \vee \forall xF(x) \wedge q \equiv \sim p \wedge \exists xG(x) \supset q \vee r$

3. つぎの論理式のカッコを可能なかぎり省略せよ.

   (1) $((\forall x(\sim F(x) \wedge p) \supset q) \equiv (\exists xG(x) \vee (q \wedge r)))$

   (2) $(((\forall x \sim F(x) \wedge p) \vee q) \equiv ((\exists xG(x) \vee q) \supset r))$

   (3) $\sim (\forall xF(x) \wedge (p \vee (q \supset (\exists xG(x) \equiv r))))$

4. つぎの論理式に現われている各個体変項について，束縛変項か自由変項かを答えよ．また束縛変項のときは，どの限量子によって束縛されているかを答えよ.

   (1) $\forall x(F(x) \wedge \exists xG(x,y)) \supset \forall yG(x,y)$

   (2) $\forall x\forall y(\exists x(F(x) \wedge G(y)) \vee \exists y(F(x) \wedge G(y)))$

5. つぎの論理式が偽になるような解釈を述べよ.

   (1) $\forall x\exists yF(x,y) \supset \exists yF(y,y)$

   (2) $\forall x\exists yF(x,y) \supset \exists y\forall xF(x,y)$

   (3) $\exists xF(x) \wedge \exists xG(x) \supset \exists x(F(x) \wedge G(x))$

6. 分析タブローの方法を用いて，つぎの論理式の妥当性をテストせよ.

   (1) $p \supset (q \supset p)$

   (2) $(p \supset (q \supset r)) \supset ((p \supset q) \supset (p \supset r))$

   (3) $(\sim p \supset \sim q) \supset ((\sim p \supset q) \supset p)$

   (4) $\forall xF(x) \supset F(y)$

   (5) $\forall x(p \supset F(x)) \supset (p \supset \forall xF(x))$

   (6) $\forall x(F(y) \supset G(x)) \supset (F(y) \supset \forall xG(x))$

   (7) $\forall x(F(x) \supset G(x)) \supset (F(x) \supset \forall xG(x))$

   (8) $\forall xF(x) \supset \exists xF(x)$

   (9) $\exists xF(x) \supset \forall xF(x)$

   (10) $\sim\forall xF(x) \supset \exists x \sim F(x)$

   (11) $\sim\exists xF(x) \supset \forall x \sim F(x)$

   (12) $\exists x\forall yF(x,y) \supset \forall y\exists xF(x,y)$

(13) $\exists x(F(x) \wedge G(x)) \supset \exists x F(x) \wedge \exists x G(x)$

(14) $\exists x F(x) \wedge \exists x G(x) \supset \exists x(F(x) \wedge G(x))$

(15) $\forall x(F(x) \supset G(x)) \supset (\forall x F(x) \supset \forall x G(x))$

7. つぎの推論を記号化して，正しい推論であるか否かを判定せよ．

(1) ソクラテスはギリシア人である．
   ソクラテスは賢い．
   ゆえに，あるギリシア人は賢い．

(2) 推理力のない人は科学者にはなれない．
   推理力のない人にも偉い人はいる．
   ゆえに，科学者になれなくても偉い人はいる．

(3) 甲と乙の両方を知る人はみな乙を尊敬する．
   乙を知るある人は乙を尊敬しない．
   ゆえに，乙を知るある人は甲を知らない．

(4) 人間が欲望をもつならば挫折して苦しむ．
   人間が欲望をもたないならば退屈して苦しむ．
   ゆえに，いずれにせよ人間は苦しむ．

(5) ポールは，メアリーが愛するすべての人を愛している．
   メアリーはジョンを愛してはいない．
   ゆえに，ポールもジョンを愛してはいない．

(6) ポールは，メアリーが愛するすべての人を愛している．
   メアリーが愛さないような人はいない．
   ゆえに，ポールはすべての人を愛している．

(7) ポールは，メアリーを愛するすべての人を愛している．
   メアリーは自分自身を愛している．
   ゆえに，ポールも自分自身を愛している．

(8) すべての人間は死ぬ．
   すべてのギリシア人は人間である．
   ゆえに，すべてのギリシア人は死ぬ．

(9) すべての正直な人は信用できる．

　　ある女性は正直である．

　　ゆえに，ある女性は信用できる．

8. つぎの 10 個の前提から結論を導け．

　(1) この家にいる動物は猫だけである．

　(2) 月を眺めるのを好む動物はペットに向いている．

　(3) 私は嫌いな動物を避ける．

　(4) 夜散歩しない動物は肉食ではない．

　(5) 猫は鼠を殺す．

　(6) この家にいない動物は私になつかない．

　(7) カンガルーはペットに向いていない．

　(8) 肉食でない動物は鼠を殺さない．

　(9) 私は私になつかない動物が嫌いだ．

　(10)　夜散歩する動物は月を眺めるのを好む．

　結論：私はカンガルーを避ける．

　（ルイス・キャロル『不思議の国の論理学』より）

ヒント．(7), (2), (10), (4), (8), (5), (1), (6), (9), (3) の順に前提を考える．

9. （死刑囚の逆理）大罪でとらえられている囚人が国王のまえに引っぱりだされた．国王は傍らにいた首きり役人にこう命令した．「この男を明日から 7 日以内に処刑せよ．ただし処刑当日の朝に，今日処刑されると本人にわからないような日に処刑せよ．」 囚人はこれを聞いて，自分が（国王の命令どおりに）処刑されることはありえないはずだと考えた．まず，6 日目までに処刑されなかったら，7 日目（最後の日）の朝に今日処刑されるとわかるから，7 日目に処刑されることはありえない．それゆえ，処刑されるとすれば 6 日目までである．ところが，5 日目までに処刑されなかったら，6 日目（最後の日）の朝に今日処刑されるとわかってしまうであろう．したがって，6 日目に処刑されることもありえない．これを続けて，5, 4, 3, 2, 1 日目に処刑されることもありえない，と考えたのである．囚人のこの考えは正しいか．

10.（法廷の逆理）昔ギリシアでオイアトロスという青年が，弁論術を学ぶために，当時高名なソフィストであったプロタゴラスのもとに弟子入りした．オイアトロスは入門時に授業料の半分を支払い，残りの半分は卒業後はじめて訴訟に勝ったときに支払うという約束をした．ところが卒業後オイアトロスがいつまでたっても残りの半分を支払おうとしないので，腹をたてたプロタゴラスは，彼を法廷に訴えてつぎのように主張した．「もしおまえがこの訴訟に勝てば，約束どおり残りの授業料を支払わなければならない．またもしおまえが訴訟に敗れれば，判決どおり支払わなければならない．ゆえにおまえはいずれにせよ残りの授業料を支払わなければならない」と．これに反論してオイアトロスはつぎのように主張した．「いや，私はいずれにせよ支払う必要はない．なぜなら，もし訴訟に勝てば判決どおり，またもし訴訟に敗れれば約束どおり支払う必要はないからだ」と．どちらの主張が正しいか．（アウルス・ゲッリウス『アッティカの夜』第 10 巻より）

第4章　様相論理

　様相論理は，可能性や必然性などの様相概念をあつかうことができる論理学である．様相論理の研究を始めたのは，紀元前4世紀のアリストテレスである．アリストテレスは『命題論』の第9章で，「海戦が明日あるだろうかあらぬだろうかである」ということは必然であるが，「海戦が明日あるだろう」ということも「あらぬだろう」ということも必然ではないと述べている．また第12章で，「あることが可能である」の否定は，「あらぬことが可能である」ではなく，「あることが可能ではない」であることを述べている．そして第13章で，「あることが可能である」から「あることが不可能ではない」が帰結し，「あることが可能ではない」から「あらぬことが必然である」が帰結することなどを述べている．またアリストテレスは，『分析論前書』の第1巻（8章〜22章）で，前提や結論に可能命題や必然命題が含まれる**様相三段論法**の考察をしている．そして第1格〜第3格の正しい定言三段論法の前提と結論をすべて必然命題にかえて（「…」を「…は必然である」にかえて）得られる様相三段論法は正しいこと，第1格〜第3格の正しい定言三段論法の前提の一方を必然命題にかえ，もう一方の前提と結論をそのままにして得られる様相三段論法も正しいことなどを述べている．

　G. フレーゲや B. ラッセルによって確立された記号論理学の方法を用いて様相論理の研究を始めたのは，20世紀前半の C. I. ルイスである．ルイスは『記号論理学の概観』（1918年）のなかで，**様相命題論理**の公理体系を構成している．「p は q を厳密に含意する」（$p \prec q$）が，「p かつ（q でない）ことは不可能である」として定義され，使用されるので，ルイスの体系は「厳密含意の体系」とよばれる．

　ルイスと C. H. ラングフォードの『記号論理学』（1932年）では，数種類の厳密含意の体系が構成されている．基本の演算子（論理記号）として 〜（でない），・（かつ），◇（可能）が用いられ，∨（または），$\prec$（厳密含意），＝（厳密同値）がつぎのように定義される．（『記号論理学』の定義は，命題変項を含み，左辺と右辺が厳密同値であるという定義であるが，ここでは，左辺が右辺の省略的表現で

あるという定義にする.)

$$A \lor B : \ \sim (\sim A \cdot \sim B)$$

$$A \strictif B : \ \sim \Diamond (A \cdot \sim B)$$

$$A = B : (A \strictif B) \cdot (B \strictif A)$$

このような記号を用いて, 様相命題論理の公理体系 S1〜S5 が構成される.

S1 は, つぎのような公理をもつ体系である. (公理 5 はのちに独立ではないことが示された.) p, q, r は命題変項である.

1. $p \cdot q \strictif q \cdot p$

2. $p \cdot q \strictif p$

3. $p \strictif p \cdot p$

4. $(p \cdot q) \cdot r \strictif p \cdot (q \cdot r)$

5. $p \strictif \sim \sim p$

6. $(p \strictif q) \cdot (q \strictif r) \strictif (p \strictif r)$

7. $p \cdot (p \strictif q) \strictif q$

公理から定理を導くために用いられる変形規則はつぎの規則である.

①定理のなかの命題変項に任意の論理式を代入して得られる論理式は定理である.

②A が定理で, A のなかに含まれる B を何個所か B' で置きかえて得られる論理式を A' とするとき, $B = B'$ が定理ならば A' も定理である.

③A と B が定理ならば $A \cdot B$ も定理である.

④A と $A \strictif B$ が定理ならば B も定理である.

S2 は, S1 につぎの公理を加えて得られる体系である.

$$\Diamond (p \cdot q) \strictif \Diamond p$$

S3 は, S1 につぎの公理を加えて得られる体系である.

$$(p \strictif q) \strictif (\sim \Diamond q \strictif \sim \Diamond p)$$

S4 は, S1 につぎの公理を加えて得られる体系である.

($\sim \Diamond \sim$ を必然性の記号 □ に書きかえたものをカッコ内に示す.)

$$\sim \Diamond \sim p \strictif \sim \Diamond \sim \sim \Diamond \sim p \quad (\Box p \strictif \Box \Box p)$$

S5 は，S1 につぎの公理を加えて得られる体系である．

（〜◇〜 を □ に書きかえたものをカッコ内に示す．）

$$◇p ɜ 〜◇〜◇p \quad （◇p ɜ □◇p）$$

S1〜S5 のなかで，古典命題論理の体系のすべての定理が証明可能であるから，S1〜S5 は，古典命題論理の体系の拡大になっている．

現在では，様相命題論理の体系を厳密含意の体系として作るのは一般的ではない．本章の §1 のように，「古典命題論理」の体系に様相論理に固有な公理と必然化の規則（A から □A を導くことができる）を加えて作るのが一般的である．この方法を始めたのは K. ゲーデルである．ゲーデルは 1933 年の論文で，古典命題論理の体系につぎのような公理と必然化の規則を加えて，S4 と同等な体系が得られることを指摘した．

(1) $□p ⊃ p$

(2) $□p ⊃ (□(p ⊃ q) ⊃ □q)$

(3) $□p ⊃ □□p$

この (2) は，

(2)′ $□(p ⊃ q) ⊃ (□p ⊃ □q)$

と同値であるから，古典命題論理の体系に公理 (1)，(2)′，(3) と必然化の規則を加えても，S4 と同等な体系が得られる．現在では通常，ルイスとラングフォードの体系（厳密含意の体系）ではなく，古典命題論理の体系に公理 (1)，(2)′，(3) と必然化の規則を加えて得られる体系が，S4 とよばれる．また古典命題論理の体系に，公理 (2)′ と必然化の規則を加えて得られる体系は，K とよばれ，公理 (1)，(2)′ と必然化の規則を加えて得られる体系は，T とよばれる．

S. クリプキは，いわゆる**可能世界意味論**によって，様相命題論理の論理式の妥当性を定義し，T や S4 などの体系にたいする完全性の証明を行なった（1963 年）．可能世界意味論では，すべての世界（可能世界）の集合 W が考えられ，論理式の真偽は世界 $w \in W$ に相対的に決まるものと考えられる．そして，命題変項 **p** が w で真である（$w \models \mathbf{p}$），否定式 $\sim A$ が w で真である（$w \models \sim A$），条件式 $A ⊃ B$ が w で真である（$w \models A ⊃ B$），がつぎのように定義される．V は，命題変項に W の部分集合を対応させる関数（付値関数）である．

(1) $w \models \mathbf{p} \Leftrightarrow w \in V(\mathbf{p})$

(2) $w \models \sim A \Leftrightarrow w \models A$ でない

(3) $w \models A \supset B \Leftrightarrow w \models A$ でないかまたは $w \models B$

問題は，必然式 $\Box A$ が w で真である（$w \models \Box A$），をどのように定義するかである．「A が必然的である」ということは「すべての世界で A がなりたつ」という意味であると考えて，「$\Box A$ が w で真である」をつぎのように定義してみよう．

$$w \models \Box A \Leftrightarrow \text{すべての } u \in W \text{ について } u \models A$$

この定義によると，「$\Box A$ が w で真である」ということは「すべての世界で A が真である」ということであり，w と w' が異なる世界であっても，$\Box A$ の w での真偽と $\Box A$ の w' での真偽が常に一致することになる．しかし，w と w' が異なる世界のとき，$\Box A$ の w での真偽と $\Box A$ の w' での真偽が異なることも認めるべきではないだろうか．そこでクリプキは，世界のあいだになりたつ関係（2 項関係）R を導入し，「$\Box A$ が w で真である」ということは，「すべての世界で A が真である」ということではなく，「<u>w と R の関係をもつ</u> すべての世界で A が真である」ということであると考える．そして，「$\Box A$ が w で真である」をつぎのように定義する（ただし wRu は，w と u のあいだに R がなりたつ，という意味である）．

(4) $w \models \Box A \Leftrightarrow wRu$ であるようなすべての $u \in W$ について $u \models A$

この定義（一般的に用いられている定義）によると，w と w' が異なる世界で，wRu であるようなすべての $u \in W$ の範囲と $w'Ru$ であるようなすべての $u \in W$ の範囲が異なるとき，$\Box A$ の w での真偽と $\Box A$ の w' での真偽が異なる，ということも起こりうることになる．

　選言式 $A \lor B$，連言式 $A \land B$，同値式 $A \equiv B$，可能式 $\Diamond A$ は，$\sim$，$\supset$，$\Box$ を用いて書きなおすことができるから，(1)〜(4) で，すべての論理式 A にたいする $w \models A$ が定義されたことになる．

　記号論理学の方法を用いて **様相述語論理** の研究を始めたのは，R. バルカン（R. バルカン・マーカス）である．バルカンは 1946 年の論文で，ルイスとラングフォードの体系（S2）を拡大して，様相述語論理の体系を作った．バルカンの体系は厳密含意の体系であり，公理（公理図式）の 1 つとして

$$\Diamond \exists \mathbf{x} A \dashv 3\ \exists \mathbf{x} \Diamond A$$

を用いている．現在では，様相述語論理の体系を厳密含意の体系として作るのは一般的ではなく，本章の §6 のように，「古典述語論理」の体系に様相論理に固有な公理と必然化の規則（A から $\Box A$ を導くことができる）を加えて作るのが一般的である．またバルカンが用いた上記の公理は，

$$\Diamond \exists \mathbf{x} A \supset \exists \mathbf{x} \Diamond A$$

$$\forall \mathbf{x} \Box A \supset \Box \forall \mathbf{x} A \quad (\mathbf{BF})$$

の形で用いることが多い．これらの論理式はどちらも**バルカン式**（Barcan formula）とよばれるが，本書ではとくに後者（$\forall \mathbf{x} \Box A \supset \Box \forall \mathbf{x} A$）を「バルカン式」とよび，**BF** で表わすことにする．

§1.　様相命題論理

　様相論理は「様相命題論理」と「様相述語論理」に分けられる．様相命題論理で用いられる基本記号はつぎのものである（必然性の記号 $\Box$ は論理記号に含まれるものとする）．

●基本記号

(1) 命題変項　$p,\ q,\ r,\ \cdots\cdots$

(2) 論理記号　$\sim$（でない），$\supset$（ならば），$\Box$（必然的）

(3) 補助記号　カッコ（, ）

　様相命題論理の論理式は，帰納的定義によって，つぎのように定義される．

●論理式

(1) 命題変項は論理式である．

(2) A が論理式ならば，$\sim A$，$\Box A$ も論理式である．

(3) A, B が論理式ならば，$(A \supset B)$ も論理式である．

(4) (1)〜(3) によって論理式とされるものだけが論理式である．

　任意の論理式を表わす記号として A, B, C, S などを用い，任意の命題変項を表わす記号として $\mathbf{p}$, $\mathbf{q}$ などを用いる．

　論理記号 $\lor$, $\land$, $\equiv$, $\Diamond$ は，つぎの定義によって導入されるものとする．左辺は右辺の省略的表現である．

$$(A \lor B) : (\sim A \supset B)$$

$(A \wedge B) : \sim(A \supset \sim B)$

$(A \equiv B) : \sim((A \supset B) \supset \sim(B \supset A))$

$\lozenge A : \sim \square \sim A$

たとえばつぎのような記号列は，論理式（の省略的表現）である．

$(p \supset \sim q), \quad (p \vee \square \sim q), \quad (\sim p \wedge \lozenge(p \vee q))$

しかしつぎのような記号列は，論理式（の省略的表現）ではない．

$p \sim \vee q, \quad p \square \vee q, \quad (p \supset q) \lozenge q$

カッコを省略するための規約を定める．

(1) 論理式全体を囲むカッコは省略できる．

(2) 論理記号の結合力は $\sim$, $\square$, $\lozenge$ の3つが最も強く，以下 $\wedge$, $\vee$, $\supset$, $\equiv$ の順に弱くなるものとし，カッコを省略しても部分的表現の結合関係に変化が生じないかぎり，カッコを省略することができるものとする．

この規約を用いると，たとえば $((\square(p \wedge q) \vee \sim r) \equiv (q \supset r))$ のカッコは，$\square(p \wedge q) \vee \sim r \equiv q \supset r$ のように省略することができる．しかし，これ以上カッコを省略することはできない．これ以上カッコを省略すると，部分的表現の結合関係が変化してしまうからである．

様相命題論理の公理体系の基礎になる公理図式はつぎのものである．公理図式をみたす論理式が**公理**である．

●公理図式

1. $A \supset (B \supset A)$

2. $(A \supset (B \supset C)) \supset ((A \supset B) \supset (A \supset C))$

3. $(\sim A \supset \sim B) \supset ((\sim A \supset B) \supset A)$

様相命題論理の公理体系の変形規則はつぎのものである．

●変形規則

(1) 分離規則

A と $A \supset B$ から B を導くことができる．

(2) 必然化の規則

A から $\square A$ を導くことができる．

公理と変形規則から導かれる論理式が **定理** である．公理自身も定理とみなす．

上記の 3 つの公理図式に公理図式

    K $\Box(A \supset B) \supset (\Box A \supset \Box B)$

を加えて得られる公理体系（変形規則は (1)，(2)）は K とよばれる．様相命題論理の多くの公理体系は，K に新しい公理図式を加えて得られる．新しい公理図式はたとえばつぎのような公理図式である．

    T $\Box A \supset A$

    B $A \supset \Box \Diamond A$

    4 $\Box A \supset \Box\Box A$

    5 $\Diamond A \supset \Box\Diamond A$

K に **T** を加えて得られる体系は T とよばれ，T に **B** を加えて得られる体系は B とよばれ，T に **4** を加えて得られる体系は S4 とよばれる．そして T に **5** を加えて得られる体系は S5 とよばれる．

    $T = K + \mathbf{T}, \;\; B = T + \mathbf{B}, \;\; S4 = T + \mathbf{4}, \;\; S5 = T + \mathbf{5}$

T は K の拡大であり，B，S4，S5 は T の拡大である．また S5 のなかで **B**，**4** が証明可能である（次ページの定理 1）から，S5 は B，S4 の拡大である．

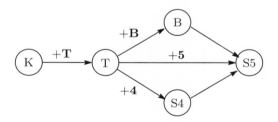

    K および，K に公理図式を加えて K を拡大した体系（T，B，S4，S5 など）を K^+ と書いて表わすことにする．

    すべてのトートロジーは体系 PL（第 2 章 §9）の定理であり，PL のすべての定理は K^+ の定理でもあるから，すべてのトートロジーは K^+ の定理である．また，$p \supset p$ の証明から $A \supset A$ の証明が得られるように，トートロジーの証明からトートロジーの命題変項に任意の論理式を代入したものの証明が得られるから，トートロジーの命題変項に任意の論理式を代入して得られる論理式も K^+ の定理

である.

A が K^+ の定理であることを，$\mathrm{K}^+ \vdash A$ あるいは簡単に $\vdash A$ のように書いて表わす．また A が K^+ の特定の体系の定理であることを，$\mathrm{K} \vdash A$, $\mathrm{T} \vdash A$ のように書いて表わす.

論理式 $A_1 \supset (A_2 \supset \cdots \supset (A_n \supset B) \cdots)$ がトートロジーであるか，またはトートロジーに代入して得られる論理式であるとき，A_1, A_2, $\cdots$, A_n から B が**命題論理的に帰結する**という.

A_1, A_2, $\cdots$, A_n から B が命題論理的に帰結するとき，$\vdash A_1 \supset (A_2 \supset \cdots \supset (A_n \supset B) \cdots)$ だから，$\vdash A_1, \vdash A_2, \cdots, \vdash A_n$ ならば，$\vdash B$ である.

A_1, $\cdots$, A_n から B が命題論理的に帰結するとき，$\vdash A_1, \cdots, \vdash A_n$ から $\vdash B$ を導くことができるが，そのさい，「A_1, $\cdots$, A_n から B が命題論理的に帰結するから」と書く代わりに，簡単に，「命題論理的帰結により」と書くことにする.

●定理 1

(1) $\mathbf{B}$ （$A \supset \square \lozenge A$）は S5 のなかで証明可能である.

(2) $\mathbf{4}$ （$\square A \supset \square\square A$）も S5 のなかで証明可能である.

証明

(1) S5 は $\mathbf{T}$ を含むから，$\mathrm{S5} \vdash \square \sim A \supset \sim A$ であり，命題論理的帰結により，S5 $\vdash A \supset \sim \square \sim A$ すなわち $\mathrm{S5} \vdash A \supset \lozenge A$ である．また S5 は $\mathbf{5}$ を含むから，S5 $\vdash \lozenge A \supset \square \lozenge A$ である．ゆえに命題論理的帰結により，$\mathrm{S5} \vdash A \supset \square \lozenge A$ である.

(2) (1) より，$\mathbf{B}$ が S5 のなかで証明可能であるから，

$$\mathrm{S5} \vdash \square A \supset \square \lozenge \square A \quad \cdots\cdots\cdots\cdots\cdots\cdots\cdots\cdots (\bigstar)$$

である.

一方，$\mathrm{S5} \vdash A \supset \sim\sim A$ だから，必然化の規則と $\mathbf{K}$ を用いて，$\mathrm{S5} \vdash \square A \supset \square \sim\sim A$ であり，命題論理的帰結により，$\mathrm{S5} \vdash \sim \square \sim\sim A \supset \sim \square A$ である．もう一度，必然化の規則と $\mathbf{K}$ を用いて，$\mathrm{S5} \vdash \square \sim \square \sim\sim A \supset \square \sim \square A$ であり，命題論理的帰結により，$\mathrm{S5} \vdash \sim \square \sim \square A \supset \sim \square \sim \square \sim\sim A$ すなわち

$$\mathrm{S5} \vdash \lozenge \square A \supset \sim \square \lozenge \sim A \quad \cdots\cdots\cdots\cdots\cdots\cdots\cdots\cdots (*)$$

である．S5 は $\mathbf{5}$ を含むから，$\mathrm{S5} \vdash \lozenge \sim A \supset \square \lozenge \sim A$ であり，命題論理的帰結により，

$$S5 \vdash \sim \Box \Diamond \sim A \supset \sim \Diamond \sim A \quad \cdots\cdots\cdots\cdots\cdots\cdots\cdots (**)$$

である．また，$S5 \vdash \sim\sim A \supset A$ だから，必然化の規則と **K** を用いて，$S5 \vdash \Box \sim\sim A \supset \Box A$ であり，命題論理的帰結により，$S5 \vdash \sim\sim \Box \sim\sim A \supset \Box A$ すなわち

$$S5 \vdash \sim \Diamond \sim A \supset \Box A \quad \cdots\cdots\cdots\cdots\cdots\cdots\cdots (***)$$

である．ゆえに ($*$), ($**$), ($***$) から命題論理的帰結により，$S5 \vdash \Diamond \Box A \supset \Box A$ であり，必然化の規則と **K** を用いて，

$$S5 \vdash \Box \Diamond \Box A \supset \Box \Box A \quad \cdots\cdots\cdots\cdots\cdots\cdots (\star\star)$$

である．

したがって ($\star$) と ($\star\star$) から命題論理的帰結により，$S5 \vdash \Box A \supset \Box \Box A$ である. ∎

補足：A と $\sim A$ がともに定理として証明可能であるような論理式 A が存在するとき，その公理体系は「矛盾する」という．そして，そのような論理式 A が存在しないとき，その公理体系は「無矛盾である」という．公理体系 K, T, B, S4, S5 は，この意味において，無矛盾である．

K, T, B, S4, S5 が無矛盾であることを示すためには，S5（最も大きい体系）が無矛盾であることを示すだけでよい．S5 が無矛盾であることはつぎのようにして示すことができる．論理式 A（基本記号のみで書かれている）のなかの $\Box$ をすべて消去して得られる，A の変換式 A^* を考える．S5 のすべての公理の変換式はトートロジーになり，S5 のすべての変形規則の前提の変換式がトートロジーならば結論の変換式もトートロジーになるから，S5 の公理と変形規則から導かれるすべての定理の変換式はトートロジーになる．いま，S5 が矛盾を含むと仮定すると，A と $\sim A$ がともに定理であるような論理式 A が存在し，A^* と $\sim A^*$ がともにトートロジーにならなければならないが，これは不可能である．ゆえに，S5 は無矛盾である．

§2.　意味論

第 3 章（述語論理）の「解釈」にあたるものが，第 4 章（と第 5 章）の「モデル」である．様相命題論理の**モデル**には，つぎのものが用いられる．

W：すべての世界の集合（空ではない）

R：世界のあいだになりたつ関係

V：命題変項に世界の集合（W の部分集合）を対応させる付値関数

W，R，V の 3 項組 $\langle W, R, V \rangle$ が，様相命題論理のモデルである．W，R の 2 項組 $\langle W, R \rangle$ は **フレーム** とよばれる．

「論理式 A がモデル $\langle W, R, V \rangle$ における世界 $w \in W$ で真である」
（簡単に $w \models A$ で表わす）ということを，つぎの (1)〜(4) のように定義する．$\not\models$ は $\models$ の否定を表わす．wRw' は，w と w' のあいだに R がなりたつ，という意味である．

(1) $w \models \mathbf{p} \Leftrightarrow w \in V(\mathbf{p})$

(2) $w \models {\sim} A \Leftrightarrow w \not\models A$

(3) $w \models A \supset B \Leftrightarrow w \not\models A$ または $w \models B$

(4) $w \models \Box A \Leftrightarrow wRw'$ であるようなすべての $w' \in W$ について $w' \models A$

$A \vee B$，$A \wedge B$，$A \equiv B$，$\Diamond A$ は $\sim$，$\supset$，$\Box$ を用いて書きなおすことができるから（102，103 ページ），定義 (2)〜(4) より，つぎのことが導かれる．

(5) $w \models A \vee B \Leftrightarrow w \models A$ または $w \models B$

(6) $w \models A \wedge B \Leftrightarrow w \models A$ かつ $w \models B$

(7) $w \models A \equiv B \Leftrightarrow w \models A$ 同値 $w \models B$

(8) $w \models \Diamond A \Leftrightarrow wRw'$ であるようなある $w' \in W$ が存在して $w' \models A$

関係 R は，世界と世界の順序対の集合で表わすことができる．R が世界と世界の順序対の集合で表わされるとき，w と w' のあいだに R がなりたつ（wRw'）ということは，w と w' の順序対が R に属する（$\langle w, w' \rangle \in R$）ということである．

つぎのような W と R と V をもつモデル $\langle W, R, V \rangle$ を考えてみよう（w_1，w_2，w_3 はすべて異なる世界であり，p，q 以外の命題変項にたいする V の値は適当なものをとる）．

$$W = \{w_1, w_2, w_3\}$$
$$R = \{\langle w_1, w_1 \rangle, \langle w_1, w_2 \rangle, \langle w_2, w_3 \rangle\}$$
$$V(p) = \{w_1, w_2\}, \ V(q) = \{w_1\}$$

このモデルにおいて，$w_1 \models q$ だから，$w_1 \models p \supset q$ である．しかし，$w_2 \models p$ で $w_2 \not\models q$ だから，$w_2 \not\models p \supset q$ である．

また，$w_1 Rw'$ であるようなすべての w'（w_1，w_2）について $w' \models p$ だから，$w_1 \models \Box p$ である．しかし，$w_2 Rw'$ であるようなある w'（w_3）について $w' \not\models p$

だから，$w_2 \not\models \Box p$ である．

　モデル $\langle W, R, V \rangle$ を決めただけでは，論理式の真偽は決まらない．モデル $\langle W, R, V \rangle$ を決め，世界 $w \in W$ を決めることによって，すべての論理式の真偽が決まる．

　フレーム $\langle W, R \rangle$ をもつモデル $\langle W, R, V \rangle$ を，「フレーム $\langle W, R \rangle$ にもとづくモデル」という．

　「A がモデル $\langle W, R, V \rangle$ で**妥当**である」とは，すべての $w \in W$ について $w \models A$ である，ということである．

　また「A がフレーム $\langle W, R \rangle$ で**妥当**である」とは，A がフレーム $\langle W, R \rangle$ にもとづくすべてのモデル $\langle W, R, V \rangle$ で妥当である，ということである．

　「A がすべてのフレームで妥当である」のは「A がすべてのモデルで妥当である」ときであり，またそのときにかぎる．「A がすべてのフレームで妥当である」ということと「A がすべてのモデルで妥当である」ということは同値である．

§3.　健全性

　世界のあいだになりたつ関係 R は**到達可能性関係**とよばれる．そして w と w' のあいだに R がなりたつ（wRw'）とき，「w' は w から到達可能である」といわれる．

　「R は**反射的**，**対称的**，**推移的**である」をつぎのように定義する．

　R は反射的である　$\Leftrightarrow$　$\forall w \in W(wRw)$

　R は対称的である　$\Leftrightarrow$　$\forall w, w' \in W(wRw'$ ならば $w'Rw)$

　R は推移的である　$\Leftrightarrow$　$\forall w, w', w'' \in W(wRw'$ かつ $w'Rw''$ ならば，$wRw'')$

反射的　　　　対称的　　　　　推移的

　反射的，対称的，推移的な R をもつフレーム $\langle W, R \rangle$ を，「反射的，対称的，推移的なフレーム」といい，モデル $\langle W, R, V \rangle$ を，「反射的，対称的，推移的なモデル」という．

●定理 2

(1) 公理図式 1～3 をみたす論理式はすべてのフレームで妥当である.

(2) A と $A \supset B$ がフレーム $\langle W, R \rangle$ で妥当ならば, B も $\langle W, R \rangle$ で妥当である.

(3) A がフレーム $\langle W, R \rangle$ で妥当ならば, $\Box A$ も $\langle W, R \rangle$ で妥当である.

証明

(1) 公理図式 1～3 をみたす論理式は, トートロジーの命題変項に論理式 A, B, C を代入して得られる論理式である. モデルやそのモデルにおける世界を変化させると, A, B, C は真になったり偽になったりするが, トートロジーの命題変項に A, B, C を代入して得られる論理式は常に真になる. モデルやそのモデルにおける世界をどのように変化させても常に真になるのであるから, 公理図式 1～3 をみたす論理式はすべてのモデル（フレーム）で妥当である.

(2) A と $A \supset B$ が $\langle W, R \rangle$ で妥当で, B が $\langle W, R \rangle$ で妥当ではないと仮定すると, あるモデル $\langle W, R, V \rangle$ とある世界 $w \in W$ が存在して, $w \not\models B$ であり, A は $\langle W, R \rangle$ で妥当であるから, $w \models A$ である. しかしこのとき, $w \not\models A \supset B$ となって, $A \supset B$ が $\langle W, R \rangle$ で妥当であるという仮定と矛盾する.

(3) A が $\langle W, R \rangle$ で妥当で, $\Box A$ が $\langle W, R \rangle$ で妥当ではないと仮定すると, あるモデル $\langle W, R, V \rangle$ とある世界 $w \in W$ が存在して, $w \not\models \Box A$ であり, wRw' であるようなある $w' \in W$ が存在して, $w' \not\models A$ である. しかしこれは, A が $\langle W, R \rangle$ で妥当であるという仮定と矛盾する. ■

●健全性定理

任意の論理式 A について, つぎのことがなりたつ.

(1) $K \vdash A$ $\Rightarrow$ A はすべてのフレームで妥当である.

(2) $T \vdash A$ $\Rightarrow$ A はすべての反射的フレームで妥当である.

(3) $B \vdash A$ $\Rightarrow$ A はすべての反射的・対称的フレームで妥当である.

(4) $S4 \vdash A$ $\Rightarrow$ A はすべての反射的・推移的フレームで妥当である.

(5) $S5 \vdash A$ $\Rightarrow$ A はすべての反射的・対称的・推移的フレームで妥当である.

証明

(1) **K** がすべてのフレームで妥当であることを示せば十分である. なぜなら前定理より, 公理図式 1～3 をみたす論理式はすべてのフレームで妥当であり, 変形規則（分離規則, 必然化の規則）はすべてのフレームで妥当であるという（論理

式の）性質を保存するからである.

K（□$(A \supset B) \supset (\square A \supset \square B)$）がすべてのフレームで妥当であることを示す. **K** がフレーム $\langle W, R \rangle$ で妥当ではないと仮定すると，あるモデル $\langle W, R, V \rangle$ とある世界 $w \in W$ が存在して，$w \models \square(A \supset B)$, $w \models \square A$, $w \not\models \square B$ である. $w \not\models \square B$ より，wRw' であるようなある $w' \in W$ が存在して，$w' \not\models B$ であり，$w \models \square A$ より，$w' \models A$ である. しかしこのとき，$w' \not\models A \supset B$ となって，$w \models \square(A \supset B)$ と矛盾する.

(2) **T** がすべての反射的フレームで妥当であることを示せば十分である. なぜなら前定理と (1) より，公理図式 1〜3 と **K** をみたす論理式はすべての反射的フレームで妥当であり，変形規則はすべての反射的フレームで妥当であるという性質を保存するからである.

T（$\square A \supset A$）がすべての反射的フレームで妥当であることを示す. **T** が反射的フレーム $\langle W, R \rangle$ で妥当ではないと仮定すると，あるモデル $\langle W, R, V \rangle$ とある世界 $w \in W$ が存在して，$w \models \square A$, $w \not\models A$ である. $w \models \square A$ より，wRw' であるようなすべての $w' \in W$ について，$w' \models A$ である. R が反射的だから wRw であり，$w \models A$ であることになるが，これは $w \not\models A$ と矛盾する.

(3) **B** がすべての対称的フレームで妥当である（すべての対称的フレームで妥当であれば，すべての反射的・対称的フレームでも妥当である）ことを示せば十分である. なぜなら前定理と (1), (2) より，公理図式 1〜3 と **K**, **T** をみたす論理式はすべての反射的・対称的フレームで妥当であり，変形規則はすべての反射的・対称的フレームで妥当であるという性質を保存するからである.

B（$A \supset \square \diamondsuit A$）がすべての対称的フレームで妥当であることを示す. **B** が対称的フレーム $\langle W, R \rangle$ で妥当ではないと仮定すると，あるモデル $\langle W, R, V \rangle$ とある世界 $w \in W$ が存在して，$w \models A$, $w \not\models \square \diamondsuit A$ である. $w \not\models \square \diamondsuit A$ より，wRw' であるようなある $w' \in W$ が存在して，$w' \not\models \diamondsuit A$ である. R が対称的（wRw' ならば $w'Rw$）だから $w'Rw$ であり，$w' \not\models \diamondsuit A$ であるから，$w \not\models A$ であることになるが，これは $w \models A$ と矛盾する.

(4) **4** がすべての推移的フレームで妥当である（すべての推移的フレームで妥当であれば，すべての反射的・推移的フレームでも妥当である）ことを示せば十分である. なぜなら前定理と (1), (2) より，公理図式 1〜3 と **K**, **T** をみたす論理式はすべての反射的・推移的フレームで妥当であり，変形規則はすべての反射的・

推移的フレームで妥当であるという性質を保存するからである.

4 ($\Box A \supset \Box\Box A$) がすべての推移的フレームで妥当であることを示す. 4 が推移的フレーム $\langle W, R \rangle$ で妥当ではないと仮定すると, あるモデル $\langle W, R, V \rangle$ とある世界 $w \in W$ が存在して, $w \models \Box A$, $w \not\models \Box\Box A$ である. $w \not\models \Box\Box A$ より, wRw' であるようなある $w' \in W$ が存在して, $w' \not\models \Box A$ であり, $w'Rw''$ であるようなある $w'' \in W$ が存在して, $w'' \not\models A$ である. R が推移的(wRw' かつ $w'Rw''$ならば, wRw'')だから wRw'' であり, $w \not\models \Box A$ であることになるが, これは $w \models \Box A$ と矛盾する.

(5) 5 がすべての対称的・推移的フレームで妥当である(すべての対称的・推移的フレームで妥当であれば, すべての反射的・対称的・推移的フレームでも妥当である)ことを示せば十分である. なぜなら前定理と (1), (2) より, 公理図式 1~3 と **K**, **T** をみたす論理式はすべての反射的・対称的・推移的フレームで妥当であり, 変形規則はすべての反射的・対称的・推移的フレームで妥当であるという性質を保存するからである.

5 ($\Diamond A \supset \Box\Diamond A$) がすべての対称的・推移的フレームで妥当であることを示す. 5 が対称的・推移的フレーム $\langle W, R \rangle$ で妥当ではないと仮定すると, あるモデル $\langle W, R, V \rangle$ とある世界 $w \in W$ が存在して, $w \models \Diamond A$, $w \not\models \Box\Diamond A$ である. $w \models \Diamond A$ より, wRw' であるようなある $w' \in W$ が存在して, $w' \models A$ であり, $w \not\models \Box\Diamond A$ より, wRw'' であるようなある $w'' \in W$ が存在して, $w'' \not\models \Diamond A$ である. R が対称的(wRw'' ならば $w''Rw$)だから $w''Rw$ であり, R が推移的($w''Rw$ かつ wRw'ならば, $w''Rw'$)だから $w''Rw'$ である. しかるに $w'' \not\models \Diamond A$ だから, $w' \not\models A$ であることになるが, これは $w' \models A$ と矛盾する. ■

T は K の拡大であり, B, S4 は T の拡大であり, S5 は B, S4, T の拡大であった(104 ページ). では, それらの拡大が「真の」拡大であることを示すことはできないだろうか. つまり, T の定理であって K の定理ではないような論理式の存在を示すことはできないだろうか. また, B, S4 の定理であって T の定理ではないような論理式や, S5 の定理であって B, S4, T の定理ではないような論理式の存在を示すことはできないだろうか. さらにはまた, B の定理であって S4 の定理ではないような論理式や, S4 の定理であって B の定理ではないような論理式の存在を示すことはできないだろうか.

つぎのような 3 つのモデル $\langle W, R, V \rangle$ を考えてみよう（w_1, w_2, w_3 はすべて異なる世界であり，p, q 以外の命題変項にたいする V の値は適当なものをとる）.

(1) $W = \{w_1, w_2\}$，$R = \{\langle w_1, w_2 \rangle\}$，$V(p) = \{w_2\}$

(2) $W = \{w_1, w_2\}$，$R = \{\langle w_1, w_1 \rangle, \langle w_2, w_2 \rangle, \langle w_1, w_2 \rangle\}$，$V(p) = \{w_1\}$

(3) $W = \{w_1, w_2, w_3\}$

　　$R = \{\langle w_1, w_1 \rangle, \langle w_2, w_2 \rangle, \langle w_3, w_3 \rangle, \langle w_1, w_2 \rangle, \langle w_2, w_1 \rangle, \langle w_2, w_3 \rangle, \langle w_3, w_2 \rangle\}$

　　$V(p) = \{w_1\}$，$V(q) = \{w_1, w_2\}$

(2) のモデルは反射的・推移的であり，(3) のモデルは反射的・対称的である.

K の定理は，すべてのモデルで妥当であり，(1) のモデルでも妥当である. それゆえ，(1) のモデルで妥当ではない論理式は K の定理ではない.

S4 の定理は，すべての反射的・推移的モデルで妥当であり，(2) のモデルでも妥当である. それゆえ，(2) のモデルで妥当ではない論理式は S4 の定理ではない.

B の定理は，すべての反射的・対称的モデルで妥当であり，(3) のモデルでも妥当である. それゆえ，(3) のモデルで妥当ではない論理式は B の定理ではない.

T の公理 $\square p \supset p$ は (1) のモデルで妥当ではない（$w_1 \models \square p$ で $w_1 \not\models p$ だから，$w_1 \not\models \square p \supset p$ である）. (1) のモデルで妥当ではない論理式は K の定理ではないから，T の公理 $\square p \supset p$ は K の定理ではない.

B の公理 $p \supset \square \Diamond p$ は (2) のモデルで妥当ではない（$w_1 \models p$ で，$w_2 \not\models \Diamond p$ より $w_1 \not\models \square \Diamond p$ だから，$w_1 \not\models p \supset \square \Diamond p$ である）. (2) のモデルで妥当ではない論理式は S4 の定理ではないから，B の公理 $p \supset \square \Diamond p$ は S4 の定理ではない.

S4 の公理 $\square q \supset \square \square q$ は (3) のモデルで妥当ではない（$w_1 \models \square q$ で，$w_2 \not\models \square q$ より $w_1 \not\models \square \square q$ だから，$w_1 \not\models \square q \supset \square \square q$ である）. (3) のモデルで妥当ではない論理式は B の定理ではないから，S4 の公理 $\square q \supset \square \square q$ は B の定理ではない.

S5 の公理 $\Diamond p \supset \square \Diamond p$ は (3) のモデルで妥当ではない（$w_2 \models \Diamond p$ で，$w_3 \not\models \Diamond p$ より $w_2 \not\models \square \Diamond p$ だから，$w_2 \not\models \Diamond p \supset \square \Diamond p$ である）. (3) のモデルで妥当ではない論理式は B の定理ではないから，S5 の公理 $\Diamond p \supset \square \Diamond p$ は B の定理ではない.

S5 の公理 $\Diamond p \supset \square \Diamond p$ は (2) のモデルでも妥当ではない（$w_1 \models \Diamond p$ で，$w_2 \not\models \Diamond p$ より $w_1 \not\models \square \Diamond p$ だから，$w_1 \not\models \Diamond p \supset \square \Diamond p$ である）. (2) のモデルで妥当ではない論理式は S4 の定理ではないから，S5 の公理 $\Diamond p \supset \square \Diamond p$ は S4 の定理でもない.

こうして T の公理 $\Box p \supset p$ は，T の定理であって K の定理ではないような論理式であり，B の公理 $p \supset \Box \Diamond p$ は，B の定理であって S4 の定理ではない（したがって T の定理でもない）ような論理式である．また S4 の公理 $\Box q \supset \Box \Box q$ は，S4 の定理であって B の定理ではない（したがって T の定理でもない）ような論理式であり，S5 の公理 $\Diamond p \supset \Box \Diamond p$ は，S5 の定理であって B の定理でも S4 の定理でもない（したがって T の定理でもない）ような論理式である．

§4. 完全性

健全性定理の逆，すなわち，任意の論理式 A について，A がすべてのフレームで妥当ならば $K \vdash A$ である，A がすべての反射的フレームで妥当ならば $T \vdash A$ である，…… などはいえないであろうか．これがいえることを主張するのが「完全性定理」である．完全性定理を証明するためにはいくらかの準備が必要である．

論理式の集合が「K^+ にたいして**矛盾する**」，「K^+ にたいして**無矛盾である**」ということを定義する．論理式の有限集合 $\{A_1, \cdots, A_n\}$ が K^+ にたいして矛盾するとは，$K^+ \vdash \sim (A_1 \wedge \cdots \wedge A_n)$ であるということであり，K^+ にたいして無矛盾であるとは，$K^+ \nvdash \sim (A_1 \wedge \cdots \wedge A_n)$ であるということである（$\nvdash$ は $\vdash$ の否定を表わす）．また論理式の無限集合 Γ が K^+ にたいして矛盾するとは，Γ のある有限部分集合が K^+ にたいして矛盾するということであり，K^+ にたいして無矛盾であるとは，Γ のすべての有限部分集合が K^+ にたいして無矛盾であるということである．

「K^+ にたいして矛盾する」，「K^+ にたいして無矛盾である」を，通常は簡単に，「矛盾する」，「無矛盾である」のように書く．

Γ と Δ が論理式の集合で，$\Gamma \subseteq \Delta$ のとき，Γ が矛盾するならば Δ も矛盾する．（これは，Δ が無限集合のときは自明であり，Δ が有限集合のときも，$\{A_1, \cdots, A_n\} \subseteq \{B_1, \cdots, B_m\}$ ならば $K^+ \vdash \sim (A_1 \wedge \cdots \wedge A_n) \supset \sim (B_1 \wedge \cdots \wedge B_m)$ であることを考慮すれば，明らかである．）したがって $\Gamma \subseteq \Delta$ のとき，Δ が無矛盾ならば Γ も無矛盾である．

論理式の集合 Γ が（K^+ にたいして）無矛盾であり，Γ に含まれない任意の論理式を 1 つでも Γ につけ加えるならば（K^+ にたいして）無矛盾ではなくなるとき，Γ は（K^+ にたいして）**極大無矛盾な集合**であるという．

●リンデンバウムの補題

論理式の集合 Δ が無矛盾ならば, Δ を包含する極大無矛盾な集合 Γ が存在する.

証明

前章のリンデンバウムの補題(87ページ)の証明と同じようにすればよい. ■

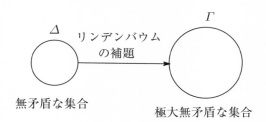

●定理3

Γ が極大無矛盾な集合であるとき, Γ はつぎの性質をみたす. A, B は任意の論理式である.

(1) $A \in \Gamma$ または $\sim A \in \Gamma$.

(2) $A \in \Gamma$ かつ $\sim A \in \Gamma$, ではない.

(3) $\vdash A$ ならば $A \in \Gamma$.

(4) $A \in \Gamma$ かつ $(A \supset B) \in \Gamma$ ならば, $B \in \Gamma$.

証明

前章の定理8(88ページ)の (1)〜(4) の証明と同じようにすればよい. ■

●定理4

$$\vdash \Box A_1 \wedge \cdots \wedge \Box A_n \supset \Box(A_1 \wedge \cdots \wedge A_n)$$

証明

トートロジーへの代入によって,

$$\vdash A_1 \supset (A_2 \supset \cdots \supset (A_n \supset A_1 \wedge \cdots \wedge A_n) \cdots)$$

であり, 必然化の規則によって,

$$\vdash \Box(A_1 \supset (A_2 \supset \cdots \supset (A_n \supset A_1 \wedge \cdots \wedge A_n) \cdots))$$

である. **K** を何度も用い, 命題論理的帰結による変形をくり返して,

$$\vdash \Box A_1 \supset (\Box A_2 \supset \cdots \supset (\Box A_n \supset \Box(A_1 \wedge \cdots \wedge A_n)) \cdots)$$

である. ゆえに命題論理的帰結により,

$$\vdash \Box A_1 \wedge \cdots \wedge \Box A_n \supset \Box(A_1 \wedge \cdots \wedge A_n)$$

である. ∎

●定理 5

Γ が無矛盾で $\sim \Box A \in \Gamma$ ならば, $\{B \mid \Box B \in \Gamma\} \cup \{\sim A\}$ も無矛盾である.

証明

$\sim \Box A \in \Gamma$ のとき, $\{B \mid \Box B \in \Gamma\} \cup \{\sim A\}$ が矛盾するならば, Γ も矛盾することを示す. $\{B \mid \Box B \in \Gamma\} \cup \{\sim A\}$ が矛盾するならば, $\{B \mid \Box B \in \Gamma\}$ の有限部分集合 $\{B_1, \cdots, B_n\}$ ($\Box B_1, \cdots, \Box B_n \in \Gamma$) が存在して, $\vdash \sim (B_1 \wedge \cdots \wedge B_n \wedge \sim A)$ である. 命題論理的帰結により, $\vdash B_1 \wedge \cdots \wedge B_n \supset A$ であり, 必然化の規則と **K** を用いて,

$$\vdash \Box(B_1 \wedge \cdots \wedge B_n) \supset \Box A$$

である. 前定理を用いて,

$$\vdash \Box B_1 \wedge \cdots \wedge \Box B_n \supset \Box A$$

であり, 命題論理的帰結により,

$$\vdash \sim (\Box B_1 \wedge \cdots \wedge \Box B_n \wedge \sim \Box A)$$

である. したがって $\{\Box B_1, \cdots, \Box B_n, \sim \Box A\}$ が矛盾することになり, $\sim \Box A \in \Gamma$ のとき, $\{\Box B_1, \cdots, \Box B_n, \sim \Box A\} \subseteq \Gamma$ だから, Γ が矛盾することになる.
(Γ が $\Box B$ の形の論理式を含まないときは, $n = 0$ の場合であると考えればよい.)
∎

●定理 6

Γ が無矛盾で $\Box A \notin \Gamma$ ならば, $\{B \mid \Box B \in \Gamma\} \subseteq \Delta$ かつ $A \notin \Delta$ であるような極大無矛盾な Δ が存在する.

証明

Γ が無矛盾で $\Box A \notin \Gamma$ ならば, 定理 3 の (1) より, $\sim \Box A \in \Gamma$ であり, 前定理より, $\{B \mid \Box B \in \Gamma\} \cup \{\sim A\}$ は無矛盾である. リンデンバウムの補題より, $\{B \mid \Box B \in \Gamma\} \cup \{\sim A\} \subseteq \Delta$ であるような極大無矛盾な Δ が存在し, $\{B \mid \Box B \in \Gamma\} \subseteq \Delta$ でありかつ $A \notin \Delta$ ($\sim A \in \Delta$ と定理 3 の (2) より) である.
∎

K^+ の**カノニカルモデル** $\langle W, R, V \rangle$ をつぎのように定義する.

(1) W は K^+ にたいして極大無矛盾な集合 w をすべてあつめた集合である.

(2) R はつぎのものである. $wRw' \Leftrightarrow \{A \mid \Box A \in w\} \subseteq w'$

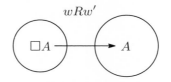

$$wRw'$$

(3) V はつぎのものである. $V(\mathbf{p}) = \{w \mid \mathbf{p} \in w\}$

●定理 7（真理補題）

K^+ のカノニカルモデル $\langle W, R, V \rangle$ について，つぎのことがなりたつ. w は任意の世界（W の元）であり，A は任意の論理式である.

$$w \models A \Leftrightarrow A \in w$$

証明

A のなかの論理記号の個数についての帰納法によって証明する.

1) A が $\mathbf{p}$ のとき. $w \models \mathbf{p} \Leftrightarrow w \in V(\mathbf{p}) \Leftrightarrow w \in \{u \mid \mathbf{p} \in u\} \Leftrightarrow \mathbf{p} \in w$

2) A が $\sim B$ のとき. $w \models \sim B$ ならば, $w \not\models B$ だから, 帰納法の仮定より, $B \notin w$ である. ゆえに定理 3 の (1) より, $\sim B \in w$ である. 逆に $\sim B \in w$ ならば, 定理 3 の (2) より, $B \notin w$ だから, 帰納法の仮定より, $w \not\models B$ であり, $w \models \sim B$ である.

3) A が $B \supset C$ のとき. $w \models B \supset C$ ならば, $w \not\models B$ または $w \models C$ だから, 帰納法の仮定と定理 3 の (1) より, $\sim B \in w$ または $C \in w$ である. 定理 3 の (3) より, $(\sim B \supset (B \supset C)) \in w$, $(C \supset (B \supset C)) \in w$ だから, 定理 3 の (4) より, $(B \supset C) \in w$ である. 反対に $w \not\models B \supset C$ ならば, $w \models B$ かつ $w \not\models C$ だから, 帰納法の仮定と定理 3 の (1) より, $B \in w$ かつ $\sim C \in w$ である. 定理 3 の (3) より, $(B \supset (\sim C \supset \sim(B \supset C))) \in w$ だから, 定理 3 の (4) より, $\sim(B \supset C) \in w$ である. ゆえに定理 3 の (2) より, $(B \supset C) \notin w$ である.

4) A が $\Box B$ のとき. $\Box B \in w$ ならば, $\{C \mid \Box C \in w\} \subseteq w'$ であるようなすべての $w' \in W$ について, $B \in w'$ であり, 帰納法の仮定より, $w' \models B$ である. ゆえに, wRw' ($\{C \mid \Box C \in w\} \subseteq w'$) であるようなすべての $w' \in W$ について $w' \models B$ であり, $w \models \Box B$ である. また $\Box B \notin w$ ならば, 前定理より,

$\{C \mid \Box C \in w\} \subseteq w'$ かつ $B \notin w'$ であるような極大無矛盾な集合 $w' \in W$ が存在する. $\{C \mid \Box C \in w\} \subseteq w'$ より wRw' であり, $B \notin w'$ と帰納法の仮定より, $w' \not\models B$ であるから, $w \not\models \Box B$ である. ∎

●定理 8 （カノニカルモデルの定理）

K^+ のカノニカルモデル $\langle W, R, V \rangle$ について, つぎのことがなりたつ. A は任意の論理式である.

$$A \text{ が } \langle W, R, V \rangle \text{ で妥当である} \Leftrightarrow K^+ \vdash A.$$

証明

$K^+ \vdash A$ のとき, すべての $w \in W$ について, 定理 3 の (3) より, $A \in w$ であり, 前定理より, $w \models A$ である. ゆえに A は $\langle W, R, V \rangle$ で妥当である.

また $K^+ \not\vdash A$ のとき, $K^+ \not\vdash \sim\sim A$ であり, $\{\sim A\}$ が無矛盾であるから, リンデンバウムの補題より, $\{\sim A\}$ を包含する極大無矛盾な集合 $w \in W$ が存在する. $\sim A \in w$ だから, 前定理より, $w \models \sim A$ であり, $w \not\models A$ である. ゆえに A は $\langle W, R, V \rangle$ で妥当ではない. ∎

●完全性定理

任意の論理式 A について, つぎのことがなりたつ.

(1) A がすべてのフレームで妥当である $\Rightarrow$ $K \vdash A$.

(2) A がすべての反射的フレームで妥当である $\Rightarrow$ $T \vdash A$.

(3) A がすべての反射的・対称的フレームで妥当である $\Rightarrow$ $B \vdash A$.

(4) A がすべての反射的・推移的フレームで妥当である $\Rightarrow$ $S4 \vdash A$.

(5) A がすべての反射的・対称的・推移的フレームで妥当である $\Rightarrow$ $S5 \vdash A$.

証明

(1) A がすべてのフレームで妥当ならば, A は K のカノニカルモデルでも妥当であり, 前定理より, $K \vdash A$ である.

(2) T のカノニカルモデルが反射的であることを示せば十分である. なぜなら T のカノニカルモデルが反射的であるとき, A がすべての反射的フレームで妥当ならば, A は T のカノニカルモデルでも妥当であり, 前定理より, $T \vdash A$ であることになるからである.

T のカノニカルモデルの R が反射的であることを示す. R が反射的であること

(wRw) を示すために, 任意の論理式 C について, $\Box C \in w$ ならば $C \in w$ であることを示す. $\Box C \in w$ ならば, $\mathrm{T} \vdash \Box C \supset C$ と定理 3 の (3) より $(\Box C \supset C) \in w$ だから, 定理 3 の (4) より, $C \in w$ である.

(3) (2) の証明の前半と同様に考えて, B のカノニカルモデルが反射的・対称的であることを示せば十分である.

B のカノニカルモデルの R が反射的であることは, (2) の証明の後半と同じようにして示すことができるから, R が対称的であることを示す. R が対称的であることを示すために, wRw' を仮定して, 任意の論理式 C について, $\Box C \in w'$ ならば $C \in w$ であること $(w'Rw)$ を示す. $C \notin w$ ならば, 定理 3 の (1) より, $\sim C \in w$ である. また $\mathrm{B} \vdash \sim C \supset \Box \Diamond \sim C$ であり, $\mathrm{B} \vdash \Box \Diamond \sim C \supset \Box \sim \Box C$ (すなわち $\mathrm{B} \vdash \Box \sim \Box \sim \sim C \supset \Box \sim \Box C$) を示すことができる ($\mathrm{B} \vdash C \supset \sim \sim C$, 必然化の規則, **K** などを用いて) から, $\mathrm{B} \vdash \sim C \supset \Box \sim \Box C$ である. 定理 3 の (3) より, $(\sim C \supset \Box \sim \Box C) \in w$ であり, 定理 3 の (4) より, $\Box \sim \Box C \in w$ である. wRw' だから, $\sim \Box C \in w'$ であり, 定理 3 の (2) より, $\Box C \notin w'$ である. ゆえに, $\Box C \in w'$ ならば $C \in w$ である.

(4) (2) の証明の前半と同様に考えて, S4 のカノニカルモデルが反射的・推移的であることを示せば十分である.

S4 のカノニカルモデルの R が反射的であることは, (2) の証明の後半と同じようにして示すことができるから, R が推移的であることを示す. R が推移的であることを示すために, wRw' と $w'Rw''$ を仮定して, 任意の論理式 C について, $\Box C \in w$ ならば $C \in w''$ であること (wRw'') を示す. $\Box C \in w$ ならば, S4 $\vdash \Box C \supset \Box \Box C$ と定理 3 の (3) より $(\Box C \supset \Box \Box C) \in w$ だから, 定理 3 の (4) より, $\Box \Box C \in w$ である. wRw' だから, $\Box C \in w'$ であり, $w'Rw''$ だから, $C \in w''$ である. ゆえに, $\Box C \in w$ ならば $C \in w''$ である.

(5) (2) の証明の前半と同様に考えて, S5 のカノニカルモデルが反射的・対称的・推移的であることを示せば十分である.

しかるに, S5 のカノニカルモデルの R が反射的, 対称的, 推移的であることは, S5 が T, B, S4 の拡大であるから, (2), (3), (4) の証明と同じようにして示すことができる. ∎

$\mathcal{C}$ がフレームのクラスのとき, $\mathcal{C}$ に含まれるすべてのフレームで妥当であるような論理式を $\mathcal{C}$ **-妥当な論理式** という.

$\mathcal{C}_1$： すべてのフレームのクラス

$\mathcal{C}_2$： すべての反射的フレームのクラス

$\mathcal{C}_3$： すべての反射的・対称的フレームのクラス

$\mathcal{C}_4$： すべての反射的・推移的フレームのクラス

$\mathcal{C}_5$： すべての反射的・対称的・推移的フレームのクラス

とすると，健全性定理と完全性定理より，$\mathcal{C}_1$-妥当な論理式の範囲はKの定理の範囲と一致し，$\mathcal{C}_2$-妥当な論理式の範囲はTの定理の範囲と一致し，$\mathcal{C}_3$-妥当な論理式，$\mathcal{C}_4$-妥当な論理式，$\mathcal{C}_5$-妥当な論理式の範囲は，それぞれ，B，S4，S5の定理の範囲と一致する．

K，T，B，S4，S5 にたいしては，定理の範囲と $\mathcal{C}$-妥当な論理式の範囲が一致するようなフレームのクラス $\mathcal{C}$（$\mathcal{C}_1$，$\mathcal{C}_2$，$\mathcal{C}_3$，$\mathcal{C}_4$，$\mathcal{C}_5$）が存在するのであるが，K^+ の体系にたいして，いつでも，定理の範囲と $\mathcal{C}$-妥当な論理式の範囲が一致するようなフレームのクラス $\mathcal{C}$ が存在するというわけではない．たとえば，K につぎのような公理図式 **H** を加えて得られる体系（K+**H**）にたいしては，定理の範囲と $\mathcal{C}$-妥当な論理式の範囲が一致するようなフレームのクラス $\mathcal{C}$ が存在しないこと（不完全性）が知られている．

H $\quad \Box(\Box A \equiv A) \supset \Box A$

§5. 決定可能性

任意に与えられた論理式にたいして，「それが定理であるかないか」を判定する，有限回で終了する機械的な手続き（決定手続き）が存在するとき，その体系は**決定可能**であるという．本節では，K，T，B，S4，S5 の体系がいずれも決定可能であることを示す．

論理式 S に部分的に含まれる論理式を，S の**部分論理式**という．S 自身も，S の部分論理式とみなす．そして S の部分論理式を全部あつめた集合を，Γ_S で表わす．たとえば S が $\Box(p \supset \sim q)$ のとき，Γ_S は $\{\Box(p \supset \sim q),\ p \supset \sim q,\ p,\ \sim q,\ q\}$ である．

モデル $\mathcal{M} = \langle W, R, V \rangle$ の世界 $w, u \in W$ のあいだになりたつ関係 $w \sim_S u$ をつぎのように定義する（$\mathcal{M}, w \models A$ は，A が $\mathcal{M}$ における w で真である，という

意味である).

$$w \sim_S u \iff \text{任意の } A \in \Gamma_S \text{ にたいして } (\mathcal{M}, w \models A \iff \mathcal{M}, u \models A)$$

$w \sim_S u$ は，Γ_S に含まれるすべての論理式の真偽が w と u で一致するような，w と u の関係である．この関係は，反射的かつ対称的かつ推移的な関係（同値関係）である．この関係を用いて，$[w]$ をつぎのように定義する．

$$[w] = \{u \in W \mid w \sim_S u\}$$

$[w]$ は w の同値類を表わす．$[w] = [w']$ のとき，$w' \in [w'] = [w]$ だから，$w \sim_S w'$ がなりたつ．

つぎのような条件 (1)〜(3) をみたすモデル $\mathcal{M}^* = \langle W^*, R^*, V^* \rangle$ を，Γ_S による $\mathcal{M} = \langle W, R, V \rangle$ の **濾過モデル** という.

(1) $W^* = \{[w] \mid w \in W\}$

(2) 任意の $w, u \in W$ にたいして，

   (a) wRu ならば，$[w]R^*[u]$

   (b) $[w]R^*[u]$ ならば，

      任意の $\Box A \in \Gamma_S$ にたいして $(\mathcal{M}, w \models \Box A \Rightarrow \mathcal{M}, u \models A)$

(3) 任意の $\mathbf{p} \in \Gamma_S$ にたいして，$V^*(\mathbf{p}) = \{[w] \mid w \in V(\mathbf{p})\}$

$[w] = [w']$ のとき，$w \sim_S w'$ がなりたつから，(2) の (b) の後件は，$[w]$ や $[u]$ の元のとり方に依存しない．

W が有限集合のとき，フレーム $\langle W, R \rangle$ を **有限のフレーム** といい，モデル $\langle W, R, V \rangle$ を **有限のモデル** という．$\mathcal{M}$ がどのようなモデルであれ，<u>Γ_S による $\mathcal{M}$ の濾過モデル $\mathcal{M}^*$ は常に有限のモデルになる．</u> なぜなら，Γ_S を $\{A_1, \cdots, A_n\}$ とすると，同値類 $[w] \in W^*$ はそれぞれ $A_1, \cdots, A_n$ のある真偽のとり方に対応し，$A_1, \cdots, A_n$ の真偽のとり方が有限個（$\leq 2^n$ 個）であるから，同値類 $[w]$ の個数も有限個になるからである．

●**定理 9**（濾過モデルの定理）

$\mathcal{M}^* = \langle W^*, R^*, V^* \rangle$ が Γ_S による $\mathcal{M} = \langle W, R, V \rangle$ の濾過モデルであるとき，任意の $A \in \Gamma_S$，任意の $w \in W$ にたいして，つぎのことがなりたつ．

$$\mathcal{M}, w \models A \iff \mathcal{M}^*, [w] \models A$$

証明

$A \in \Gamma_S$ のなかの論理記号の個数についての帰納法によって証明する.

1) A が $\mathbf{p}$ のとき.

$$\mathcal{M}, w \models \mathbf{p} \Leftrightarrow w \in V(\mathbf{p})$$
$$\Leftrightarrow [w] \in V^*(\mathbf{p}) \quad \text{(濾過モデルの条件 (3) より)}$$
$$\Leftrightarrow \mathcal{M}^*, [w] \models \mathbf{p}$$

2) A が $\sim B$ のとき. 帰納法の仮定を用いて,

$$\mathcal{M}, w \models \sim B \Leftrightarrow \mathcal{M}, w \not\models B$$
$$\Leftrightarrow \mathcal{M}^*, [w] \not\models B$$
$$\Leftrightarrow \mathcal{M}^*, [w] \models \sim B$$

3) A が $B \supset C$ のとき. 帰納法の仮定を用いて,

$$\mathcal{M}, w \models B \supset C \Leftrightarrow \mathcal{M}, w \not\models B \text{ または } \mathcal{M}, w \models C$$
$$\Leftrightarrow \mathcal{M}^*, [w] \not\models B \text{ または } \mathcal{M}^*, [w] \models C$$
$$\Leftrightarrow \mathcal{M}^*, [w] \models B \supset C$$

4) A が $\Box B$ のとき. 帰納法の仮定を用いて,

$$\mathcal{M}, w \models \Box B \Rightarrow \forall u([w]R^*[u] \text{ ならば } \mathcal{M}, u \models B) \quad \text{(条件 (2) の (b) より)}$$
$$\Leftrightarrow \forall u([w]R^*[u] \text{ ならば } \mathcal{M}^*, [u] \models B)$$
$$\Leftrightarrow \mathcal{M}^*, [w] \models \Box B$$

$$\mathcal{M}^*, [w] \models \Box B \Leftrightarrow \forall u([w]R^*[u] \text{ ならば } \mathcal{M}^*, [u] \models B)$$
$$\Rightarrow \forall u(wRu \text{ ならば } \mathcal{M}^*, [u] \models B) \quad \text{(条件 (2) の (a) より)}$$
$$\Leftrightarrow \forall u(wRu \text{ ならば } \mathcal{M}, u \models B)$$
$$\Leftrightarrow \mathcal{M}, w \models \Box B \quad \blacksquare$$

モデル $\mathcal{M} = \langle W, R, V \rangle$ における世界 $w, u \in W$ のあいだになりたつ関係 $c_1 \sim c_4$ を考える.

$$c_1(w, u) : \text{任意の } \Box A \in \Gamma_S \text{ にたいして } (\mathcal{M}, w \models \Box A \Rightarrow \mathcal{M}, u \models A)$$
$$c_2(w, u) : \text{任意の } \Box A \in \Gamma_S \text{ にたいして } (\mathcal{M}, u \models \Box A \Rightarrow \mathcal{M}, w \models A)$$
$$c_3(w, u) : \text{任意の } \Box A \in \Gamma_S \text{ にたいして } (\mathcal{M}, w \models \Box A \Rightarrow \mathcal{M}, u \models \Box A)$$
$$c_4(w, u) : \text{任意の } \Box A \in \Gamma_S \text{ にたいして } (\mathcal{M}, u \models \Box A \Rightarrow \mathcal{M}, w \models \Box A)$$

そして $W^* = \{[w] \mid w \in W\}$ の元 $[w], [u] \in W^*$ のあいだになりたつ関係 $R_1{}^* \sim R_4{}^*$ をつぎのように定義する.

$$[w]R_1{}^*[u] \Leftrightarrow c_1(w, u)$$

$$[w]R_2{}^*[u] \Leftrightarrow c_1(w, u) \text{ かつ } c_2(w, u)$$

$$[w]R_3{}^*[u] \Leftrightarrow c_1(w, u) \text{ かつ } c_3(w, u)$$

$$[w]R_4{}^*[u] \Leftrightarrow c_1(w, u) \text{ かつ } c_2(w, u) \text{ かつ } c_3(w, u) \text{ かつ } c_4(w, u)$$

$[w] = [w']$ のとき, $w \sim_S w'$ がなりたつから, これらの右辺は, $[w]$ や $[u]$ の元のとり方に依存しない.

●定理 10

(1) $R_2{}^*$ は対称的である.

(2) $R_3{}^*$ は推移的である.

(3) $R_4{}^*$ は対称的・推移的である.

証明

(1) $R_2{}^*$ が対称的であることを示すためには, $c_1(w, u)$, $c_2(w, u)$ を仮定して $c_1(u, w)$, $c_2(u, w)$ を示さなければならない. しかしこれは, $c_1(w, u)$ と $c_2(u, w)$, $c_2(w, u)$ と $c_1(u, w)$ が同じものだから, 明らかである.

(2) $R_3{}^*$ が推移的であることを示すためには, $c_1(w, u)$, $c_3(w, u)$, $c_1(u, v)$, $c_3(u, v)$ を仮定して $c_1(w, v)$, $c_3(w, v)$ を示さなければならない. これは, $c_3(w, u)$ と $c_1(u, v)$ から $c_1(w, v)$ が導かれ, $c_3(w, u)$ と $c_3(u, v)$ から $c_3(w, v)$ が導かれることを用いて示される.

(3) $R_4{}^*$ が対称的であることを示すためには, $c_1(w, u)$, $c_2(w, u)$, $c_3(w, u)$, $c_4(w, u)$ を仮定して $c_1(u, w)$, $c_2(u, w)$, $c_3(u, w)$, $c_4(u, w)$ を示さなければならない. しかしこれは, $c_1(w, u)$ と $c_2(u, w)$, $c_2(w, u)$ と $c_1(u, w)$, $c_3(w, u)$ と $c_4(u, w)$, $c_4(w, u)$ と $c_3(u, w)$ が同じものだから, 明らかである. また $R_4{}^*$ が推移的であることを示すためには,

$$c_1(w, u), \ c_2(w, u), \ c_3(w, u), \ c_4(w, u),$$

$$c_1(u, v), \ c_2(u, v), \ c_3(u, v), \ c_4(u, v)$$

を仮定して, $c_1(w, v)$, $c_2(w, v)$, $c_3(w, v)$, $c_4(w, v)$ を示さなければならない. これは, $c_3(w, u)$ と $c_1(u, v)$ から $c_1(w, v)$ が導かれ, $c_3(w, u)$ と $c_3(u, v)$ が導かれ, $c_4(u, v)$ と $c_2(w, u)$ から $c_2(w, v)$ が導かれ, $c_4(u, v)$ と $c_4(w, u)$ から

$c_4(w, v)$ が導かれることを用いて示される. ■

$\mathcal{M} = \langle W, R, V \rangle$ にたいして，W^*，V^*，$\mathcal{M}_1{}^* \sim \mathcal{M}_4{}^*$ をつぎのように定義する（これらは，$[w]$ が S に依存しているから，S に依存している）.

$$W^* = \{[w] \,|\, w \in W\}, \quad V^*(\mathbf{p}) = \{[w] \,|\, w \in V(\mathbf{p})\},$$
$$\mathcal{M}_1{}^* = \langle W^*, R_1{}^*, V^* \rangle, \quad \mathcal{M}_2{}^* = \langle W^*, R_2{}^*, V^* \rangle,$$
$$\mathcal{M}_3{}^* = \langle W^*, R_3{}^*, V^* \rangle, \quad \mathcal{M}_4{}^* = \langle W^*, R_4{}^*, V^* \rangle$$

●定理 11

(1) $\mathcal{M}_1{}^*$ は Γ_S による $\mathcal{M}$ の濾過モデルである.

(2) $\mathcal{M}$ が反射的ならば，$\mathcal{M}_1{}^*$ は Γ_S による $\mathcal{M}$ の反射的な濾過モデルである.

(3) $\mathcal{M}$ が反射的・対称的ならば，$\mathcal{M}_2{}^*$ は Γ_S による $\mathcal{M}$ の反射的・対称的な濾過モデルである.

(4) $\mathcal{M}$ が反射的・推移的ならば，$\mathcal{M}_3{}^*$ は Γ_S による $\mathcal{M}$ の反射的・推移的な濾過モデルである.

(5) $\mathcal{M}$ が反射的・対称的・推移的ならば，$\mathcal{M}_4{}^*$ は Γ_S による $\mathcal{M}$ の反射的・対称的・推移的な濾過モデルである.

証明

(1) $\mathcal{M}_1{}^*$ が濾過モデルの条件 (1)，(3) をみたすこと，条件 (2) の (b) をみたすこと（$[w]R_1{}^*[u]$ ならば $c_1(w, u)$）は明らかだから，条件 (2) の (a) をみたすこと，すなわち，wRu ならば $c_1(w, u)$ であることを示す．$c_1(w, u)$ を示すために，任意の $\square A \in \Gamma_S$ にたいして，$\mathcal{M}, w \models \square A$ を仮定すると，wRu だから，$\mathcal{M}, u \models A$ である.

(2) (1) により $\mathcal{M}_1{}^*$ が条件 (2) の (a) をみたすから，wRu ならば $[w]R_1{}^*[u]$ であり，wRw ならば $[w]R_1{}^*[w]$ である．ゆえに，$\mathcal{M}$ が反射的（すべての w について wRw）ならば $\mathcal{M}_1{}^*$ も反射的（すべての w について $[w]R_1{}^*[w]$）である.

(3) まず，$\mathcal{M}$ が対称的ならば，$\mathcal{M}_2{}^*$ が Γ_S による $\mathcal{M}$ の濾過モデルであることを示す．$\mathcal{M}_2{}^*$ が濾過モデルの条件 (1)，(3) をみたすこと，条件 (2) の (b) をみたすこと（$[w]R_2{}^*[u]$ ならば $c_1(w, u)$）は明らかだから，R が対称的ならば，$\mathcal{M}_2{}^*$ が条件 (2) の (a) をみたすこと，すなわち，wRu ならば $c_1(w, u)$ かつ $c_2(w, u)$ であることを示す．$c_1(w, u)$ は，(1) の証明と同様にして示されるから，$c_2(w, u)$ のみを示す．$c_2(w, u)$ を示すために，任意の $\square A \in \Gamma_S$ にたいして，$\mathcal{M}, u \models \square A$

を仮定すると，R が対称的で wRu だから，uRw であり，$\mathcal{M}, w \models A$ である.

つぎに，$\mathcal{M}_2{}^*$ が Γ_S による $\mathcal{M}$ の濾過モデルであるとき，$\mathcal{M}$ が反射的ならば $\mathcal{M}_2{}^*$ も反射的であることを示す．$\mathcal{M}_2{}^*$ が条件 (2) の (a) をみたすから，wRu ならば $[w]R_2{}^*[u]$ であり，wRw ならば $[w]R_2{}^*[w]$ である．ゆえに，$\mathcal{M}$ が反射的ならば $\mathcal{M}_2{}^*$ も反射的である.

したがって，$\mathcal{M}$ が反射的・対称的ならば，$\mathcal{M}_2{}^*$ は Γ_S による $\mathcal{M}$ の反射的な濾過モデルである．前定理の (1) と合わせると，$\mathcal{M}$ が反射的・対称的ならば，$\mathcal{M}_2{}^*$ は Γ_S による $\mathcal{M}$ の反射的・対称的な濾過モデルである.

(4) (3) の証明と同じようにすればよい．ただし前定理の (2) を用いる.

(5) (3) の証明と同じようにすればよい．ただし前定理の (3) を用いる.　　　　■

●定理 12

任意の論理式 A について，つぎのことがなりたつ.

(1) $K \vdash A$　⇔　A はすべての有限のフレームで妥当である.

(2) $T \vdash A$　⇔　A はすべての有限の反射的フレームで妥当である.

(3) $B \vdash A$　⇔　A はすべての有限の反射的・対称的フレームで妥当である.

(4) $S4 \vdash A$　⇔　A はすべての有限の反射的・推移的フレームで妥当である.

(5) $S5 \vdash A$　⇔　A はすべての有限の反射的・対称的・推移的フレームで妥当である.

証明

(1) ⇒ は健全性定理の (1) より明らか．⇐ を示すために，$K \not\vdash A$ とすると，完全性定理の (1) より，A はあるフレームで，したがってあるモデル $\mathcal{M} = \langle W, R, V \rangle$ で妥当ではなく，ある $w \in W$ にたいして $\mathcal{M}, w \not\models A$ である．前定理の (1) より，Γ_A による $\mathcal{M}$ の濾過モデル $\mathcal{M}_1{}^*$ が存在し，定理 9 より，$\mathcal{M}_1{}^*, [w] \not\models A$ である（$A \in \Gamma_A$ であることに注意）．ゆえに A は有限のモデル $\mathcal{M}_1{}^*$ で妥当ではないことになり（ある有限のフレームで妥当ではないことになり），⇐ が示されたことになる.

(2) ⇒ は健全性定理の (2) より明らか．⇐ を示すために，$T \not\vdash A$ とすると，完全性定理の (2) より，A はある反射的フレームで，したがってある反射的モデル $\mathcal{M} = \langle W, R, V \rangle$ で妥当ではなく，ある $w \in W$ にたいして $\mathcal{M}, w \not\models A$ である．前定理の (2) より，Γ_A による $\mathcal{M}$ の反射的な濾過モデル $\mathcal{M}_1{}^*$ が存在し，定理 9

より，$\mathcal{M}_1{}^*, [w] \not\models A$ である（$A \in \Gamma_A$ であることに注意）．ゆえに A は有限の反射的モデル $\mathcal{M}_1{}^*$ で妥当ではないことになり（ある有限の反射的フレームで妥当ではないことになり），$\Leftarrow$ が示されたことになる．

(3) (2) の証明と同じようにすればよい．ただし前定理の (3) を用いる．

(4) (2) の証明と同じようにすればよい．ただし前定理の (4) を用いる．

(5) (2) の証明と同じようにすればよい．ただし前定理の (5) を用いる． ∎

●決定可能性定理

K，T，B，S4，S5 はいずれも決定可能である．

証明

K が決定可能であることを示す．K の証明は，ある条件をみたした論理式の有限列（列のなかの各論理式が K の公理であるか，先行する論理式から変形規則を 1 回だけ用いて導かれた論理式であるかであるような有限列）であるから，K のすべての証明をならべることができる．K のすべての証明をならべた列を

$$\mathcal{P}_1, \ \mathcal{P}_2, \ \mathcal{P}_3, \ \cdots\cdots$$

とせよ．論理式 A が K の定理であるのは，A がこの列のなかのいずれかの証明の最後の論理式になっているときであり，またそのときにかぎる．

また有限のフレームは，世界の個数や，到達可能性関係の個数が有限であるから，すべての有限のフレームをならべることができる（同型的なフレームは同じものとみなす）．すべての有限のフレームをならべた列を

$$\mathcal{F}_1, \ \mathcal{F}_2, \ \mathcal{F}_3, \ \cdots\cdots$$

とせよ．論理式 A が K の定理ではないのは，前定理の (1) より，A がこの列のなかのいずれかのフレームで非妥当である（いずれかのフレームにもとづくあるモデルにおけるある世界で偽になる）ときであり，またそのときにかぎる．そして，A が有限のフレームで非妥当であるかないかは有限回の手続きで確かめることができる．

任意の論理式 A が K の定理であるかないかの判定はつぎのようにする．上の 2 つの列をあわせた列

$$\mathcal{P}_1, \ \mathcal{F}_1, \ \mathcal{P}_2, \ \mathcal{F}_2, \ \mathcal{P}_3, \ \mathcal{F}_3, \ \cdots\cdots$$

を最初から順にたどっていって，A が，ある $\mathcal{P}_n$ の最後の論理式になっていると

きには，A は K の定理であると判定し，ある $\mathcal{F}_n$ で非妥当であるときには，A は K の定理ではないと判定する．こうして有限回の手続きで，A が定理であるかないかの判定ができるから，K は決定可能である．

T，B，S4，S5 が決定可能であることも同様にして示すことができる．T の場合，列 $\{\mathcal{P}_n\}$ は「T の」すべての証明の列であり，列 $\{\mathcal{F}_n\}$ はすべての有限の「反射的」フレームの列である．B，S4，S5 の場合もそれぞれ，同様に考える．　■

§6.　様相述語論理

様相述語論理の論理式には，様相命題論理の論理式がすべて含まれ，主語と述語の関係のような，命題の内部構造を表現する論理式が新たに加わる．様相述語論理の論理式を構成する基本記号はつぎのものである（必然性の記号 □ は論理記号に含まれるものとする）．

●**基本記号**

(1) 命題変項　p, q, r, ……

(2) 個体変項　x, y, z, ……

(3) 述語変項　単項述語変項　F^1, G^1, H^1, ……
　　　　　　　2 項述語変項　F^2, G^2, H^2, ……
　　　　　　　3 項述語変項　F^3, G^3, H^3, ……

(4) 論理記号　〜（でない），⊃（ならば），□（必然的），∀（すべての）

(5) 補助記号　カッコ (,) とコンマ ,

述語変項の肩つき数字は省略されることが多い．

様相述語論理の論理式は，つぎのように帰納的に定義される．

●**論理式**

(1) 命題変項は論理式である．

(2) $\mathbf{F}$ が n 項述語変項で，$\mathbf{x}_1$, …, $\mathbf{x}_n$ が個体変項のとき，$\mathbf{F}(\mathbf{x}_1, \cdots, \mathbf{x}_n)$ は論理式である．

(3) A が論理式ならば，$\sim\!A$，$\Box A$ も論理式である．

(4) A, B が論理式ならば，$(A \supset B)$ も論理式である．

(5) $\mathbf{x}$ が個体変項で，A が論理式ならば，$\forall\mathbf{x}A$ も論理式である．

(6) (1)〜(5) によって論理式とされるものだけが論理式である.

任意の論理式を表わす記号として A, B, C, S など,任意の命題変項を表わす記号として **p**, **q** など,任意の個体変項を表わす記号として **x**, **y**, **z** など,そして任意の述語変項を表わす記号として **F**, **G** などを用いる.

論理記号 $\lor$, $\land$, $\equiv$, $\Diamond$, $\exists$ は,つぎの定義によって導入されるものとする.左辺は右辺の省略的表現である.

$$(A \lor B) : (\sim A \supset B)$$
$$(A \land B) : \sim(A \supset \sim B)$$
$$(A \equiv B) : \sim((A \supset B) \supset \sim(B \supset A))$$
$$\Diamond A : \sim \Box \sim A$$
$$\exists \mathbf{x} A : \sim \forall \mathbf{x} \sim A$$

たとえばつぎのような記号列は,論理式(の省略的表現)である.

$$(p \lor \Box \sim q), \quad \forall x(p \supset \Box F(x)), \quad (\sim p \land \Diamond \exists x G(x))$$

しかしつぎのような記号列は,論理式(の省略的表現)ではない.

$$p \Box \lor q, \quad F(x) \supset \Box \forall x, \quad F(\Diamond p, x)$$

カッコを省略するための規約を定める.

(1) 論理式全体を囲むカッコは省略できる.

(2) 論理記号や限量子（$\forall \mathbf{x}$, $\exists \mathbf{x}$）の結合力は $\sim$, $\Box$, $\Diamond$, $\forall \mathbf{x}$, $\exists \mathbf{x}$ の5つが最も強く,以下 $\land$, $\lor$, $\supset$, $\equiv$ の順に弱くなるものとし,カッコを省略しても部分的表現の結合関係に変化が生じないかぎり,カッコを省略することができるものとする.

この規約を用いると,たとえば $((\forall x(F(x) \land p) \lor \Box(q \land r)) \equiv (q \supset r))$ のカッコは,$\forall x(F(x) \land p) \lor \Box(q \land r) \equiv q \supset r$ のように省略することができる.しかし,これ以上カッコを省略することはできない.これ以上カッコを省略すると,部分的表現の結合関係が変化してしまうからである.

論理式のなかに $\forall \mathbf{x} A$, $\exists \mathbf{x} A$ が含まれているとき,$\forall \mathbf{x}$, $\exists \mathbf{x}$ の直後の A の範囲（論理式 A を構成する最初の記号から最後の記号までの範囲）を,$\forall \mathbf{x}$, $\exists \mathbf{x}$ の「作用域」という.

論理式のなかで,「個体変項 **x** の現われ」が $\forall \mathbf{x}$, $\exists \mathbf{x}$ のなかにあるか,$\forall \mathbf{x}$, $\exists \mathbf{x}$

の作用域のなかにあるとき，**x** の現われは「束縛されている」といい，そうでは
ないとき，**x** の現われは「自由である」という．

　「個体変項 **x** の現われ」ではなく「個体変項 **x**」が束縛されている，自由であ
る，といういい方も認めることにしよう．そして，束縛されている個体変項を「束
縛変項」とよび，自由である個体変項を「自由変項」とよぶことにしよう．この
用語法を用いると，論理式

$$\forall x(\exists x(\Box p \land F(x)) \lor G(x,y)) \supset \Diamond F(x)$$

のなかに現われている個体変項 x, y のうち，左から $1 \sim 4$ 番目の x は，束縛され
ているから，束縛変項であり，5番目の x および y は，自由であるから，自由変
項である．

　様相述語論理の公理体系の基礎になる公理図式はつぎのものである．公理図式
をみたす論理式が**公理**である．

●公理図式

1. $A \supset (B \supset A)$
2. $(A \supset (B \supset C)) \supset ((A \supset B) \supset (A \supset C))$
3. $(\sim A \supset \sim B) \supset ((\sim A \supset B) \supset A)$
4. $\forall \mathbf{x} A(\mathbf{x}) \supset A(\mathbf{y})$
5. $\forall \mathbf{x}(A \supset B) \supset (A \supset \forall \mathbf{x} B)$　　　＊ A は自由変項 **x** を含まない．

公理図式 4 における $A(\mathbf{y})$ は，$A(\mathbf{x})$ のなかの自由変項 **x** に **y** を代入して得られ
る論理式である．**y** は代入の結果束縛されてはならない．

　様相述語論理の公理体系の変形規則はつぎのものである．

●変形規則

(1) 分離規則

　　A と $A \supset B$ から B を導くことができる．

(2) 必然化の規則

　　A から $\Box A$ を導くことができる．

(3) 一般化の規則

　　A から $\forall \mathbf{x} A$ を導くことができる．

　公理と変形規則から導かれる論理式が**定理**である．公理自身も定理とみなす．

　前記の 5 つの公理図式に公理図式

$$\mathbf{K} \quad \Box(A \supset B) \supset (\Box A \supset \Box B)$$

を加えて得られる公理体系（変形規則は (1)〜(3)）は K とよばれる．様相述語論理の多くの公理体系は，K に新しい公理図式を加えて得られる．新しい公理図式はたとえばつぎのような公理図式である．

$$\mathbf{T} \quad \Box A \supset A$$

$$\mathbf{B} \quad A \supset \Box \Diamond A$$

$$\mathbf{4} \quad \Box A \supset \Box \Box A$$

$$\mathbf{5} \quad \Diamond A \supset \Box \Diamond A$$

$$\mathbf{BF} \quad \forall \mathbf{x} \Box A \supset \Box \forall \mathbf{x} A \quad （バルカン式）$$

K に **T** を加えて得られる体系は T とよばれ，T に **B** を加えて得られる体系は B とよばれ，T に **4** を加えて得られる体系は S4 とよばれる．そして T に **5** を加えて得られる体系は S5 とよばれる．

$$T = K + \mathbf{T}, \quad B = T + \mathbf{B}, \quad S4 = T + \mathbf{4}, \quad S5 = T + \mathbf{5}$$

T は K の拡大であり，B，S4，S5 は T の拡大である．また S5 のなかで **B**，**4** が証明可能である（定理 1 を参照）から，S5 は B，S4 の拡大である．

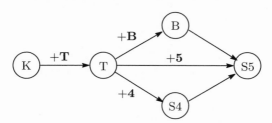

　K および，K に公理図式を加えて K を拡大した体系（T，B，S4，S5，K+**BF** など）を K$^+$ と書いて表わすことにする．

　すべてのトートロジーは体系 PL（第 2 章 §9）の定理であり，PL のすべての定理は K$^+$ の定理でもあるから，すべてのトートロジーは K$^+$ の定理である．また，$p \supset p$ の証明から $A \supset A$ の証明が得られるように，トートロジーの証明からトートロジーの命題変項に任意の論理式を代入したものの証明が得られるから，トートロジーの命題変項に任意の論理式を代入して得られる論理式も K$^+$ の定理

である.

A が K^+ の定理であることを，$K^+ \vdash A$ あるいは簡単に $\vdash A$ のように書いて表わす．また A が K^+ の特定の体系の定理であることを，$K \vdash A$, $T \vdash A$ のように書いて表わす．

論理式 $A_1 \supset (A_2 \supset \cdots \supset (A_n \supset B) \cdots)$ がトートロジーであるか，またはトートロジーに代入して得られる論理式であるとき，A_1, A_2, $\cdots$, A_n から B が**命題論理的に帰結する**という．

A_1, A_2, $\cdots$, A_n から B が命題論理的に帰結するとき，$\vdash A_1 \supset (A_2 \supset \cdots \supset (A_n \supset B) \cdots)$ だから，$\vdash A_1, \vdash A_2, \cdots, \vdash A_n$ ならば，$\vdash B$ である．

A_1, $\cdots$, A_n から B が命題論理的に帰結するとき，$\vdash A_1, \cdots, \vdash A_n$ から $\vdash B$ を導くことができるが，そのさい，「A_1, $\cdots$, A_n から B が命題論理的に帰結するから」と書く代わりに，簡単に，「命題論理的帰結により」と書くことにする．

●定理 13

BF（$\forall \mathbf{x} \square A \supset \square \forall \mathbf{x} A$）は B のなかで証明可能である．

証明

公理図式 4 より，$B \vdash \forall \mathbf{x} \square A \supset \square A$ であり，命題論理的帰結により，$B \vdash \sim \square A \supset \sim \forall \mathbf{x} \square A$ である．必然化の規則と **K** を用いて，$B \vdash \square \sim \square A \supset \square \sim \forall \mathbf{x} \square A$ であり，命題論理的帰結により，

$$B \vdash \sim \square \sim \forall \mathbf{x} \square A \supset \sim \square \sim \square A \quad \cdots\cdots\cdots\cdots\cdots\cdots\cdots\cdots\cdots (\bigstar)$$

である．また，$B \vdash A \supset \sim\sim A$ だから，必然化の規則と **K** を用いて，$B \vdash \square A \supset \square \sim\sim A$ であり，命題論理的帰結により，$B \vdash \sim \square \sim\sim A \supset \sim \square A$ である．もう一度，必然化の規則と **K** を用いて，$B \vdash \square \sim \square \sim\sim A \supset \square \sim \square A$ であり，命題論理的帰結により，

$$B \vdash \sim \square \sim \square A \supset \sim \square \sim \square \sim\sim A \quad \cdots\cdots\cdots\cdots\cdots\cdots\cdots\cdots\cdots (\bigstar\bigstar)$$

である．また **B** より，$B \vdash \sim A \supset \square \lozenge \sim A$ であり，命題論理的帰結により，$B \vdash \sim \square \lozenge \sim A \supset A$ すなわち

$$B \vdash \sim \square \sim \square \sim\sim A \supset A \quad \cdots\cdots\cdots\cdots\cdots\cdots\cdots\cdots\cdots (\bigstar\bigstar\bigstar)$$

である．ゆえに $(\bigstar)$, $(\bigstar\bigstar)$, $(\bigstar\bigstar\bigstar)$ から命題論理的帰結により，$B \vdash \sim \square \sim \forall \mathbf{x} \square A \supset A$ すなわち

$$\mathrm{B} \vdash \Diamond \forall \mathrm{x} \Box A \supset A$$

である．一般化の規則と公理図式 5 を用いて，$\mathrm{B} \vdash \Diamond \forall \mathrm{x} \Box A \supset \forall \mathrm{x} A$ であり，必然化の規則と $\mathbf{K}$ を用いて，

$$\mathrm{B} \vdash \Box \Diamond \forall \mathrm{x} \Box A \supset \Box \forall \mathrm{x} A$$

である．しかるに $\mathbf{B}$ より，

$$\mathrm{B} \vdash \forall \mathrm{x} \Box A \supset \Box \Diamond \forall \mathrm{x} \Box A$$

だから，命題論理的帰結により，$\mathrm{B} \vdash \forall \mathrm{x} \Box A \supset \Box \forall \mathrm{x} A$ である． ■

$\mathbf{BF}$ が B のなかで証明可能であり，S5（B の拡大）のなかでも証明可能であるから，B の定理の範囲と B+$\mathbf{BF}$ の定理の範囲は一致することになり，S5 の定理の範囲と S5+$\mathbf{BF}$ の定理の範囲も一致することになる．つまり B ＝ B + $\mathbf{BF}$，S5 ＝ S5 + $\mathbf{BF}$ である．

しかし $\mathbf{BF}$ は K や T や S4 のなかでは証明可能ではない（それを示すことは省略）から，K の定理の範囲と K+$\mathbf{BF}$ の定理の範囲は一致せず，T の定理の範囲と T+$\mathbf{BF}$ の定理の範囲も一致せず，また，S4 の定理の範囲と S4+$\mathbf{BF}$ の定理の範囲も一致しない．つまり K $\neq$ K+$\mathbf{BF}$，T $\neq$ T+$\mathbf{BF}$，S4 $\neq$ S4+$\mathbf{BF}$ である．

補足：A と $\sim A$ がともに定理として証明可能であるような論理式 A が存在するとき，その公理体系は「矛盾する」という．そして，そのような論理式 A が存在しないとき，その公理体系は「無矛盾である」という．公理体系 K+$\mathbf{BF}$，T+$\mathbf{BF}$，B+$\mathbf{BF}$，S4+$\mathbf{BF}$，S5+$\mathbf{BF}$ は，この意味において，無矛盾である．

K+$\mathbf{BF}$，T+$\mathbf{BF}$，B+$\mathbf{BF}$，S4+$\mathbf{BF}$，S5+$\mathbf{BF}$ が無矛盾であることを示すためには，S5+$\mathbf{BF}$（最も大きい体系）が無矛盾であることを示すだけでよい．S5+$\mathbf{BF}$ が無矛盾であることはつぎのようにして示すことができる．論理式 A（基本記号のみで書かれている）のなかの $\Box$ をすべて消去して得られる，A の変換式 A^* を考える．S5+$\mathbf{BF}$ のすべての公理の変換式は体系 FL（第 3 章 §8）の定理になり，S5+$\mathbf{BF}$ のすべての変形規則の前提の変換式が FL の定理ならば結論の変換式も FL の定理になるから，S5+$\mathbf{BF}$ の公理と変形規則から導かれるすべての定理の変換式は FL の定理になる．いま，S5+$\mathbf{BF}$ が矛盾を含むと仮定すると，A と $\sim A$ がともに定理であるような論理式 A が存在し，A^* と $\sim A^*$ がともに FL の定理にならなければならないが，FL が無矛盾であることが示されている（75 ページ）から，これは不可能である．ゆえに，S5+$\mathbf{BF}$ は無矛盾である．

§7. 意味論

第 3 章 (述語論理) の「解釈」にあたるものが「モデル」である.
様相述語論理の **モデル** には, つぎのものが用いられる.

W: すべての世界の集合 (空ではない)

R: 世界のあいだになりたつ関係

D: 個体領域 (空ではない)

V: 命題変項に世界の集合 (W の部分集合) を対応させ, 個体変項に個体 (D の元) を対応させ, n 項述語変項に n 個の個体と世界との $n+1$ 項組の集合 ($D^n \times W$ の部分集合) を対応させるような付値関数

W, R, D, V の 4 項組 $\langle W, R, D, V \rangle$ が, 様相述語論理のモデルである. W, R の 2 項組 $\langle W, R \rangle$ は **フレーム** とよばれる.

「論理式 A がモデル $\langle W, R, D, V \rangle$ における世界 $w \in W$ で真である」
(簡単に $V, w \models A$ で表わす) ということを, つぎの (1)〜(6) のように定義する.
$V[\mathbf{x}\,|\,a]$ は, $\mathbf{x}$ にたいする値が $a \in D$ で, 他の個体変項や命題変項や述語変項にたいする値は V と同じであるような付値関数である.

(1) $V, w \models \mathbf{p} \Leftrightarrow w \in V(\mathbf{p})$

(2) $V, w \models \mathbf{F}(\mathbf{x}_1, \cdots, \mathbf{x}_n) \Leftrightarrow \langle V(\mathbf{x}_1), \cdots, V(\mathbf{x}_n), w \rangle \in V(\mathbf{F})$

(3) $V, w \models \sim A \Leftrightarrow V, w \not\models A$

(4) $V, w \models A \supset B \Leftrightarrow V, w \not\models A$ または $V, w \models B$

(5) $V, w \models \Box A \Leftrightarrow wRw'$ であるようなすべての $w' \in W$ について $V, w' \models A$

(6) $V, w \models \forall \mathbf{x} A \Leftrightarrow$ すべての $a \in D$ について $V[\mathbf{x}\,|\,a], w \models A$

$A \vee B$, $A \wedge B$, $A \equiv B$, $\Diamond A$, $\exists \mathbf{x} A$ は $\sim$, $\supset$, $\Box$, $\forall$ を用いて書きなおすことができるから (127 ページ), 定義 (3)〜(6) より, つぎのことが導かれる.

(7) $V, w \models A \vee B \Leftrightarrow V, w \models A$ または $V, w \models B$

(8) $V, w \models A \wedge B \Leftrightarrow V, w \models A$ かつ $V, w \models B$

(9) $V, w \models A \equiv B \Leftrightarrow V, w \models A$ 同値 $V, w \models B$

(10) $V, w \models \Diamond A \Leftrightarrow wRw'$ であるようなある $w' \in W$ が存在して $V, w' \models A$

(11) $V, w \models \exists \mathbf{x} A \Leftrightarrow$ ある $a \in D$ が存在して $V[\mathbf{x}\,|\,a], w \models A$

つぎのような W と R と D と V をもつモデル $\langle W, R, D, V \rangle$ を考えてみよう（w_1, w_2 は異なる世界であり，x, F 以外の変項にたいする V の値は適当なものをとる）.

$W = \{w_1, w_2\}$

$R = \{\langle w_1, w_1 \rangle, \langle w_2, w_2 \rangle\}$

$D = \{1, 2\}$

$V(x) = 1$, $V(F) = \{\langle 1, w_1 \rangle, \langle 2, w_1 \rangle, \langle 2, w_2 \rangle\}$

このモデルにおいて，$\langle V(x), w_1 \rangle \in V(F)$ だから，$V, w_1 \models F(x)$ である．しかし，$\langle V(x), w_2 \rangle \notin V(F)$ だから，$V, w_2 \not\models F(x)$ である．

また，$w_1 R w'$ であるようなすべての w'（w_1）について $V, w' \models F(x)$ だから，$V, w_1 \models \Box F(x)$ である．しかし，$w_2 R w'$ であるようなある w'（w_2）について $V, w' \not\models F(x)$ だから，$V, w_2 \not\models \Box F(x)$ である．

また，すべての $a \in \{1, 2\}$ について $\langle a, w_1 \rangle \in V(F)$ だから，$V, w_1 \models \forall x F(x)$ である．しかし，ある $a \in \{1, 2\}$ について $\langle a, w_2 \rangle \notin V(F)$ だから，$V, w_2 \not\models \forall x F(x)$ である．

モデル $\langle W, R, D, V \rangle$ を決めただけでは，論理式の真偽は決まらない．モデル $\langle W, R, D, V \rangle$ を決め，世界 $w \in W$ を決めることによって，すべての論理式の真偽が決まる．

フレーム $\langle W, R \rangle$ をもつモデル $\langle W, R, D, V \rangle$ を，「フレーム $\langle W, R \rangle$ にもとづくモデル」という．

「A がモデル $\langle W, R, D, V \rangle$ で**妥当**である」とは，すべての $w \in W$ について $V, w \models A$ である，ということである．

また「A がフレーム $\langle W, R \rangle$ で**妥当**である」とは，A がフレーム $\langle W, R \rangle$ にもとづくすべてのモデル $\langle W, R, D, V \rangle$ で妥当である，ということである．

ここで，後の議論で必要になる 2 つの定理（定理 14，15）を証明しておく．

●定理 14（一致の原理）

個体変項にたいする値のみが異なっているような 2 つの付値関数を V, V' とする．論理式 A が $\mathbf{x}_1$, $\cdots$, $\mathbf{x}_n$ 以外の自由変項を含まないとき，

$V(\mathbf{x}_1) = V'(\mathbf{x}_1)$, $\cdots$, $V(\mathbf{x}_n) = V'(\mathbf{x}_n)$

ならば, $V, w \models A \Leftrightarrow V', w \models A$ である.

証明

A のなかの論理記号の個数についての帰納法によって証明する.

1) A が $\mathbf{p}$ のとき.

$$V, w \models \mathbf{p} \Leftrightarrow w \in V(\mathbf{p}) \Leftrightarrow w \in V'(\mathbf{p}) \Leftrightarrow V', w \models \mathbf{p}$$

2) A が $\mathbf{F}(\mathbf{y}_1, \cdots, \mathbf{y}_m)$ で $\{\mathbf{y}_1, \cdots, \mathbf{y}_m\} \subseteq \{\mathbf{x}_1, \cdots, \mathbf{x}_n\}$ のとき.

$$\begin{aligned} V, w \models \mathbf{F}(\mathbf{y}_1, \cdots, \mathbf{y}_m) &\Leftrightarrow \langle V(\mathbf{y}_1), \cdots, V(\mathbf{y}_m), w \rangle \in V(\mathbf{F}) \\ &\Leftrightarrow \langle V'(\mathbf{y}_1), \cdots, V'(\mathbf{y}_m), w \rangle \in V'(\mathbf{F}) \\ &\Leftrightarrow V', w \models \mathbf{F}(\mathbf{y}_1, \cdots, \mathbf{y}_m) \end{aligned}$$

3) A が $\sim B$ のとき. 4) A が $B \supset C$ のとき. 5) A が $\forall \mathbf{y} B$ のとき. 前章の定理 1 (78 ページ) の証明の 3)〜5) と同じようにすればよい. ただし, $V \models$ を $V, w \models$ に, $V \not\models$ を $V, w \not\models$ に書きかえるなどの変更が必要である.

6) A が $\Box B$ のとき. 帰納法の仮定を用いて,

$$\begin{aligned} V, w \models \Box B &\Leftrightarrow wRw' であるようなすべての w' \in W について V, w' \models B \\ &\Leftrightarrow wRw' であるようなすべての w' \in W について V', w' \models B \\ &\Leftrightarrow V', w \models \Box B \end{aligned}$$ ■

●定理 15（置換の原理）

任意の論理式 $A(\mathbf{x})$ にたいして,

$$V[\mathbf{x}| V(\mathbf{y})], w \models A(\mathbf{x}) \Leftrightarrow V, w \models A(\mathbf{y})$$

である.

証明

$A(\mathbf{x})$ のなかの論理記号の個数についての帰納法によって証明する. $V' = V[\mathbf{x}| V(\mathbf{y})]$ とおく.

1) $A(\mathbf{x})$ が $\mathbf{p}$ のとき. $A(\mathbf{y})$ も $\mathbf{p}$ だから,

$$V', w \models A(\mathbf{x}) \Leftrightarrow w \in V'(\mathbf{p}) \Leftrightarrow w \in V(\mathbf{p}) \Leftrightarrow V, w \models A(\mathbf{y})$$

2) $A(\mathbf{x})$ が $\mathbf{F}(\mathbf{x}_1, \cdots, \mathbf{x}_n)$ のとき. $\mathbf{x}_i{}^* = \begin{cases} \mathbf{y} & \mathbf{x}_i = \mathbf{x} \text{ のとき} \\ \mathbf{x}_i & \mathbf{x}_i \neq \mathbf{x} \text{ のとき} \end{cases}$

とすると, $A(\mathbf{y})$ は $\mathbf{F}(\mathbf{x}_1{}^*, \cdots, \mathbf{x}_n{}^*)$ と同形（同じ形）で, $\mathbf{x}_i = \mathbf{x}$ のときは,

$\underline{V'(\mathbf{x}_i) = V(\mathbf{y}) = \underline{V(\mathbf{x}_i{}^*)}}$, $\mathbf{x}_i \neq \mathbf{x}$ のときも, $\underline{V'(\mathbf{x}_i) = V(\mathbf{x}_i) = \underline{V(\mathbf{x}_i{}^*)}}$ だから,

$$V', w \models A(\mathbf{x}) \Leftrightarrow \langle V'(\mathbf{x}_1), \cdots, V'(\mathbf{x}_n), w \rangle \in V'(\mathbf{F})$$
$$\Leftrightarrow \langle V(\mathbf{x}_1{}^*), \cdots, V(\mathbf{x}_n{}^*), w \rangle \in V(\mathbf{F})$$
$$\Leftrightarrow V, w \models \mathbf{F}(\mathbf{x}_1{}^*, \cdots, \mathbf{x}_n{}^*)$$
$$\Leftrightarrow V, w \models A(\mathbf{y})$$

3) $A(\mathbf{x})$ が $\sim B(\mathbf{x})$ のとき. 4) $A(\mathbf{x})$ が $B(\mathbf{x}) \supset C(\mathbf{x})$ のとき. 5) $A(\mathbf{x})$ が $\forall \mathbf{z} B(\mathbf{x})$ のとき. 前章の定理 2（80 ページ）の証明の 3)～5) と同じようにすればよい. ただし, $V \models$ を $V, w \models$ に, $V \not\models$ を $V, w \not\models$ に書きかえるなどの変更が必要である.

6) $A(\mathbf{x})$ が $\Box B(\mathbf{x})$ のとき. 帰納法の仮定を用いて,

$$V', w \models A(\mathbf{x})$$
$$\Leftrightarrow wRw' \text{ であるようなすべての } w' \in W \text{ について } V', w' \models B(\mathbf{x})$$
$$\Leftrightarrow wRw' \text{ であるようなすべての } w' \in W \text{ について } V, w' \models B(\mathbf{y})$$
$$\Leftrightarrow V, w \models A(\mathbf{y}) \qquad \blacksquare$$

§8. 健全性

「到達可能性関係 R が **反射的**，**対称的**，**推移的** である」をつぎのように定義する（108 ページの定義と同じ）.

R は反射的である $\Leftrightarrow \forall w \in W(wRw)$

R は対称的である $\Leftrightarrow \forall w, w' \in W(wRw' \text{ ならば } w'Rw)$

R は推移的である $\Leftrightarrow \forall w, w', w'' \in W(wRw' \text{ かつ } w'Rw'' \text{ ならば, } wRw'')$

反射的，対称的，推移的な R をもつフレーム $\langle W, R \rangle$ を，「反射的，対称的，推移的なフレーム」といい，モデル $\langle W, R, D, V \rangle$ を，「反射的，対称的，推移的なモデル」という.

●定理 16

(1) 公理図式 1～5 をみたす論理式はすべてのフレームで妥当である.

(2) A と $A \supset B$ がフレーム $\langle W, R \rangle$ で妥当ならば，B も $\langle W, R \rangle$ で妥当である.

(3) A がフレーム $\langle W, R \rangle$ で妥当ならば，$\Box A$ も $\langle W, R \rangle$ で妥当である.

(4) A がフレーム $\langle W, R \rangle$ で妥当ならば，$\forall \mathbf{x} A$ も $\langle W, R \rangle$ で妥当である.

証明

(1) 公理図式 1〜3 をみたす論理式がすべてのフレームで妥当であることは，定理 2（109 ページ）の (1) の証明と同じようにして示される．

　公理図式 4 をみたす論理式 $\forall \mathbf{x} A(\mathbf{x}) \supset A(\mathbf{y})$ がすべてのフレームで妥当であることを示す．$\forall \mathbf{x} A(\mathbf{x}) \supset A(\mathbf{y})$ がフレーム $\langle W, R \rangle$ で妥当ではないと仮定すると，あるモデル $\langle W, R, D, V \rangle$ とある世界 $w \in W$ が存在して，$V, w \models \forall \mathbf{x} A(\mathbf{x})$，$V, w \not\models A(\mathbf{y})$ である．$V' = V[\mathbf{x} \mid V(\mathbf{y})]$ とすると，前定理より，$V', w \not\models A(\mathbf{x})$ であるが，これは $V, w \models \forall \mathbf{x} A(\mathbf{x})$ と矛盾する．

　公理図式 5 をみたす論理式 $\forall \mathbf{x}(A \supset B) \supset (A \supset \forall \mathbf{x} B)$（ただし A は自由変項 $\mathbf{x}$ を含まない）がすべてのフレームで妥当であることを示す．$\forall \mathbf{x}(A \supset B) \supset (A \supset \forall \mathbf{x} B)$ がフレーム $\langle W, R \rangle$ で妥当ではないと仮定すると，あるモデル $\langle W, R, D, V \rangle$ とある世界 $w \in W$ が存在して，$V, w \models \forall \mathbf{x}(A \supset B)$，$V, w \models A$，$V, w \not\models \forall \mathbf{x} B$ である．$V, w \not\models \forall \mathbf{x} B$ より，ある $V' = V[\mathbf{x} \mid a]$ $(a \in D)$ が存在して，$V', w \not\models B$ である．A の自由変項（$\mathbf{x}$ ではない）にたいする V の値は V' の値と同じであり，$V, w \models A$ であるから，定理 14 より，$V', w \models A$ である．しかしこのとき，$V', w \not\models A \supset B$ となって，$V, w \models \forall \mathbf{x}(A \supset B)$ と矛盾する．

(2), (3) 定理 2（109 ページ）の (2), (3) の証明と同じようにすればよい．ただし，モデル $\langle W, R, V \rangle$ を $\langle W, R, D, V \rangle$ に書きかえ，$w \models$ を $V, w \models$ に，$w \not\models$ を $V, w \not\models$ に書きかえるなどの変更が必要である．

(4) A が $\langle W, R \rangle$ で妥当で，$\forall \mathbf{x} A$ が $\langle W, R \rangle$ で妥当ではないと仮定すると，あるモデル $\langle W, R, D, V \rangle$ とある世界 $w \in W$ が存在して，$V, w \not\models \forall \mathbf{x} A$ であり，ある $V' = V[\mathbf{x} \mid a]$ $(a \in D)$ が存在して，$V', w \not\models A$ である．しかしこれは，A が $\langle W, R \rangle$ で妥当である（したがって $\langle W, R, D, V' \rangle$ で妥当である）という仮定と矛盾する．　■

●健全性定理

　任意の論理式 A について，つぎのことがなりたつ．

(1) K+$\mathbf{BF}$ $\vdash A$ $\Rightarrow$ A はすべてのフレームで妥当である．

(2) T+$\mathbf{BF}$ $\vdash A$ $\Rightarrow$ A はすべての反射的フレームで妥当である．

(3) B+$\mathbf{BF}$ $\vdash A$ $\Rightarrow$ A はすべての反射的・対称的フレームで妥当である．

(4) S4+$\mathbf{BF}$ $\vdash A$ $\Rightarrow$ A はすべての反射的・推移的フレームで妥当である．

(5) S5+**BF** $\vdash A$ $\Rightarrow$ A はすべての反射的・対称的・推移的フレームで妥当である.

証明

(1) **K**，**BF** がすべてのフレームで妥当であることを示せば十分である．なぜなら前定理より，公理図式 1～5 をみたす公理はすべてのフレームで妥当であり，変形規則（分離規則，必然化の規則，一般化の規則）はすべてのフレームで妥当であるという性質を保存するからである．

K がすべてのフレームで妥当であることは，§3 の健全性定理（109 ページ）の (1) の証明の後半と同じようにして示すことができる．ただし，モデル $\langle W, R, V \rangle$ を $\langle W, R, D, V \rangle$ に書きかえ，$w \models$ を $V, w \models$ に，$w \not\models$ を $V, w \not\models$ に書きかえるなどの変更が必要である．

BF（$\forall \mathbf{x} \Box A \supset \Box \forall \mathbf{x} A$）がすべてのフレームで妥当であることを示す．**BF** がフレーム $\langle W, R \rangle$ で妥当ではないと仮定すると，あるモデル $\langle W, R, D, V \rangle$ とある世界 $w \in W$ が存在して，$V, w \models \forall \mathbf{x} \Box A$，$V, w \not\models \Box \forall \mathbf{x} A$ である．$V, w \not\models \Box \forall \mathbf{x} A$ より，$w R w'$ であるようなある $w' \in W$ が存在して，$V, w' \not\models \forall \mathbf{x} A$ であり，したがってある $V' = V[\mathbf{x}|a]$ が存在して，$V', w' \not\models A$ である．しかしこのとき，$V', w \not\models \Box A$ となって，$V, w \models \forall \mathbf{x} \Box A$ と矛盾する．

(2) **T** がすべての反射的フレームで妥当であることを示せば十分である．なぜなら前定理と (1) より，公理図式 1～5 と **K**，**BF** をみたす論理式はすべての反射的フレームで妥当であり，変形規則はすべての反射的フレームで妥当であるという性質を保存するからである．

T がすべての反射的フレームで妥当であることは，§3 の健全性定理（109 ページ）の (2) の証明の後半と同じようにして示すことができる．

(3) **B** がすべての対称的フレームで妥当である（すべての対称的フレームで妥当であれば，すべての反射的・対称的フレームでも妥当である）ことを示せば十分である．なぜなら前定理と (1)，(2) より，公理図式 1～5 と **K**，**T**，**BF** をみたす論理式はすべての反射的・対称的フレームで妥当であり，変形規則はすべての反射的・対称的フレームで妥当であるという性質を保存するからである．

B がすべての対称的フレームで妥当であることは，§3 の健全性定理（109 ページ）の (3) の証明の後半と同じようにして示すことができる．

(4) **4** がすべての推移的フレームで妥当である（すべての推移的フレームで妥当であれば，すべての反射的・推移的フレームでも妥当である）ことを示せば十分である．なぜなら前定理と (1)，(2) より，公理図式 1〜5 と **K**，**T**，**BF** をみたす論理式はすべての反射的・推移的フレームで妥当であり，変形規則はすべての反射的・推移的フレームで妥当であるという性質を保存するからである．

4 がすべての推移的フレームで妥当であることは，§3 の健全性定理（109 ページ）の (4) の証明の後半と同じようにして示すことができる．

(5) **5** がすべての対称的・推移的フレームで妥当である（すべての対称的・推移的フレームで妥当であれば，すべての反射的・対称的フレームでも妥当である）ことを示せば十分である．なぜなら前定理と (1)，(2) より，公理図式 1〜5 と **K**，**T**，**BF** をみたす論理式はすべての反射的・対称的・推移的フレームで妥当であり，変形規則はすべての反射的・対称的・推移的フレームで妥当であるという性質を保存するからである．

5 がすべての対称的・推移的フレームで妥当であることは，§3 の健全性定理（109 ページ）の (5) の証明の後半と同じようにして示すことができる．　　■

§9.　完全性

健全性定理の逆，すなわち，任意の論理式 A について，A がすべてのフレームで妥当ならば K+BF $\vdash A$ である，A がすべての反射的フレームで妥当ならば T+**BF** $\vdash A$ である，……などはいえないであろうか．これがいえることを主張するのが「完全性定理」である．完全性定理を証明するためにはいくらかの準備が必要である．

●定理 17

(1) $\vdash A \supset B$ ならば $\vdash \forall \mathbf{x} A \supset \forall \mathbf{x} B$.

(2) $\vdash A \equiv B$ ならば $\vdash \forall \mathbf{x} A \equiv \forall \mathbf{x} B$.

(3) $A(\mathbf{x})$ が自由変項 $\mathbf{y}$ を含まないとき，$\vdash \forall \mathbf{x} A(\mathbf{x}) \equiv \forall \mathbf{y} A(\mathbf{y})$.

(4) B が自由変項 $\mathbf{y}$ を含まないとき，$\vdash A \supset B$ ならば $\vdash {\sim} \forall \mathbf{y} {\sim} A \supset B$.

(5) $A(\mathbf{x})$ が自由変項 $\mathbf{y}$ を含まないとき，$\vdash {\sim} \forall \mathbf{y} {\sim} (A(\mathbf{y}) \supset \forall \mathbf{x} A(\mathbf{x}))$.

証明

前章の定理 4（83 ページ）の (1)〜(5) の証明と同じようにすればよい．　　■

●定理 18 （同値定理）

$\vdash A \equiv A'$ とし，論理式 S のなかに含まれる A を何個所か A' で置きかえて得られる論理式を S' とするとき，$\vdash S \equiv S'$ である．

証明

前章の定理 5（84 ページ）の証明と同じようにすればよい．ただし，1)〜5) につぎの場合を加える．

6) S が $\Box S_1$ で，S_1 にたいして置きかえを行なうとき．帰納法の仮定によって，$\vdash S_1 \equiv S_1'$ であり，命題論理的帰結により，$\vdash S_1 \supset S_1'$，$\vdash S_1' \supset S_1$ である．必然化の規則と **K** を用いて，$\vdash \Box S_1 \supset \Box S_1'$，$\vdash \Box S_1' \supset \Box S_1$ であり，命題論理的帰結により，$\vdash \Box S_1 \equiv \Box S_1'$ である．ゆえに $\vdash S \equiv S'$ である． ■

●定理 19 （束縛変項の書きかえ）

論理式 S のなかに含まれる $\forall \mathbf{x} A(\mathbf{x})$ を何個所か $\forall \mathbf{y} A(\mathbf{y})$（$\mathbf{y}$ は $A(\mathbf{x})$ の自由変項ではない）で置きかえて得られる論理式を S' とするとき，$\vdash S \equiv S'$ である．

証明

$\mathbf{y}$ は $A(\mathbf{x})$ の自由変項ではない（$A(\mathbf{x})$ が自由変項 $\mathbf{y}$ を含まない）から，定理 17 の (3) より，$\vdash \forall \mathbf{x} A(\mathbf{x}) \equiv \forall \mathbf{y} A(\mathbf{y})$ である．ゆえに前定理より，$\vdash S \equiv S'$ である． ■

この定理により，論理式 S の自由変項 $\mathbf{x}$ に $\mathbf{y}$ を代入すると $\mathbf{y}$ が束縛されるようになるとき，S の束縛変項を書きかえることによって，S^* の自由変項 $\mathbf{x}$ に $\mathbf{y}$ を代入しても $\mathbf{y}$ が束縛されるようにはならず，しかも $\vdash S \equiv S^*$ であるような S^* を作ることができる．

論理式の集合が「K^+ にたいして**矛盾する**」，「K^+ にたいして**無矛盾である**」ということを定義する．論理式の有限集合 $\{A_1, \cdots, A_n\}$ が K^+ にたいして矛盾するとは，$\mathrm{K}^+ \vdash \sim (A_1 \wedge \cdots \wedge A_n)$ であるということであり，K^+ にたいして無矛盾であるとは，$\mathrm{K}^+ \not\vdash \sim (A_1 \wedge \cdots \wedge A_n)$ であるということである．また論理式の無限集合 $\varGamma$ が K^+ にたいして矛盾するとは，$\varGamma$ のある有限部分集合が K^+ にたいして矛盾するということであり，K^+ にたいして無矛盾であるとは，$\varGamma$ のすべての有限部分集合が K^+ にたいして無矛盾であるということである．

「K^+ にたいして矛盾する」，「K^+ にたいして無矛盾である」を，通常は簡単に，「矛盾する」，「無矛盾である」のように書く．

Γ と Δ が論理式の集合で，$\Gamma \subseteq \Delta$ のとき，Γ が矛盾するならば Δ も矛盾する．（これは明らか．113 ページ参照.）したがって $\Gamma \subseteq \Delta$ のとき，Δ が無矛盾ならば Γ も無矛盾である．

$\forall \mathbf{x} A(\mathbf{x})$ の形のすべての論理式（すべての全称式）にたいして，それぞれ，

$$(A(\mathbf{y}) \supset \forall \mathbf{x} A(\mathbf{x})) \in \Gamma$$

であるような個体変項 $\mathbf{y}$ が存在するとき，論理式の集合 Γ は**ヘンキン集合**であるという．Γ がヘンキン集合ならば，Γ を包含する集合もヘンキン集合であることは明らかである．

●定理 20（ヘンキン集合の定理）

論理式の有限集合 Θ が無矛盾ならば，Θ を包含する無矛盾なヘンキン集合 Δ が存在する．

証明

前章の定理 7（86 ページ）の証明と同じようにすればよい．　　　　■

論理式の集合 Γ が（K^+ にたいして）無矛盾であり，Γ に含まれない任意の論理式を 1 つでも Γ につけ加えるならば（K^+ にたいして）無矛盾ではなくなるとき，Γ は（K^+ にたいして）**極大無矛盾な集合**であるという．

●リンデンバウムの補題

論理式の集合 Δ が無矛盾ならば，Δ を包含する極大無矛盾な集合 Γ が存在する．

証明

前章のリンデンバウムの補題（87 ページ）の証明と同じようにすればよい．　■

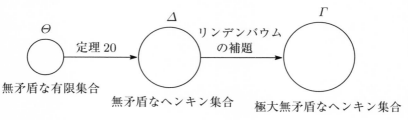

●定理 21

Γ が極大無矛盾な集合であるとき，Γ はつぎの性質をみたす．A, B は任意の論理式である．

(1) $A \in \Gamma$ または $\sim A \in \Gamma$.

(2) $A \in \Gamma$ かつ $\sim A \in \Gamma$，ではない.

(3) $\vdash A$ ならば $A \in \Gamma$.

(4) $A \in \Gamma$ かつ $(A \supset B) \in \Gamma$ ならば，$B \in \Gamma$.

(5) $\Box(A \supset B) \in \Gamma$ ならば $(\Box A \supset \Box B) \in \Gamma$.

(6) $\Box A \in \Gamma$ かつ $\vdash A \supset B$ ならば，$\Box B \in \Gamma$.

証明

(1)〜(4) 前章の定理 8（88 ページ）の (1)〜(4) の証明と同じようにすればよい.

(5) **K** と (3) より，$(\Box(A \supset B) \supset (\Box A \supset \Box B)) \in \Gamma$ である．ゆえに $\Box(A \supset B) \in \Gamma$ ならば，(4) より，$(\Box A \supset \Box B) \in \Gamma$ である.

(6) $\vdash A \supset B$ ならば，必然化の規則と (3) より，$\Box(A \supset B) \in \Gamma$ であり，(5) より，$(\Box A \supset \Box B) \in \Gamma$ である．ゆえに $\Box A \in \Gamma$ かつ $\vdash A \supset B$ ならば，$\Box A \in \Gamma$ かつ $(\Box A \supset \Box B) \in \Gamma$ であり，(4) より，$\Box B \in \Gamma$ である． ∎

●定理 22

$$\vdash \Box A_1 \wedge \cdots \wedge \Box A_n \supset \Box(A_1 \wedge \cdots \wedge A_n)$$

証明

定理 4（114 ページ）の証明と同じようにすればよい． ∎

●定理 23

Γ が無矛盾で $\sim \Box A \in \Gamma$ ならば，$\{B \mid \Box B \in \Gamma\} \cup \{\sim A\}$ も無矛盾である.

証明

定理 5（115 ページ）の証明と同じようにすればよい． ∎

●定理 24

Γ が **BF** を含む K^+ にたいして極大無矛盾なヘンキン集合で，$\sim \Box A \in \Gamma$ ならば，$\{B \mid \Box B \in \Gamma\} \cup \{\sim A\} \subseteq \Delta$ であるような（K^+ にたいして）無矛盾なヘンキン集合 Δ が存在する.

証明

$\forall \mathbf{x} A(\mathbf{x})$ の形のすべての論理式（すべての全称式）をならべた列を

$$\forall \mathbf{x}_1 A_1(\mathbf{x}_1), \ \forall \mathbf{x}_2 A_2(\mathbf{x}_2), \ \cdots\cdots$$

とする．そして，論理式の集合の列 Δ_1，Δ_2，$\cdots$ および Δ をつぎのように定義

する.

$$\Delta_1 = \{B \mid \Box B \in \Gamma\} \cup \{\sim A\}$$
$$\Delta_{n+1} = \Delta_n \cup \{A_n(\mathbf{y}_n) \supset \forall \mathbf{x}_n A_n(\mathbf{x}_n)\}$$
$$\Delta = \Delta_1 \cup \Delta_2 \cup \cdots$$

ここで $\mathbf{y}_n$ は，$\underline{\Delta_{n+1}\ が無矛盾であるような個体変項である.}$
$A_n(\mathbf{y}_n) \supset \forall \mathbf{x}_n A_n(\mathbf{x}_n)$ を C_n で表わすことにすると，

$$\Delta_{n+1} = \Delta_n \cup \{C_n\}$$
$$= \{B \mid \Box B \in \Gamma\} \cup \{\sim A\} \cup \{C_1, \cdots, C_n\}$$
$$\Delta = \{B \mid \Box B \in \Gamma\} \cup \{\sim A\} \cup \{C_1, C_2, \cdots\}$$

である.

　Δ_1, Δ_2, $\cdots$ をすべてたどることができるならば，Δ は，$\{B \mid \Box B \in \Gamma\} \cup \{\sim A\}$ を包含し，すべての C_n を含んでいるから，ヘンキン集合である．また，すべての Δ_n が無矛盾であるから，Δ も無矛盾である．それゆえ，Δ_1, Δ_2, $\cdots$ をすべてたどることができること，すなわち，$\underline{\Delta_1\ が無矛盾であり，\Delta_n\ が無矛盾ならば，\Delta_{n+1}\ が無矛盾であるような\ \mathbf{y}_n\ が存在すること}$ を示せばよい．Δ_1 が無矛盾であることは前定理よりわかるから，Δ_{n+1} が無矛盾であるような $\mathbf{y}_n$ が存在しないならば，Δ_n が矛盾することを示す.

　Δ_{n+1} が無矛盾であるような $\mathbf{y}_n$ が存在しないとせよ．$A_n(\mathbf{x}_n)$ の自由変項 $\mathbf{x}_n$ に代入したとき束縛されないようなどのような $\mathbf{y}$ をとっても，

$$\Delta_{n+1} = \{B \mid \Box B \in \Gamma\} \cup \{\sim A\} \cup \{C_1, \cdots, C_{n-1}, A_n(\mathbf{y}) \supset \forall \mathbf{x}_n A_n(\mathbf{x}_n)\}$$

が矛盾するから，$\{B \mid \Box B \in \Gamma\}$ の有限部分集合 $\{B_1, \cdots, B_m\}$ が存在して，

$$\vdash \sim (B_1 \wedge \cdots \wedge B_m \wedge \sim A \wedge C_1 \wedge \cdots \wedge C_{n-1} \wedge (A_n(\mathbf{y}) \supset \forall \mathbf{x}_n A_n(\mathbf{x}_n)))$$

である．$\sim A \wedge C_1 \wedge \cdots \wedge C_{n-1}$ を D で表わすことにすると，

$$\vdash \sim (B_1 \wedge \cdots \wedge B_m \wedge D \wedge (A_n(\mathbf{y}) \supset \forall \mathbf{x}_n A_n(\mathbf{x}_n)))$$

であり，命題論理的帰結により，

$$\vdash B_1 \wedge \cdots \wedge B_m \supset (D \supset \sim (A_n(\mathbf{y}) \supset \forall \mathbf{x}_n A_n(\mathbf{x}_n)))$$

である．必然化の規則と $\mathbf{K}$ と定理 22 を用いて，

$$\vdash \Box B_1 \wedge \cdots \wedge \Box B_m \supset \Box (D \supset \sim (A_n(\mathbf{y}) \supset \forall \mathbf{x}_n A_n(\mathbf{x}_n)))$$

であり，命題論理的帰結により，

$$\vdash \Box B_1 \supset (\Box B_2 \supset \cdots \supset (\Box B_m \supset \Box(D \supset \sim (A_n(\mathbf{y}) \supset \forall \mathbf{x}_n A_n(\mathbf{x}_n)))) \cdots)$$

であり，ゆえに，定理 21 の (3)，(4) と $\Box B_1, \cdots, \Box B_m \in \Gamma$ より，

$$\Box(D \supset \sim (A_n(\mathbf{y}) \supset \forall \mathbf{x}_n A_n(\mathbf{x}_n))) \in \Gamma \qquad \text{················ } (\bigstar)$$

である．Γ はヘンキン集合だから，D，$\forall \mathbf{x}_n A_n(\mathbf{x}_n)$ に含まれない $\mathbf{z}$ にたいして，

$$(\Box(D \supset \sim (A_n(\mathbf{y}) \supset \forall \mathbf{x}_n A_n(\mathbf{x}_n))) \supset$$
$$\forall \mathbf{z} \Box(D \supset \sim (A_n(\mathbf{z}) \supset \forall \mathbf{x}_n A_n(\mathbf{x}_n)))) \in \Gamma$$

であるような $\mathbf{y}$ が存在し，この $\mathbf{y}$ にたいしても ($\bigstar$) がなりたつから，定理 21 の (4) より，

$$\forall \mathbf{z} \Box(D \supset \sim (A_n(\mathbf{z}) \supset \forall \mathbf{x}_n A_n(\mathbf{x}_n))) \in \Gamma$$

である．**BF** と定理 21 の (3)，(4) より，

$$\Box \forall \mathbf{z}(D \supset \sim (A_n(\mathbf{z}) \supset \forall \mathbf{x}_n A_n(\mathbf{x}_n))) \in \Gamma$$

であり，$\mathbf{z}$ は D に含まれないから，公理図式 5 と定理 21 の (6) より，

$$\Box(D \supset \forall \mathbf{z} \sim (A_n(\mathbf{z}) \supset \forall \mathbf{x}_n A_n(\mathbf{x}_n))) \in \Gamma$$

である．再び定理 21 の (6) より，

$$\Box(\sim \forall \mathbf{z} \sim (A_n(\mathbf{z}) \supset \forall \mathbf{x}_n A_n(\mathbf{x}_n)) \supset \sim D) \in \Gamma$$

であり，定理 21 の (5) より，

$$(\Box \sim \forall \mathbf{z} \sim (A_n(\mathbf{z}) \supset \forall \mathbf{x}_n A_n(\mathbf{x}_n)) \supset \Box \sim D) \in \Gamma \qquad \text{··········· } (\bigstar\bigstar)$$

である．一方，$\mathbf{z}$ は $A_n(\mathbf{x}_n)$ に含まれないから，定理 17 の (5) と必然化の規則と定理 21 の (3) より，

$$\Box \sim \forall \mathbf{z} \sim (A_n(\mathbf{z}) \supset \forall \mathbf{x}_n A_n(\mathbf{x}_n)) \in \Gamma \qquad \text{················· } (\bigstar\bigstar\bigstar)$$

である．ゆえに，($\bigstar\bigstar\bigstar$)，($\bigstar\bigstar$) と定理 21 の (4) より，

$$\Box \sim D \in \Gamma$$

であり，$\sim D \in \{B \mid \Box B \in \Gamma\}$ である．

$$\Delta_n = \{B \mid \Box B \in \Gamma\} \cup \{\sim A\} \cup \{C_1, \cdots, C_{n-1}\}$$

だから，$\{\sim A, C_1, \cdots, C_{n-1}, \sim D\} \subseteq \Delta_n$ であり，$\vdash \sim (D \wedge \sim D)$ すなわち $\vdash \sim (\sim A \wedge C_1 \wedge \cdots \wedge C_{n-1} \wedge \sim D)$ だから，$\{\sim A, C_1, \cdots, C_{n-1}, \sim D\}$ および Δ_n が矛盾することになる． ∎

●定理 25

Γ が **BF** を含む K^+ にたいして極大無矛盾なヘンキン集合で，$\Box A \notin \Gamma$ ならば，$\{B \mid \Box B \in \Gamma\} \subseteq \Delta$ かつ $A \notin \Delta$ であるような（K^+ にたいして）<u>極大無矛盾</u>なヘンキン集合 Δ が存在する．

証明

Γ が **BF** を含む K^+ にたいして極大無矛盾なヘンキン集合で，$\Box A \notin \Gamma$ ならば，定理 21 の (1) より，$\sim\Box A \in \Gamma$ となり，前定理より，$\{B \mid \Box B \in \Gamma\} \cup \{\sim A\} \subseteq \Delta'$ であるような無矛盾なヘンキン集合 Δ' が存在する．リンデンバウムの補題より，$\{B \mid \Box B \in \Gamma\} \cup \{\sim A\} \subseteq \Delta' \subseteq \Delta$ であるような極大無矛盾なヘンキン集合 Δ が存在し，$\{B \mid \Box B \in \Gamma\} \subseteq \Delta$ でありかつ $A \notin \Delta$（$\sim A \in \Delta$ と定理 21 の (2) より）である．　　　　　■

K^+ の **カノニカルモデル** $\langle W, R, D, V \rangle$ をつぎのように定義する．

(1) W は K^+ にたいして極大無矛盾なヘンキン集合 w をすべてあつめた集合である．

(2) R はつぎのものである．$wRw' \Leftrightarrow \{A \mid \Box A \in w\} \subseteq w'$

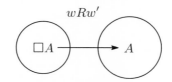

$$wRw'$$

(3) D はすべての個体変項からなる集合である．

(4) V はつぎのものである．

命題変項 **p** にたいしては，$V(\mathbf{p}) = \{w \mid \mathbf{p} \in w\}$

個体変項 **x** にたいしては，$V(\mathbf{x}) = \mathbf{x}$

n 項述語変項 **F** にたいしては，

$$V(\mathbf{F}) = \{\langle \mathbf{x}_1, \cdots, \mathbf{x}_n, w \rangle \mid \mathbf{F}(\mathbf{x}_1, \cdots, \mathbf{x}_n) \in w\}$$

●定理 26 （真理補題）

BF を含む K^+ のカノニカルモデル $\langle W, R, D, V \rangle$ について，つぎのことがなりたつ．w は任意の世界（W の元）であり，A は任意の論理式である．

$$V, w \models A \Leftrightarrow A \in w$$

証明

　A のなかの論理記号の個数についての帰納法によって証明する.

1) A が **p** のとき. 3) A が $\sim B$ のとき. 4) A が $B \supset C$ のとき. 定理7 (116 ページ) の証明の 1)〜3) と同じようにすればよい. ただし, $w \models$ を $V, w \models$ に, $w \not\models$ を $V, w \not\models$ に書きかえ, 定理3の代わりに定理21を用いるなどの変更が必要である.

2) A が $\mathbf{F}(\mathbf{x}_1, \cdots, \mathbf{x}_n)$ のとき.

$$V, w \models \mathbf{F}(\mathbf{x}_1, \cdots, \mathbf{x}_n) \Leftrightarrow \langle V(\mathbf{x}_1), \cdots, V(\mathbf{x}_n), w \rangle \in V(\mathbf{F})$$
$$\Leftrightarrow \langle \mathbf{x}_1, \cdots, \mathbf{x}_n, w \rangle \in V(\mathbf{F})$$
$$\Leftrightarrow \mathbf{F}(\mathbf{x}_1, \cdots, \mathbf{x}_n) \in w$$

5) A が $\Box B$ のとき. $\Box B \in w$ ならば, $\{C \mid \Box C \in w\} \subseteq w'$ であるようなすべての $w' \in W$ について, $B \in w'$ であり, 帰納法の仮定より, $V, w' \models B$ である. ゆえに, wRw' ($\{C \mid \Box C \in w\} \subseteq w'$) であるようなすべての $w' \in W$ について $V, w' \models B$ であり, $V, w \models \Box B$ である. また $\Box B \notin w$ ならば, 前定理より, $\{C \mid \Box C \in w\} \subseteq w'$ かつ $B \notin w'$ であるような極大無矛盾なヘンキン集合 $w' \in W$ が存在する. $\{C \mid \Box C \in w\} \subseteq w'$ より wRw' であり, $B \notin w'$ と帰納法の仮定より, $V, w' \not\models B$ であるから, $V, w \not\models \Box B$ である.

6) A が $\forall \mathbf{x} B(\mathbf{x})$ のとき.

　まず, $\forall \mathbf{x} B(\mathbf{x}) \in w$ と仮定する. 任意の $\mathbf{y}$ をとり, $B(\mathbf{x})$ の束縛変項を書きかえて (定理19), 自由変項 $\mathbf{x}$ に $\mathbf{y}$ を代入しても $\mathbf{y}$ が束縛されないような $B^*(\mathbf{x})$ を作ると, 定理17の (1) より, $\vdash \forall \mathbf{x} B(\mathbf{x}) \supset \forall \mathbf{x} B^*(\mathbf{x})$ であり, $(\forall \mathbf{x} B(\mathbf{x}) \supset \forall \mathbf{x} B^*(\mathbf{x})) \in w$ だから, 定理21の (4) より, $\forall \mathbf{x} B^*(\mathbf{x}) \in w$ である. しかるに公理図式4より $\vdash \forall \mathbf{x} B^*(\mathbf{x}) \supset B^*(\mathbf{y})$ であり, $(\forall \mathbf{x} B^*(\mathbf{x}) \supset B^*(\mathbf{y})) \in w$ だから, 定理21の (4) より, $B^*(\mathbf{y}) \in w$ である. 帰納法の仮定より, $V, w \models B^*(\mathbf{y})$ であり, $V' = V[\mathbf{x} \mid V(\mathbf{y})]$ とすると, $V', w \models B^*(\mathbf{x})$ である (定理15). $B^*(\mathbf{x}) \supset B(\mathbf{x})$ がすべてのモデルで妥当だから, $V', w \models B^*(\mathbf{x}) \supset B(\mathbf{x})$ であり, $V', w \models B^*(\mathbf{x})$ だから, $V', w \models B(\mathbf{x})$ である. ゆえに任意の $\mathbf{y} \in D$ にたいして, $V', w \models B(\mathbf{x})$ すなわち $V[\mathbf{x} \mid \mathbf{y}], w \models B(\mathbf{x})$ であり, $V, w \models \forall \mathbf{x} B(\mathbf{x})$ であることになる.

　つぎに, $\forall \mathbf{x} B(\mathbf{x}) \notin w$ と仮定すると, 定理21の (1) より, $\sim \forall \mathbf{x} B(\mathbf{x}) \in w$ である. w はヘンキン集合であるから, ある $\mathbf{y}$ にたいして, $(B(\mathbf{y}) \supset \forall \mathbf{x} B(\mathbf{x})) \in w$

であり，定理 21 の (3) と (4) より，$(\sim \forall \mathbf{x}B(\mathbf{x}) \supset \sim B(\mathbf{y})) \in w$ である．ゆえに定理 21 の (4) より，$\sim B(\mathbf{y}) \in w$ であり，定理 21 の (2) より，$B(\mathbf{y}) \notin w$ である．帰納法の仮定より，$V,w \not\models B(\mathbf{y})$ であり，$V' = V[\mathbf{x}|V(\mathbf{y})]$ とすると，$V',w \not\models B(\mathbf{x})$ である（定理 15）．ゆえにある $\mathbf{y} \in D$ にたいして，$V',w \not\models B(\mathbf{x})$ すなわち $V[\mathbf{x}|\mathbf{y}],w \not\models B(\mathbf{x})$ であり，$V,w \not\models \forall \mathbf{x}B(\mathbf{x})$ であることになる．∎

●定理 27（カノニカルモデルの定理）

BF を含む K^+ のカノニカルモデル $\langle W, R, D, V \rangle$ について，つぎのことがなりたつ．A は任意の論理式である．

$$A \text{ が } \langle W, R, D, V \rangle \text{ で妥当である } \Leftrightarrow K^+ \vdash A.$$

証明

$K^+ \vdash A$ のとき，すべての $w \in W$ について，定理 21 の (3) より，$A \in w$ であり，前定理より，$V,w \models A$ である．ゆえに A は $\langle W, R, D, V \rangle$ で妥当である．また $K^+ \nvdash A$ のとき，$K^+ \nvdash \sim\sim A$ であり，$\{\sim A\}$ が無矛盾であるから，定理 20 とリンデンバウムの補題より，$\{\sim A\}$ を包含する極大無矛盾なヘンキン集合 $w \in W$ が存在する．$\sim A \in w$ だから，前定理より，$V,w \models \sim A$ であり，$V,w \not\models A$ である．ゆえに A は $\langle W, R, D, V \rangle$ で妥当ではない．∎

●完全性定理

任意の論理式 A について，つぎのことがなりたつ．

(1) A がすべてのフレームで妥当である $\Rightarrow$ K+**BF** $\vdash A$.

(2) A がすべての反射的フレームで妥当である $\Rightarrow$ T+**BF** $\vdash A$.

(3) A がすべての反射的・対称的フレームで妥当である $\Rightarrow$ B+**BF** $\vdash A$.

(4) A がすべての反射的・推移的フレームで妥当である $\Rightarrow$ S4+**BF** $\vdash A$.

(5) A がすべての反射的・対称的・推移的フレームで妥当である $\Rightarrow$ S5+**BF** $\vdash A$.

証明

(1) A がすべてのフレームで妥当ならば，A は K+**BF** のカノニカルモデルでも妥当であり，前定理より，K+**BF** $\vdash A$ である．

(2) T+**BF** のカノニカルモデルが反射的であることを示せば十分である．なぜなら T+**BF** のカノニカルモデルが反射的であるとき，A がすべての反射的フレームで妥当ならば，A は T+**BF** のカノニカルモデルでも妥当であり，前定理より，

T+**BF** ⊢ A であることになるからである.

　T+**BF** のカノニカルモデルの R が反射的であることを示す. R が反射的であること (wRw) を示すために, 任意の論理式 C について, $\Box C \in w$ ならば $C \in w$ であることを示す. $\Box C \in w$ ならば, T+**BF** ⊢ $\Box C \supset C$ と定理 21 の (3) より $(\Box C \supset C) \in w$ だから, 定理 21 の (4) より, $C \in w$ である.

(3) (2) の証明の前半と同様に考えて, B+**BF** のカノニカルモデルが反射的・対称的であることを示せば十分である.

　B+**BF** のカノニカルモデルの R が反射的であることは, (2) の証明の後半と同じようにして示すことができるから, R が対称的であることを示す. R が対称的であることを示すために, wRw' を仮定して, 任意の論理式 C について, $\Box C \in w'$ ならば $C \in w$ であること ($w'Rw$) を示す. $C \notin w$ ならば, 定理 21 の (1) より, $\sim C \in w$ である. また B+**BF** ⊢ $\sim C \supset \Box \Diamond \sim C$ であり, B+**BF** ⊢ $\Box \Diamond \sim C \supset \Box \sim \Box C$ (すなわち B+**BF** ⊢ $\Box \sim \Box \sim \sim C \supset \Box \sim \Box C$) を示すことができる(B+**BF** ⊢ $C \supset \sim\sim C$, 必然化の規則, **K** などを用いて) から, B+**BF** ⊢ $\sim C \supset \Box \sim \Box C$ である. 定理 21 の (3) より, $(\sim C \supset \Box \sim \Box C) \in w$ であり, 定理 21 の (4) より, $\Box \sim \Box C \in w$ である. wRw' だから, $\sim \Box C \in w'$ であり, 定理 21 の (2) より, $\Box C \notin w'$ である. ゆえに, $\Box C \in w'$ ならば $C \in w$ である.

(4) (2) の証明の前半と同様に考えて, S4+**BF** のカノニカルモデルが反射的・推移的であることを示せば十分である.

　S4+**BF** のカノニカルモデルの R が反射的であることは, (2) の証明の後半と同じようにして示すことができるから, R が推移的であることを示す. R が推移的であることを示すために, wRw' と $w'Rw''$ を仮定して, 任意の論理式 C について, $\Box C \in w$ ならば $C \in w''$ であること (wRw'') を示す. $\Box C \in w$ ならば, S4+**BF** ⊢ $\Box C \supset \Box \Box C$ と定理 21 の (3) より $(\Box C \supset \Box \Box C) \in w$ だから, 定理 21 の (4) より, $\Box \Box C \in w$ である. wRw' だから, $\Box C \in w'$ であり, $w'Rw''$ だから, $C \in w''$ である. ゆえに, $\Box C \in w$ ならば $C \in w''$ である.

(5) (2) の証明の前半と同様に考えて, S5+**BF** のカノニカルモデルが反射的・対称的・推移的であることを示せば十分である.

　しかるに, S5+**BF** のカノニカルモデルの R が反射的, 対称的, 推移的であることは, S5+**BF** が T+**BF**, B+**BF**, S4+**BF** の拡大であるから, (2), (3), (4) の証明と同じようにして示すことができる. ∎

$\mathcal{C}$ がフレームのクラスのとき，$\mathcal{C}$ に含まれるすべてのフレームで妥当であるような論理式を **$\mathcal{C}$-妥当な論理式** という.

  $\mathcal{C}_1$：すべてのフレームのクラス

  $\mathcal{C}_2$：すべての反射的フレームのクラス

  $\mathcal{C}_3$：すべての反射的・対称的フレームのクラス

  $\mathcal{C}_4$：すべての反射的・推移的フレームのクラス

  $\mathcal{C}_5$：すべての反射的・対称的・推移的フレームのクラス

とすると，健全性定理と完全性定理より，$\mathcal{C}_1$-妥当な論理式の範囲は K+**BF** の定理の範囲と一致し，$\mathcal{C}_2$-妥当な論理式の範囲は T+**BF** の定理の範囲と一致し，$\mathcal{C}_3$-妥当な論理式，$\mathcal{C}_4$-妥当な論理式，$\mathcal{C}_5$-妥当な論理式の範囲は，それぞれ，B+**BF**，S4+**BF**，S5+**BF** の定理の範囲と一致する.

 K+**BF**，T+**BF**，B+**BF**，S4+**BF**，S5+**BF** にたいしては，定理の範囲と $\mathcal{C}$-妥当な論理式の範囲が一致するようなフレームのクラス $\mathcal{C}$（$\mathcal{C}_1$，$\mathcal{C}_2$，$\mathcal{C}_3$，$\mathcal{C}_4$，$\mathcal{C}_5$）が存在するのであるが，**BF** を含む K^+ の体系にたいして，いつでも，定理の範囲と $\mathcal{C}$-妥当な論理式の範囲が一致するようなフレームのクラス $\mathcal{C}$ が存在するというわけではない. たとえば，S4 につぎのような公理図式 **M** と **BF** を加えて得られる体系（S4+**M**+**BF**）にたいしては，定理の範囲と $\mathcal{C}$-妥当な論理式の範囲が一致するようなフレームのクラス $\mathcal{C}$ が存在しないこと（不完全性）が知られている.

  M $\Box\Diamond A \supset \Diamond\Box A$

 §5 で述べたように，「様相命題論理」の体系 K，T，B，S4，S5 はいずれも決定可能であった. しかし，「様相述語論理」の体系 K+**BF**，T+**BF**，B+**BF**，S4+**BF**，S5+**BF** はいずれも決定可能ではない. このことは，古典述語論理の体系が決定可能ではないことを用いて示される.

第5章　直観主義論理

　直観主義は，形式主義や論理主義とならんで，現代の数学の哲学の有力な主張と
みなされている．直観主義の創始者 L. E. J. ブラウワー（オランダの数学者）は，
直観主義の基本思想を「直観主義の2つの行為」として述べている[*1)]．

　「直観主義の第1の行為は，数学を数学的言語から，とくに理論的論理学に
よって記述される言語事象から完全に分離して，数学は時間の移行——すなわち
生の瞬間が2つの異なる瞬間に分離して一方が他方に道を譲りながら記憶のなか
に留まるような時間の移行——の知覚のなかに起源をもつ精神の活動であり，本
質的に無言語的な活動である，と認識する．この時間の移行のさいに生じる二分
性（two-ity）がすべての性質を剥奪されるならば，すべての二分性の共通の基底
（substratum）あるいは空虚な形式だけが残るであろう．数学の基本的直観は，こ
の共通の基底であり，この空虚な形式である．」

　「直観主義の第2の行為は，新しい数学的対象を生成する可能性をつぎの2つ
の形で認める．1つの形は，各項が前もって得られた数学的対象から多かれ少な
かれ自由に選択されるような，無限進行列 $p_1, p_2, \cdots$ である．最初の要素 p_1 に
たいしては存在していた選択の自由が，後続のある要素 p_r からは制限をうけるよ
うになり，制限が強くなっていって，ある要素以後の要素 p_r にたいしては選択の
自由がなくなる，ということもある．……もう1つの形は，数学的な類（species）
すなわち，前もって得られた数学的対象に仮定されうる性質であり，この性質は
つぎの条件をみたす．ある数学的対象にたいしてなりたつ性質は，その対象に等
しいものとして定義されたすべての数学的対象にたいしてもなりたつ．」

　ブラウワーは，1907年の学位論文「数学の基礎について」で直観主義の思想に
ついて述べ，その思想を長年月をかけて成熟させていった．ブラウワーの主張が
中心になる直観主義の主張を簡単に要約しておこう．

[*1)]　L. E. J. Brouwer, 'Historical Background, Principles and Methods of Intuitionism' in
South African Journal of Science, Oct.–Nov., 1952.

(1) 数学は，時間の直観にもとづく心的構成（mental construction）であり，精神の活動である．

(2) 数学的対象は，形式主義者がいうように，形式的に操作される記号や記号列ではなく，心的構成物（mental construct）である．

(3) 完結した全体としての現実的無限は，心的に構成可能ではなく，数学的対象になりえない．常に生成しつつある可能的無限のみが，数学的対象になりうる．

(4) 数学は，無言語的な活動であり，言語から独立したものである．言語は，心的構成を他者に伝えるのに役立つにすぎない．

(5) 数学はまた，論理学からも独立したものである．数学は，論理主義者が言うように，論理学の一部であるのではなく，逆に論理学が，数学の一部なのである．心的構成の活動としての数学にとって，言語や論理学は二次的なものである．

(6) 数学的対象が存在するということは，その数学的対象を構成できるということである．

(7) 数学的命題がなりたつということは，その数学的命題を証明できるということであり，その数学的命題の証明が与えられるということである．

(8) 数学は，「創造主体」（creating subject）あるいは理想的数学者の精神の活動であり，「自由な創造」（free creation）である．

　直観主義の主張によると，数学的命題がなりたつということは，その数学的命題の証明が与えられるということである．直観主義の **BHK 解釈**（ブラウワー・ハイティング・コルモゴロフ解釈）は，$A \land B$, $A \lor B$, $\exists x A(x)$ のような数学的命題の証明が与えられるのは何によってであるのか，また $A \supset B$, $\sim A$, $\forall x A(x)$ のような数学的命題の証明とは何であるのかについて述べている．

- $A \land B$ の証明は，A の証明と B の証明を示すことによって与えられる．
- $A \lor B$ の証明は，A の証明かまたは B の証明を示すことによって与えられる．
- $A \supset B$ の証明は，A の証明を B の証明に変形する構成である．
- $\perp$（矛盾）の証明は存在しない．
- $\sim A$ の証明は，A の証明を $\perp$ の証明に変形する構成である．
- $\forall x A(x)$ の証明は，d が個体領域に属するという証明を $A(d)$ の証明に変形する構成である．

- $\exists x A(x)$ の証明は，個体領域に属する d と，$A(d)$ の証明を示すことによって与えられる.

　$\sim A$ の証明は，BHK解釈によると，A の証明を $\perp$ の証明に変形する構成である．$A \supset \perp$ の証明も，A の証明を $\perp$ の証明に変形する構成であるから，$\sim A$ の証明は $A \supset \perp$ の証明と同じである.

　$A \vee \sim A$ がなりたつ（$A \vee \sim A$ の証明が与えられる）ためには，A の証明かまたは $\sim A$ の証明が示されなければならない．しかし A が，ゴールドバッハの予想（4以上のすべての偶数は2つの素数の和である）のような未解決の命題（問題）である場合には，A の証明も $\sim A$ の証明も示すことができず，したがって $A \vee \sim A$ はなりたたないことになる．A によって $A \vee \sim A$ がなりたたない場合があるから，$A \vee \sim A$（排中律）を論理法則として認めることはできない.

　直観主義が認める論理法則（だけ）が定理として導出されるように考えて作られるのが，**直観主義論理** の公理体系である．A.ハイティングやS.C.クリーニなどが，直観主義論理（直観主義述語論理）の公理体系を作っている．クリーニが作った公理体系（1952年）では，直観主義論理の公理図式として，つぎのものが用いられている（否定記号，連言記号はクリーニが用いているものとは異なる．公理図式11，12のなかの **t** は，任意の項を表わす構文論的変項である）.

1. $A \supset (B \supset A)$
2. $(A \supset (B \supset C)) \supset ((A \supset B) \supset (A \supset C))$
3. $A \wedge B \supset A$
4. $A \wedge B \supset B$
5. $A \supset (B \supset A \wedge B)$
6. $A \supset A \vee B$
7. $B \supset A \vee B$
8. $(A \supset C) \supset ((B \supset C) \supset (A \vee B \supset C))$
9. $(A \supset B) \supset ((A \supset \sim B) \supset \sim A)$
10. $\sim A \supset (A \supset B)$
11. $\forall \mathbf{x} A(\mathbf{x}) \supset A(\mathbf{t})$
12. $A(\mathbf{t}) \supset \exists \mathbf{x} A(\mathbf{x})$

そして公理から定理を導く推論規則（変形規則）として，つぎのものが用いられている．

① A と $A \supset B$ から B を導くことができる．

② $A \supset B$ から $A \supset \forall \mathbf{x} B$ を導くことができる．

③ $A \supset B$ から $\exists \mathbf{x} A \supset B$ を導くことができる．

ただし ② において，A は自由変項 $\mathbf{x}$ を含まず，③ において，B は自由変項 $\mathbf{x}$ を含まない．

　この直観主義論理の体系に，公理図式 $A \vee \sim A$（$\sim\sim A \supset A$ でもよい）を加えると，「古典論理」の体系になる．

　また，この直観主義論理の体系から，否定記号 $\sim$ を含む公理図式 9，10 を取りさり，記号 $\perp$（偽）を導入して，公理図式 $\perp \supset A$ を加えると，否定記号を含まない直観主義論理の体系ができる．その体系では，否定記号 $\sim$ は定義によって導入される（173，174 ページ参照）．

　つぎのような論理式（図式）は，直観主義論理の体系で証明可能である．

$$A \supset \sim\sim A, \quad \sim\sim\sim A \supset \sim A, \quad (A \supset B) \supset (\sim B \supset \sim A)$$
$$\sim A \vee \sim B \supset \sim (A \wedge B), \quad \exists \mathbf{x} \sim A(\mathbf{x}) \supset \sim \forall \mathbf{x} A(\mathbf{x})$$

しかしつぎのような論理式（図式）は，直観主義論理の体系で証明可能ではない．

$$A \vee \sim A, \quad \sim\sim A \supset A, \quad (\sim B \supset \sim A) \supset (A \supset B)$$
$$\sim (A \wedge B) \supset \sim A \vee \sim B, \quad \sim \forall \mathbf{x} A(\mathbf{x}) \supset \exists \mathbf{x} \sim A(\mathbf{x})$$

　直観主義の算術の公理体系は，直観主義論理の公理図式 1～12 と変形規則 ①～③ に，算術の公理や公理図式を加えて作られる．クリーニが用いている算術の公理や公理図式はつぎのものである（否定記号，連言記号，個体変項はクリーニが用いているものとは異なる）．

1. $x = y \supset x' = y'$
2. $x = y \supset (x = z \supset y = z)$
3. $\sim (x' = 0)$
4. $x' = y' \supset x = y$
5. $x + 0 = x$
6. $x + y' = (x + y)'$

7. $x \cdot 0 = 0$

8. $x \cdot y' = x \cdot y + x$

9. $A(0) \wedge \forall \mathbf{x}(A(\mathbf{x}) \supset A(\mathbf{x}')) \supset A(\mathbf{x})$

ここで，x, y, z は任意の自然数を表わす個体変項であり，$'$ は「つぎの数」を表わす関数記号である．公理 1, 2 は，等号 $=$（同一性）の性質について述べ，公理 3 は，いかなる自然数の「つぎの数」も 0 ではないことを述べている．公理 4 は，「つぎの数」が同じならばもとの自然数も同じであること（もとの自然数が異なるならば「つぎの数」も異なること）を述べている．公理 5, 6 は加法 $+$ の性質について述べ，公理 7, 8 は乗法 $\cdot$ の性質について述べている．そして公理図式 9 は，数学的帰納法の原理を表わしている．

直観主義の算術は，古典的算術（古典論理に上記の算術の公理や公理図式を加えて作られる）の部分体系になっている．

直観主義の解析学 の公理体系は，直観主義論理に算術の公理や公理図式を加え，さらに「選択列」の性質を規定する公理図式を加えて作られる．

選択列（choice sequence）というのは，各項の自然数がつぎつぎと選択され，決定されてゆくような，自然数の無限進行列——自然数全体を定義域とし自然数を値とする関数——のことである．選択列にはいろいろな種類のものがある．まず，すべての項が何らかの法則やアルゴリズムによって決定されるような列（これを「法則列」という）がある．また，すべての項が全く自由に決定されるような列（これを「無法則列」という）もある．また，一部の項が法則によって決定され，他の項が自由に決定されるような列もあるし，すべてのあるいは一部の項が制限された自由のもとで決定されるような列もある．

選択列の性質を規定する公理図式として重要なのは，「選択公理」と「バー・インダクションの公理」と「連続性公理」である．

選択公理 はつぎのような形をしている．x, y は自然数を表わす変項であり，α（や後出の β）は選択列を表わす変項である．

$$\forall x \exists y A(x, y) \supset \exists \alpha \forall x A(x, \alpha(x))$$

この公理はつぎのようにして正当化される．前件 $\forall x \exists y A(x, y)$ の証明は，任意の x にたいして $A(x, y)$ であるような y を選択する方法を与える．この方法にした

がって，選択列 α をステップ・バイ・ステップで構成することができる．最初に $A(0, y_0)$ であるような y_0 を選択し，それを $\alpha(0)$ にする．つぎに，$A(1, y_1)$ であるような y_1 を選択し，それを $\alpha(1)$ にする．これを続けて，$\forall x A(x, \alpha(x))$ であるような α を構成することができる．

自然数の有限列 $x_1, \cdots, x_n$ を表わす自然数を $\langle x_1, \cdots, x_n \rangle$ で表わし（自然数の有限列は自然数を用いて一意的に表わされる），自然数の有限列を連結する操作を $*$ で表わす．

$$\langle x_1, \cdots, x_n \rangle * \langle y_1, \cdots, y_m \rangle = \langle x_1, \cdots, x_n, y_1, \cdots, y_m \rangle$$

また α の x 番目の項までの列切片の自然数を $\overline{\alpha}(x)$ で表わす．

$$\overline{\alpha}(0) = \langle \ \rangle$$
$$\overline{\alpha}(x) = \langle \alpha(0), \cdots, \alpha(x-1) \rangle$$

すべての選択列が決まると，すべての選択列の項が作る樹形（tree form）も決まる．そしてすべての選択列の項が作る樹形が決まると，すべての選択列の列切片（の自然数）が作る樹形も決まる．すべての選択列の列切片が作る樹形を直観的に理解しやすいように，1，0 のすべての無限列の列切片が作る樹形を描いておこう．

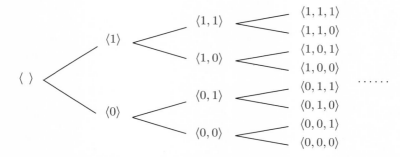

バー・インダクションの公理 は，選択列の列切片についての公理であり，つぎのような形をしている．

$$\forall \alpha \forall x (A(\overline{\alpha}(x)) \vee \sim A(\overline{\alpha}(x))) \tag{①}$$
$$\wedge \ \forall \alpha \exists x A(\overline{\alpha}(x)) \tag{②}$$
$$\wedge \ \forall \alpha \forall x (A(\overline{\alpha}(x)) \supset B(\overline{\alpha}(x))) \tag{③}$$
$$\wedge \ \forall \alpha \forall x (\forall y B(\overline{\alpha}(x) * \langle y \rangle) \supset B(\overline{\alpha}(x))) \tag{④}$$
$$\supset B(\langle \ \rangle) \tag{⑤}$$

バー・インダクションの公理 ①∧②∧③∧④⊃⑤ は，①∧②⊃(③∧④⊃⑤)
と同値である．それゆえバー・インダクションの公理は，① と ② の前提のもと
で，任意の B について ③∧④⊃⑤ であることを主張している．B は性質ある
いはクラスとみなすことができるから，任意の B について ③∧④⊃⑤ である
ということは，〈 〉が ③，④ をみたす最小のクラス B に属するということであ
る．それゆえバー・インダクションの公理は，① と ② の前提のもとで，〈 〉が
③，④ をみたす最小のクラス B に属することを主張している．これがいえるこ
とは，つぎのような図を描いて考えてみれば，直観的に理解されるであろう．図
はすべての選択列の列切片が作る樹形を簡略化して表わしたものである．性質 A
を有する列切片が黒丸 ● で示されるとすると，③，④ をみたす最小のクラス B
に属する列切片は大丸 ○ で示されることになり，左端の列切片 〈 〉が ③，④ を
みたす最小のクラス B に属することがわかるのである．

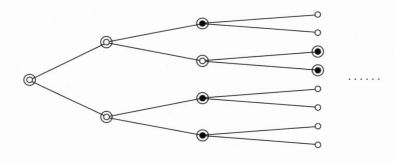

連続性公理 はつぎのような形をしている．$\beta \in \overline{\alpha}(y)$ は，β が $\overline{\alpha}(y)$ を列切片と
してもつこと，すなわち $\overline{\beta}(y) = \overline{\alpha}(y)$ であることを表わす．

$$\forall\alpha\exists x A(\alpha, x) \supset \forall\alpha\exists x\exists y\forall\beta \in \overline{\alpha}(y) A(\beta, x)$$

選択列の概念があいまいだから，この公理を正当化することは困難であり，完全
に満足できる正当化は存在しないというのが現状である．しかし，選択列を「無
法則列」に限るならば，つぎのような正当化が可能である．前件 $\forall\alpha\exists x A(\alpha, x)$ の
証明は，任意の無法則列 α にたいして $A(\alpha, x)$ であるような x を選択する方法を
与える．α が無法則列のとき，$A(\alpha, x)$ であるような x の選択は，α の有限の列切
片（たとえば $\overline{\alpha}(y)$）が知られた後に，その列切片のみにもとづいてなされるので
なければならない（その先の α の進行については何も知りえないのであるから）．

しかるに，$A(\alpha, x)$ であるような x の選択が，α の有限の列切片 $\overline{\alpha}(y)$ のみにもとづいてなされるのであるならば，同じ列切片をもつすべての無法則列 $\beta \in \overline{\alpha}(y)$ にたいしても，$A(\beta, x)$ がなりたつことになる.

　直観主義の解析学の**実数**は，簡単に，有理数列 $\{\alpha(n) \cdot 2^{-n}\}$ がコーシー列であるような選択列 α として定義することができる.

　直観主義の解析学のすべての公理が，古典的解析学（通常の解析学）のなかで証明可能であるわけではない．選択公理やバー・インダクションの公理は，古典的解析学のなかで証明可能であるが，連続性公理は，古典的解析学のなかで証明可能ではない．直観主義の解析学は，古典的解析学のなかで証明可能ではない連続性公理を有するがゆえに，古典的解析学の部分体系ではなくなっている.

　連続性公理を用いると，古典的にはなりたたないような定理を証明することができる．たとえば，「閉区間内のすべての実数にたいして定義されるすべての関数は一様連続である」という定理は，古典的にはなりたたない定理であるが，直観主義の解析学のなかでは，連続性公理を用いて証明することができる.

　「直観主義論理」にたいする**意味論**は，古典論理にたいする意味論よりも複雑である．直観主義論理にたいする意味論には，S. クリプキの意味論や，ハイティング代数を用いる意味論などがある．クリプキは，様相論理にたいする可能世界意味論を修正して，直観主義論理にたいする意味論を構築し，その意味論を用いて，直観主義述語論理の体系の完全性を証明した（1965 年）．この完全性の証明（メタ・レベルの証明）は，古典論理や古典的集合論で認められる推論の方法を用いて行なわれている.

§1. 直観主義命題論理

　直観主義論理は「直観主義命題論理」と「直観主義述語論理」に分けられる．直観主義命題論理で用いられる基本記号はつぎのものである.

●**基本記号**

(1) 命題定項　$\perp$

(2) 命題変項　$p, q, r, \cdots\cdots$

(3) 論理記号　$\wedge$（かつ），$\vee$（または），$\supset$（ならば）

(4) 補助記号　カッコ（, ）

　直観主義命題論理の論理式は，帰納的定義によって，つぎのように定義される.

●論理式

(1) 命題定項，命題変項は論理式である.

(2) A, B が論理式ならば，$(A \wedge B)$, $(A \vee B)$, $(A \supset B)$ も論理式である.

(3) (1), (2) によって論理式とされるものだけが論理式である.

　任意の論理式を表わす記号として A, B, C, S などを用い，任意の命題変項を表わす記号として $\mathbf{p}$, $\mathbf{q}$ などを用いる.

　たとえばつぎのような記号列は，論理式である.

$$p \supset (p \wedge q)), \quad ((p \vee \perp) \supset q), \quad (p \wedge (\perp \supset \perp))$$

しかしつぎのような記号列は，論理式ではない.

$$p \supset \wedge q, \quad p \perp q, \quad (p \vee q) \perp q$$

　カッコを省略するための規約を定める.

(1) 論理式全体を囲むカッコは省略できる.

(2) 論理記号の結合力は $\wedge$ が最も強く，$\vee$, $\supset$ の順に弱くなるものとし，カッコを省略しても部分的論理式の結合関係に変化が生じないかぎり，カッコを省略することができるものとする.

　この規約を用いると，たとえば $(((p \vee q) \wedge r) \supset \perp)$ のカッコは，$(p \vee q) \wedge r \supset \perp$ のように省略することができる. しかし，これ以上カッコを省略することはできない. これ以上カッコを省略すると，部分的論理式の結合関係が変化してしまうからである.

　否定記号 $\sim$（でない）は，つぎの定義によって導入される. 左辺は右辺の省略的表現である.

$$\sim A : (A \supset \perp)$$

　直観主義命題論理の公理体系の基礎になる公理図式はつぎのものである. 公理図式をみたす論理式が**公理**である.

●公理図式

1. $A \supset (B \supset A)$
2. $(A \supset (B \supset C)) \supset ((A \supset B) \supset (A \supset C))$
3. $A \wedge B \supset A$
4. $A \wedge B \supset B$
5. $A \supset (B \supset A \wedge B)$
6. $A \supset A \vee B$
7. $B \supset A \vee B$
8. $(A \supset C) \supset ((B \supset C) \supset (A \vee B \supset C))$
9. $\bot \supset A$

直観主義命題論理の公理体系の変形規則はつぎのものである.

●変形規則 （分離規則）

A と $A \supset B$ から B を導くことができる.

公理と変形規則から導かれる論理式が **定理** である. 公理自身も定理とみなす.

10 番目の公理図式として排中律 $A \vee \sim A$ （すなわち $A \vee (A \supset \bot)$）を加えると, 「古典命題論理」の体系になる.

論理式の列 $A_1, \cdots, A_n$ のすべての A_i について, A_i が公理であるか, または列のなかで先行する論理式から変形規則を 1 回だけ用いて導かれる論理式である, ということがいえるとき, 「$A_1, \cdots, A_n$ は, <u>A_n の証明</u> である」という.

また, 論理式の列 $A_1, \cdots, A_n$ のすべての A_i について, A_i が公理であるか, または論理式の集合 Γ に含まれる論理式であるか, または列のなかで先行する論理式から変形規則を 1 回だけ用いて導かれる論理式である, ということがいえるとき, 「$A_1, \cdots, A_n$ は, <u>Γ からの A_n の証明</u>（演繹）である」という.

「A の証明が存在する」ということを, $\vdash A$ のように書いて表わし, 「Γ からの A の証明が存在する」ということを, $\Gamma \vdash A$ のように書いて表わす.（$\vdash A$ は明らかに, $\{\} \vdash A$ と同値である.）

●定理 1

(1) $\vdash A$ ならば $\Gamma \vdash A$.

(2) $A \in \Gamma$ ならば $\Gamma \vdash A$.

(3) $\Gamma \vdash A$ かつ $\Gamma \vdash A \supset B$ ならば, $\Gamma \vdash B$.

証明

(1) A の証明がそのまま, Γ からの A の証明になる.

(2) $A \in \Gamma$ ならば, A のみの列が, Γ からの A の証明になる.

(3) Γ からの A の証明と, Γ からの $A \supset B$ の証明を連結して最後に B を付加した列が, Γ からの B の証明になる. ■

(1) を一般化して,「$\Delta \subseteq \Gamma$ のとき, $\Delta \vdash A$ ならば $\Gamma \vdash A$」もいえる. $\Delta \subseteq \Gamma$ のとき, Δ からの A の証明がそのまま, Γ からの A の証明になるからである. ($\Delta = \{\}$ の場合が (1) である.)

●定理 2

$\vdash A \supset A$

証明

$A \supset A$ の証明であるような, 論理式の列を示す. 論理式の左に番号を付し, 論理式の右にその論理式が得られる理由を記す.「公理図式 1 (2, $\cdots$)」と書く代わりに,「公理 1 (2, $\cdots$)」と書くことにする.

1. $(A \supset ((A \supset A) \supset A)) \supset ((A \supset (A \supset A)) \supset (A \supset A))$ 公理 2
2. $A \supset ((A \supset A) \supset A)$ 公理 1
3. $(A \supset (A \supset A)) \supset (A \supset A)$ 2, 1, 変形規則
4. $A \supset (A \supset A)$ 公理 1
5. $A \supset A$ 4, 3, 変形規則

■

しばしば, $\{A_1, \cdots, A_n\} \vdash B$ を $A_1, \cdots, A_n \vdash B$ と書き, $\Gamma \cup \{A_1, \cdots, A_n\} \vdash B$ を $\Gamma, A_1, \cdots, A_n \vdash B$ と書く.

●演繹定理

$\Gamma, A \vdash B$ のとき, $\Gamma \vdash A \supset B$.

証明

$\Gamma \cup \{A\}$ からの B の証明を $B_1, \cdots, B_n (= B)$ とし, i についての帰納法によって, $\Gamma \vdash A \supset B_i (1 \leq i \leq n)$ を証明する. B_i について, つぎの 3 つの場合 1)~3) が考えられる.

1) B_i が公理であるか，$B_i \in \Gamma$ であるとき．定理1の(1)，(2)より，$\Gamma \vdash B_i$ であり，公理図式1と定理1の(1)より，$\Gamma \vdash B_i \supset (A \supset B_i)$ だから，定理1の(3)より，$\Gamma \vdash A \supset B_i$ である．

2) B_i が A であるとき．前定理より，$\vdash A \supset B_i$ だから，定理1の(1)より，$\Gamma \vdash A \supset B_i$ である．

（$i = 1$ のとき，1) あるいは 2) の場合になる．）

3) B_i が先行する2つの論理式 B_k，$B_k \supset B_i$ から変形規則を用いて導かれているとき．帰納法の仮定により，$\Gamma \vdash A \supset B_k$ および $\Gamma \vdash A \supset (B_k \supset B_i)$ であり，また公理図式2と定理1の(1)より，

$$\Gamma \vdash (A \supset (B_k \supset B_i)) \supset ((A \supset B_k) \supset (A \supset B_i))$$

だから，定理1の(3)を2度用いて，$\Gamma \vdash A \supset B_i$ である．

　こうして $1 \le i \le n$ のとき，$\Gamma \vdash A \supset B_i$ である．とくに $i = n$ のとき，$\Gamma \vdash A \supset B$ である． ■

§2. 意味論

　直観主義命題論理の**モデル**には，つぎのものが用いられる．

W：すべての世界の集合（空ではない）

R：世界のあいだになりたつ関係

V：命題変項に世界の集合（W の部分集合）を対応させる付値関数

　W，R，V の3項組 $\langle W, R, V \rangle$ が，直観主義命題論理のモデルである．W，R の2項組 $\langle W, R \rangle$ は**フレーム**とよばれる．モデル $\langle W, R, V \rangle$ やフレーム $\langle W, R \rangle$ はつぎの条件 (1)，(2) をみたさなければならない．（w, w', w'' は W の任意の元である．）

(1) R は**反射的・推移的**である．

　wRw. 　　　　wRw' かつ $w'Rw''$ ならば，wRw''.

(2) V は**持続的**である．

　wRw' かつ $w \in V(\mathbf{p})$ ならば，$w' \in V(\mathbf{p})$.

　$V(\mathbf{p})$ は $\mathbf{p}$ がそこで真になる世界の集合であり，$w \in V(\mathbf{p})$ は，$\mathbf{p}$ が w で真であることを表わしている．それゆえ (2) は，wRw' で $\mathbf{p}$ が w で真であるならば，

p は w' でも真であることを表わしている.

世界（W の元）は「知識の状態」であり，世界のあいだの関係 R は「時間的に前（同時を含めて）の世界と後の世界のあいだの関係」であると考えればよい. R が時間的に前の世界と後の世界のあいだの関係のとき，R は反射的かつ推移的である. また，時間的に前の世界でなりたつ命題は後の世界でもなりたつと考えられるから，V は持続的である.

「論理式 A がモデル $\langle W, R, V \rangle$ における世界 $w \in W$ で真である」
（簡単に $w \models A$ で表わす）ということを，つぎの (1)～(5) のように定義する. $\not\models$ は $\models$ の否定を表わす.

(1) $w \not\models \bot$

(2) $w \models \mathbf{p} \Leftrightarrow w \in V(\mathbf{p})$

(3) $w \models A \wedge B \Leftrightarrow w \models A$ かつ $w \models B$

(4) $w \models A \vee B \Leftrightarrow w \models A$ または $w \models B$

(5) $w \models A \supset B \Leftrightarrow wRw'$ であるようなすべての $w' \in W$ について，
$$w' \models A \text{ ならば } w' \models B$$

$\sim$ の定義（157 ページ）と (1), (5) より，つぎのことが導かれる.

(6) $w \models {\sim} A \Leftrightarrow w \models A \supset \bot$
$$\Leftrightarrow wRw' \text{ であるようなすべての } w' \in W \text{ について } w' \not\models A$$

つぎの定理は，直観主義命題論理の意味論の基本定理である.

●定理 3

wRw' かつ $w \models A$ ならば，$w' \models A$.

証明

A のなかの論理記号の個数についての帰納法によって証明する.

1) A が $\bot$ のとき. $w \not\models \bot$ だから，wRw' かつ $w \models \bot$ ならば，$w' \models \bot$ である.

2) A が $\mathbf{p}$ のとき. wRw' かつ $w \models \mathbf{p}$ を仮定せよ. wRw' かつ $w \in V(\mathbf{p})$ で V が持続的だから，$w' \in V(\mathbf{p})$ であり，$w' \models \mathbf{p}$ である.

3) A が $B \wedge C$ のとき. wRw' かつ $w \models B \wedge C$ を仮定せよ. $w \models B \wedge C$ より $w \models B$ かつ $w \models C$ であり，帰納法の仮定により，$w' \models B$ かつ $w' \models C$ だから，$w' \models B \wedge C$ である.

4) A が $B \vee C$ のとき. A が $B \wedge C$ のときと同様にすればよい.

5) A が $B \supset C$ のとき. wRw' かつ $w \models B \supset C$ を仮定せよ. $w' \models B \supset C$ を示すために, さらに $w'Rw''$ かつ $w'' \models B$ を仮定して, $w'' \models C$ を導く. R が推移的で, wRw' かつ $w'Rw''$ だから, wRw'' であり, $w \models B \supset C$ かつ $w'' \models B$ だから, $w'' \models C$ である. ■

　フレーム $\langle W, R \rangle$ をもつモデル $\langle W, R, V \rangle$ を, 「フレーム $\langle W, R \rangle$ にもとづくモデル」という.

　「A がモデル $\langle W, R, V \rangle$ で**妥当**である」とは, すべての $w \in W$ について $w \models A$ である, ということである.

　また「A がフレーム $\langle W, R \rangle$ で**妥当**である」とは, A がフレーム $\langle W, R \rangle$ にもとづくすべてのモデル $\langle W, R, V \rangle$ で妥当である, ということである.

§3. 健全性

　直観主義命題論理の公理体系のすべての定理は, すべてのフレームで妥当であることを示すことができる（健全性定理）.

●定理 4

(1) 公理図式 1～9 をみたす論理式はすべてのフレームで妥当である.

(2) A と $A \supset B$ がフレーム $\langle W, R \rangle$ で妥当ならば, B も $\langle W, R \rangle$ で妥当である.

証明

(1) 公理図式 1～9 をみたす論理式が, 任意のモデルにおける任意の世界で真になることを示せば十分である.

　公理図式 1 をみたす論理式が, 任意のモデル $\langle W, R, V \rangle$ における任意の世界 $w \in W$ で真になること $w \models A \supset (B \supset A)$ を示す. これを示すためには, wRw' であるような任意の w', また $w'Rw''$ であるような任意の w'' について, $w' \models A$ ならば $(w'' \models B$ ならば $w'' \models A)$, すなわち, $(w' \models A$ かつ $w'' \models B)$ ならば $w'' \models A$ を示せばよい. しかしこれは, $w' \models A$ ならば $w'' \models A$（前定理）だから明らかである.

　公理図式 2 をみたす論理式が, 任意のモデル $\langle W, R, V \rangle$ における任意の世界 $w \in W$ で真になること $w \models (A \supset (B \supset C)) \supset ((A \supset B) \supset (A \supset C))$ を示す.

これを示すためには, wRw' であるような任意の w', また $w'Rw''$ であるような任意の w'', また $w''Rw'''$ であるような任意の w''' について, $w' \models A \supset (B \supset C)$ ならば $(w'' \models A \supset B$ ならば $(w''' \models A$ ならば $w''' \models C))$, すなわち, $(w' \models A \supset (B \supset C)$ かつ $w'' \models A \supset B$ かつ $w''' \models A)$ ならば $w''' \models C$ を示せばよい. それゆえ, $w' \models A \supset (B \supset C)$, $w'' \models A \supset B$, $w''' \models A$ を仮定して $w''' \models C$ を導く. まず, $w' \models A \supset (B \supset C)$ と $w''' \models A$ から $w'' \models B \supset C$ が導かれ, $w'' \models A \supset B$ と $w''' \models A$ から $w''' \models B$ が導かれ, そして, $w''' \models B \supset C$ と $w''' \models B$ から $w''' \models C$ が導かれる.

公理図式 3〜9 をみたす論理式が任意のモデルにおける任意の世界で真になることも, 同様にして示すことができる.

(2) A と $A \supset B$ が $\langle W, R \rangle$ で妥当で, B が $\langle W, R \rangle$ で妥当ではないと仮定すると, あるモデル $\langle W, R, V \rangle$ とある世界 $w \in W$ が存在して, $w \not\models B$ であり, A は $\langle W, R \rangle$ で妥当であるから, $w \models A$ である. しかしこのとき, $w \not\models A \supset B$ となって, $A \supset B$ が $\langle W, R \rangle$ で妥当であるという仮定と矛盾する. ∎

●健全性定理

$\vdash A \Rightarrow A$ はすべてのフレームで妥当である.

証明

前定理より, 公理図式 1〜9 をみたす論理式 (公理) はすべてのフレームで妥当であり, 変形規則 (分離規則) はすべてのフレームで妥当であるという性質を保存するから, 公理と変形規則から導かれるすべての定理はすべてのフレームで妥当である. ∎

健全性定理より, すべての定理はすべてのフレームで妥当であり, すべてのモデルで妥当である. それゆえ, あるモデルで妥当ではないような論理式は定理ではない. たとえば $p \vee \sim p$ は, つぎのようなモデル $\langle W, R, V \rangle$ で妥当ではないから, 定理ではない. (w_1, w_2 は異なる世界であり, p 以外の命題変項にたいする V の値は適当なものをとる. $\langle W, R, V \rangle$ は 160 ページで述べたモデルとしての条件をみたしている.)

$$W = \{w_1, w_2\}$$
$$R = \{\langle w_1, w_1 \rangle, \langle w_2, w_2 \rangle, \langle w_1, w_2 \rangle\}$$

$$V(p) = \{w_2\}$$

$p \vee \sim p$ は，このモデルにおける w_1 で偽になり，このモデルで妥当ではない．$p \vee \sim p$ が w_1 で偽になる（$w_1 \not\models p \vee \sim p$）ことは，$w_1 \notin V(p)$ より $w_1 \not\models p$ であり，$w_1 R w_2$ かつ $w_2 \models p$ より $w_1 \not\models \sim p$ であることからわかる．

§4. 完全性

健全性定理の逆，すなわち，任意の論理式 A について，A がすべてのフレームで妥当ならば $\vdash A$ である，はいえないであろうか．これがいえることを主張するのが「完全性定理」である．本節では，直観主義命題論理の体系にたいする完全性定理を証明する．

論理式の集合 Γ がつぎの条件 (1)〜(3) をみたすとき，Γ は **飽和集合** であるという（A, B は任意の論理式である）．

(1) $\perp \notin \Gamma$.

(2) $\Gamma \vdash A$ ならば $A \in \Gamma$.

(3) $(A \vee B) \in \Gamma$ ならば，$A \in \Gamma$ または $B \in \Gamma$.

飽和集合について，古典論理や様相論理の場合の「リンデンバウムの補題」に対応する，つぎの定理がなりたつ．$\not\vdash$ は $\vdash$ の否定を表わす．

●**定理 5**（飽和集合の定理）

$\Delta \not\vdash A$ ならば，$\Delta \subseteq \Gamma$ で $\Gamma \not\vdash A$ であるような飽和集合 Γ が存在する．

証明

すべての論理式をならべた列を B_1, B_2, $\cdots$ とする．そして，論理式の集合の列 Γ_1, Γ_2, $\cdots$ および Γ をつぎのように定義する．

$$\Gamma_1 = \Delta$$

$$\Gamma_{n+1} = \begin{cases} \Gamma_n \cup \{B_n\} & \Gamma_n \cup \{B_n\} \not\vdash A \text{ のとき} \\ \Gamma_n & \text{そうではないとき} \end{cases}$$

$$\Gamma = \Gamma_1 \cup \Gamma_2 \cup \cdots$$

この Γ について，$\Delta \subseteq \Gamma$ は明らかである．$\Delta \not\vdash A$ ならば，$\Gamma \not\vdash A$ であることを示す．$\Gamma \vdash A$ のとき，Γ のある有限部分集合 γ について $\gamma \vdash A$ であり，ある n

について $\Gamma_n \vdash A$ であるから，$\Delta \nvdash A$ を仮定して，すべての n について $\Gamma_n \nvdash A$ であることを示せばよい．n についての帰納法を用いる．まず，$\Gamma_1 = \Delta$ だから，$\Gamma_1 \nvdash A$ であり，$\Gamma_n \nvdash A$ ならば，Γ_{n+1} の定義より，$\Gamma_{n+1} \nvdash A$ である．ゆえに，すべての n について $\Gamma_n \nvdash A$ である．

つぎに，Γ が飽和集合であることを示す．

(1) $\Gamma \nvdash A$ だから，$\Gamma \nvdash \bot$ であり，$\bot \notin \Gamma$ である（定理 1 の (2)）．

(2) 任意の論理式 B_n について，$B_n \notin \Gamma$ ならば，$B_n \notin \Gamma_{n+1}$ であり，$\Gamma_n \cup \{B_n\} \vdash A$ である．演繹定理より $\Gamma_n \vdash B_n \supset A$ であり，したがって $\Gamma \vdash B_n \supset A$ であるから，$\Gamma \nvdash B_n$ でなければならない（そうでないと $\Gamma \vdash A$ になってしまう）．ゆえに任意の論理式 B_n について，$\Gamma \vdash B_n$ ならば $B_n \in \Gamma$ である．

(3) 任意の論理式 B_m, B_n について，$B_m \notin \Gamma$ かつ $B_n \notin \Gamma$ ならば，$B_m \notin \Gamma_{m+1}$，$B_n \notin \Gamma_{n+1}$ であり，$\Gamma_m \cup \{B_m\} \vdash A$，$\Gamma_n \cup \{B_n\} \vdash A$ である．演繹定理より $\Gamma_m \vdash B_m \supset A$，$\Gamma_n \vdash B_n \supset A$ であり，したがって $\Gamma \vdash B_m \supset A$，$\Gamma \vdash B_n \supset A$，$\Gamma \vdash B_m \lor B_n \supset A$ であるから，$\Gamma \nvdash B_m \lor B_n$ でなければならない（そうでないと $\Gamma \vdash A$ になってしまう）．ゆえに $\Gamma \vdash B_m \lor B_n$ ならば，$B_m \in \Gamma$ または $B_n \in \Gamma$ である．$(B_m \lor B_n) \in \Gamma$ ならば $\Gamma \vdash B_m \lor B_n$ であり（定理 1 の (2)），$\Gamma \vdash B_m \lor B_n$ ならば，今述べたように，$B_m \in \Gamma$ または $B_n \in \Gamma$ であるから，任意の論理式 B_m, B_n について，$(B_m \lor B_n) \in \Gamma$ ならば，$B_m \in \Gamma$ または $B_n \in \Gamma$ である． ■

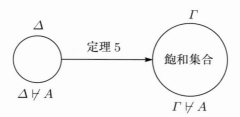

●定理 6

Γ が飽和集合のとき，つぎのことがなりたつ．A, B は任意の論理式である．

(1) $\Gamma \vdash A \Leftrightarrow A \in \Gamma$．

(2) $A \in \Gamma$ かつ $(A \supset B) \in \Gamma \Rightarrow B \in \Gamma$．

(3) $(A \land B) \in \Gamma \Leftrightarrow A \in \Gamma$ かつ $B \in \Gamma$．

(4) $(A \lor B) \in \Gamma \Leftrightarrow A \in \Gamma$ または $B \in \Gamma$．

証明

(1) 飽和集合の条件 (2) より，$\Gamma \vdash A$ ならば $A \in \Gamma$ であり，定理 1 の (2) より，$A \in \Gamma$ ならば $\Gamma \vdash A$ である．

(2) $A \in \Gamma$ かつ $(A \supset B) \in \Gamma$ ならば，(1) より，$\Gamma \vdash A$ かつ $\Gamma \vdash A \supset B$ であり，定理 1 の (3) より，$\Gamma \vdash B$ である．ゆえに (1) より，$B \in \Gamma$ である．

(3) $(A \wedge B) \in \Gamma$ ならば，(1) より，$\Gamma \vdash A \wedge B$ であり，$\Gamma \vdash A \wedge B \supset A$ かつ $\Gamma \vdash A \wedge B \supset B$ だから，定理 1 の (3) より，$\Gamma \vdash A$ かつ $\Gamma \vdash B$ である．ゆえに (1) より，$A \in \Gamma$ かつ $B \in \Gamma$ である．また $A \in \Gamma$ かつ $B \in \Gamma$ ならば，(1) より，$\Gamma \vdash A$ かつ $\Gamma \vdash B$ であり，$\Gamma \vdash A \supset (B \supset A \wedge B)$ だから，定理 1 の (3) より，$\Gamma \vdash A \wedge B$ である．ゆえに (1) より，$(A \wedge B) \in \Gamma$ である．

(4) 飽和集合の条件 (3) より，$(A \vee B) \in \Gamma$ ならば，$A \in \Gamma$ または $B \in \Gamma$ である．また $A \in \Gamma$ または $B \in \Gamma$ ならば，(1) より，$\Gamma \vdash A$ または $\Gamma \vdash B$ であり，$\Gamma \vdash A \supset A \vee B$，$\Gamma \vdash B \supset A \vee B$ だから，定理 1 の (3) より，$\Gamma \vdash A \vee B$ である．ゆえに (1) より，$(A \vee B) \in \Gamma$ である．　　　　　　■

　カノニカルモデル $\langle W, R, V \rangle$ をつぎのように定義する．

(1) W は飽和集合 w をすべてあつめた集合である．

(2) R は集合の包含関係である．$wRw' \Leftrightarrow w \subseteq w'$

(3) V はつぎのものである．$V(\mathbf{p}) = \{w \,|\, \mathbf{p} \in w\}$

　この R（包含関係）は反射的・推移的である．また，$w \subseteq w'$ かつ $\mathbf{p} \in w$ $(w \in V(\mathbf{p}))$ ならば，$\mathbf{p} \in w'$ $(w' \in V(\mathbf{p}))$ であるから，V は持続的である．ゆえに，カノニカルモデル $\langle W, R, V \rangle$ はモデルとしての条件 (160 ページ) をみたしている．

●定理 7（真理補題）

　カノニカルモデル $\langle W, R, V \rangle$ について，つぎのことがなりたつ．w は任意の世界（W の元）であり，A は任意の論理式である．

$$w \models A \Leftrightarrow A \in w$$

証明

　A のなかの論理記号の個数についての帰納法によって証明する．

1) A が $\bot$ のとき．$w \not\models \bot$，$\bot \notin w$ だから，$w \models \bot \Leftrightarrow \bot \in w$

2) A が $\mathbf{p}$ のとき. $w \models \mathbf{p} \Leftrightarrow w \in V(\mathbf{p}) \Leftrightarrow w \in \{u \mid \mathbf{p} \in u\} \Leftrightarrow \mathbf{p} \in w$

3) A が $B \wedge C$ のとき. 帰納法の仮定を用いて,

$$w \models B \wedge C \Leftrightarrow w \models B \text{ かつ } w \models C$$
$$\Leftrightarrow B \in w \text{ かつ } C \in w$$
$$\Leftrightarrow (B \wedge C) \in w \quad (前定理の (3))$$

4) A が $B \vee C$ のとき. A が $B \wedge C$ のときと同様にすればよい. ただし, 前定理の (4) を用いる.

5) A が $B \supset C$ のとき.

$(B \supset C) \in w$ ならば, $w \subseteq u$ であるような任意の $u \in W$ にたいして, $(B \supset C) \in u$ であり, 前定理の (2) より, $B \in u$ ならば $C \in u$ である. ゆえに帰納法の仮定より, $u \models B$ ならば $u \models C$ であることになり, $w \models B \supset C$ であることになる.

また $(B \supset C) \notin w$ ならば, 前定理の (1) より, $w \not\vdash B \supset C$ であり, 演繹定理より, $w \cup \{B\} \not\vdash C$ である. 定理 5 より, $w \cup \{B\} \subseteq u$ で $u \not\vdash C$ (前定理の (1) より $C \notin u$) であるような $u \in W$ が存在する. $B \in u$ かつ $C \notin u$ であるから, 帰納法の仮定より, $u \models B$ かつ $u \not\models C$ であることになり, $w \subseteq u$ だから, $w \not\models B \supset C$ であることになる. ■

●定理 8 (カノニカルモデルの定理)

カノニカルモデル $\langle W, R, V \rangle$ について, つぎのことがなりたつ.
A は任意の論理式である.

$$A \text{ が } \langle W, R, V \rangle \text{ で妥当である} \Leftrightarrow \vdash A.$$

証明

$\vdash A$ のとき, 健全性定理より, A はすべてのフレーム (モデル) で妥当であり, $\langle W, R, V \rangle$ でも妥当である. また $\not\vdash A$ のとき, $\{\} \not\vdash A$ であり, 定理 5 より, $w \not\vdash A$ であるような飽和集合 $w \in W$ が存在する. 定理 6 の (1) より, $A \notin w$ だから, 前定理より, $w \not\models A$ である. ゆえに A は $\langle W, R, V \rangle$ で妥当ではないことになる.

■

●完全性定理

A がすべてのフレームで妥当である $\Rightarrow \vdash A$.

証明

　A がすべてのフレーム（モデル）で妥当ならば，A はカノニカルモデルでも妥当であり，前定理より，$\vdash A$ である． ∎

§5.　決定可能性

　任意に与えられた論理式にたいして，「それが定理であるかないか」を判定する，有限回で終了する機械的な手続き（決定手続き）が存在するとき，その体系は**決定可能**であるという（119 ページ）．本節では，直観主義命題論理の体系が決定可能であることを示す．

　論理式 S に部分的に含まれる論理式を，S の**部分論理式**という．S 自身も，S の部分論理式とみなす．そして S の部分論理式を全部あつめた集合を，Γ_S で表わす．たとえば S が $(p \vee \bot) \supset q$ のとき，Γ_S は $\{(p \vee \bot) \supset q, \, p \vee \bot, \, q, \, p, \, \bot\}$ である．

　モデル $\mathcal{M} = \langle W, R, V \rangle$ の世界 $w, u \in W$ のあいだになりたつ関係 $w \sim_S u$ をつぎのように定義する（$\mathcal{M}, w \models A$ は，A が $\mathcal{M}$ における w で真である，という意味である）．

$$w \sim_S u \; \Leftrightarrow \; \text{任意の } A \in \Gamma_S \text{ にたいして } (\mathcal{M}, w \models A \Leftrightarrow \mathcal{M}, u \models A)$$

$w \sim_S u$ は，Γ_S に含まれるすべての論理式の真偽が w と u で一致するような，w と u の関係である．この関係は，反射的かつ対称的かつ推移的な関係（同値関係）である．この関係を用いて，$[w]$ をつぎのように定義する．

$$[w] = \{u \in W \mid w \sim_S u\}$$

$[w]$ は w の同値類を表わす．$[w] = [w']$ のとき，$w' \in [w'] = [w]$ だから，$w \sim_S w'$ がなりたつ．

　つぎのように定義されるモデル $\mathcal{M}^* = \langle W^*, R^*, V^* \rangle$ を，Γ_S による $\mathcal{M} = \langle W, R, V \rangle$ の**濾過モデル**という．

(1)　$W^* = \{[w] \mid w \in W\}$

(2)　$[w] R^* [u] \; \Leftrightarrow \;$ 任意の $A \in \Gamma_S$ にたいして $(\mathcal{M}, w \models A \Rightarrow \mathcal{M}, u \models A)$

(3)　$V^*(\mathbf{p}) = \begin{cases} \{[w] \mid w \in V(\mathbf{p})\} & \mathbf{p} \in \Gamma_S \text{ のとき} \\ \{\} & \text{そうではないとき} \end{cases}$

$[w] = [w']$ のとき，$w \sim_S w'$ がなりたつから，(2) の右辺は，$[w]$ や $[u]$ の元の
とり方に依存しない.

R^* は反射的・推移的である．また，$[w]R^*[u]$ かつ $[w] \in V^*(\mathbf{p})$ ならば
$[u] \in V^*(\mathbf{p})$ である（これは $\mathbf{p} \notin \Gamma_S$ のときは，$[w] \notin V^*(\mathbf{p})$ だから，自明で
ある．また $\mathbf{p} \in \Gamma_S$ のときは，$[w]R^*[u]$ かつ $[w] \in V^*(\mathbf{p})$ ならば，$w \in V(\mathbf{p})$,
$\mathcal{M}, w \models \mathbf{p}$, $\mathcal{M}, u \models \mathbf{p}$, $u \in V(\mathbf{p})$ だから，$[u] \in V^*(\mathbf{p})$ である）から，V^* は持
続的である．ゆえに，$\mathcal{M}^* = \langle W^*, R^*, V^* \rangle$ はモデルとしての条件（160 ページ）
をみたしている.

W が有限集合のとき，フレーム $\langle W, R \rangle$ を**有限のフレーム**といい，モデル
$\langle W, R, V \rangle$ を**有限のモデル**という．$\mathcal{M}$ がどのようなモデルであれ，<u>Γ_S による
$\mathcal{M}$ の濾過モデル $\mathcal{M}^*$ は常に有限のモデルになる</u>．なぜなら，Γ_S を $\{A_1, \cdots, A_n\}$
とすると，同値類 $[w] \in W^*$ はそれぞれ $A_1, \cdots, A_n$ のある真偽のとり方に対応
し，$A_1, \cdots, A_n$ の真偽のとり方が有限個（$\leq 2^n$ 個）であるから，同値類 $[w]$ の
個数も有限個になるからである.

●定理 9（濾過モデルの定理）

$\mathcal{M} = \langle W, R, V \rangle$ がカノニカルモデルで，$\mathcal{M}^* = \langle W^*, R^*, V^* \rangle$ が Γ_S による
$\mathcal{M}$ の濾過モデルであるとき，任意の $A \in \Gamma_S$，任意の $w \in W$ にたいして，つぎ
のことがなりたつ.

$$\mathcal{M}, w \models A \Leftrightarrow \mathcal{M}^*, [w] \models A$$

証明

$A \in \Gamma_S$ のなかの論理記号の個数についての帰納法によって証明する.

1) A が $\perp$ のとき.

$$\mathcal{M}, w \not\models \perp, \; \mathcal{M}^*, [w] \not\models \perp \text{ だから，} \mathcal{M}, w \models \perp \Leftrightarrow \mathcal{M}^*, [w] \models \perp$$

2) A が $\mathbf{p}$ のとき.

$$\mathcal{M}, w \models \mathbf{p} \Leftrightarrow w \in V(\mathbf{p}) \Leftrightarrow [w] \in V^*(\mathbf{p}) \Leftrightarrow \mathcal{M}^*, [w] \models \mathbf{p}$$

3) A が $B \wedge C$ のとき．帰納法の仮定を用いて,

$$\mathcal{M}, w \models B \wedge C \Leftrightarrow \mathcal{M}, w \models B \text{ かつ } \mathcal{M}, w \models C$$
$$\Leftrightarrow \mathcal{M}^*, [w] \models B \text{ かつ } \mathcal{M}^*, [w] \models C$$
$$\Leftrightarrow \mathcal{M}^*, [w] \models B \wedge C$$

4) A が $B \vee C$ のとき．A が $B \wedge C$ のときと同様にすればよい．

5) A が $B \supset C$ のとき．帰納法の仮定を用いて，

$$\mathcal{M}, w \models B \supset C$$

$$\Rightarrow \forall u([w]R^*[u] \text{ ならば } (\mathcal{M}, u \models B \text{ ならば } \mathcal{M}, u \models C))$$

$$([w]R^*[u] \text{ と } \mathcal{M}, w \models B \supset C \text{ より } \mathcal{M}, u \models B \supset C \text{ がいえ},$$

これより，$\mathcal{M}, u \models B$ ならば $\mathcal{M}, u \models C$ がいえるから）

$$\Leftrightarrow \forall u([w]R^*[u] \text{ ならば } (\mathcal{M}^*, [u] \models B \text{ ならば } \mathcal{M}^*, [u] \models C))$$

$$\Leftrightarrow \mathcal{M}^*, [w] \models B \supset C$$

$$\mathcal{M}^*, [w] \models B \supset C$$

$$\Leftrightarrow \forall u([w]R^*[u] \text{ ならば } (\mathcal{M}^*, [u] \models B \text{ ならば } \mathcal{M}^*, [u] \models C))$$

$$\Rightarrow \forall u(w \subseteq u \text{ ならば } (\mathcal{M}^*, [u] \models B \text{ ならば } \mathcal{M}^*, [u] \models C))$$

（$w \subseteq u$ と真理補題より，任意の A にたいして，$\mathcal{M}, w \models A$

$\Rightarrow \mathcal{M}, u \models A$ がいえ，これより $[w]R^*[u]$ がいえるから）

$$\Leftrightarrow \forall u(w \subseteq u \text{ ならば } (\mathcal{M}, u \models B \text{ ならば } \mathcal{M}, u \models C))$$

$$\Leftrightarrow \mathcal{M}, w \models B \supset C \qquad \blacksquare$$

●定理 10

$\vdash A \Leftrightarrow A$ はすべての有限のフレームで妥当である．

証明

$\Rightarrow$ は健全性定理より明らか．$\Leftarrow$ を示すために，$\not\vdash A$ とすると，定理 8 より，A はカノニカルモデル $\mathcal{M} = \langle W, R, V \rangle$ で妥当ではなく，ある $w \in W$ にたいして $\mathcal{M}, w \not\models A$ である．Γ_A による $\mathcal{M}$ の濾過モデル $\mathcal{M}^*$ を作ると，前定理より，$\mathcal{M}^*, [w] \not\models A$ である（$A \in \Gamma_A$ であることに注意）．ゆえに A は有限のモデル $\mathcal{M}^*$ で妥当ではないことになり（ある有限のフレームで妥当ではないことになり），$\Leftarrow$ が示されたことになる．　　　　　　■

●決定可能性定理

直観主義命題論理の公理体系は決定可能である．

証明

前章の決定可能性定理（125 ページ）の証明と同じようにして（つぎのようにして）証明することができる．

直観主義命題論理の公理体系の証明は，ある条件をみたした論理式の有限列で

あるから，すべての証明をならべることができる．すべての証明をならべた列を

  $\mathcal{P}_1$, $\mathcal{P}_2$, $\mathcal{P}_3$, ……

とせよ．論理式 A が定理であるのは，A がこの列のなかのいずれかの証明の最後の論理式になっているときであり，またそのときにかぎる．

 また有限のフレームは，世界の個数や，世界のあいだの反射的・推移的関係の個数が有限であるから，すべての有限のフレームをならべることができる．すべての有限のフレームをならべた列を

  $\mathcal{F}_1$, $\mathcal{F}_2$, $\mathcal{F}_3$, ……

とせよ．論理式 A が定理ではないのは，前定理より，A がこの列のなかのいずれかのフレームで非妥当であるときであり，またそのときにかぎる．そして，A が有限のフレームで非妥当であるかないかは有限回の手続きで確かめることができる．

 任意の論理式 A が定理であるかないかの判定はつぎのようにする．
上の 2 つの列をあわせた列

  $\mathcal{P}_1$, $\mathcal{F}_1$, $\mathcal{P}_2$, $\mathcal{F}_2$, $\mathcal{P}_3$, $\mathcal{F}_3$, ……

を最初から順にたどっていって，A が，ある $\mathcal{P}_n$ の最後の論理式になっているときには，A は定理であると判定し，ある $\mathcal{F}_n$ で非妥当であるときには，A は定理ではないと判定する．こうして有限回の手続きで，A が定理であるかないかの判定ができるから，直観主義命題論理の公理体系は決定可能である． ■

§6. 直観主義述語論理

 直観主義述語論理の論理式には，直観主義命題論理の論理式がすべて含まれ，命題の内部構造を表現する論理式が新たに加わる．直観主義述語論理の論理式を構成する基本記号はつぎのものである．

●基本記号

(1) 命題定項　$\perp$

(2) 命題変項　p, q, r, ……

(3) 個体記号（個体定項）　c_1, c_2, c_3, ……

(4) 個体変項　x, y, z, ……

(5) 述語変項　　単項述語変項　F^1, G^1, H^1, ……

　　　　　　　　2 項述語変項　F^2, G^2, H^2, ……

　　　　　　　　3 項述語変項　F^3, G^3, H^3, ……

_____

(6) 論理記号　　∧（かつ）, ∨（または）, ⊃（ならば）,

　　　　　　　　∀（すべての）, ∃（存在する）

(7) 補助記号　　カッコ (,) とコンマ ,

　個体記号と個体変項をあわせて**項**（term）とよぶ.

　述語変項の肩つき数字は省略されることが多い.

　直観主義述語論理の論理式は, つぎのように帰納的に定義される.

●論理式

(1) 命題定項, 命題変項は論理式である.

(2) **F** が n 項述語変項で, $\mathbf{t}_1$, $\cdots$, $\mathbf{t}_n$ が項のとき, $\mathbf{F}(\mathbf{t}_1, \cdots, \mathbf{t}_n)$ は論理式である.

(3) A, B が論理式ならば, $(A \wedge B)$, $(A \vee B)$, $(A \supset B)$ も論理式である.

(4) **x** が個体変項で, A が論理式ならば, $\forall \mathbf{x} A$, $\exists \mathbf{x} A$ も論理式である.

(5) (1)〜(4) によって論理式とされるものだけが論理式である.

　任意の論理式を表わす記号として A, B, C など, 任意の命題変項を表わす記号として **p**, **q** など, 任意の個体記号を表わす記号として **c**, $\mathbf{c}_1$, $\mathbf{c}_2$ など, 任意の個体変項を表わす記号として **x**, **y**, **z** など, 任意の項を表わす記号として **t**, $\mathbf{t}_1$, $\mathbf{t}_2$, $\mathbf{s}_1$, $\mathbf{s}_2$ など, そして任意の述語変項を表わす記号として **F**, **G** などを用いる.

　たとえばつぎのような記号列は, 論理式である.

$$(p \wedge q), \quad (\forall x F(x) \supset \bot), \quad F(c_1), \quad (p \vee \exists x G(c_1, x))$$

しかしつぎのような記号列は, 論理式ではない.

$$p \supset \wedge q, \quad (p \vee q) \bot q, \quad F(x) \supset \forall x, \quad F(p, x)$$

カッコを省略するための規約を定める.

(1) 論理式全体を囲むカッコは省略できる.

(2) 論理記号や限量子（∀**x**, ∃**x**）の結合力は ∀**x**, ∃**x** の 2 つが最も強く, 以下　∧, ∨, ⊃ の順に弱くなるものとし, カッコを省略しても部分的論理式の結合

関係に変化が生じないかぎり，カッコを省略することができるものとする．

この規約を用いると，たとえば $((\forall x(F(x) \wedge p) \vee q) \supset \perp)$ のカッコは，$\forall x(F(x) \wedge p) \vee q \supset \perp$ のように省略することができる．しかし，これ以上カッコを省略することはできない．これ以上カッコを省略すると，部分的論理式の結合関係が変化してしまうからである．

論理式のなかに $\forall \mathbf{x} A$, $\exists \mathbf{x} A$ が含まれているとき，$\forall \mathbf{x}$, $\exists \mathbf{x}$ の直後の A の範囲（論理式 A を構成する最初の記号から最後の記号までの範囲）を，$\forall \mathbf{x}$, $\exists \mathbf{x}$ の「作用域」という．

論理式のなかで，「個体変項 $\mathbf{x}$ の現われ」が $\forall \mathbf{x}$, $\exists \mathbf{x}$ のなかにあるか，$\forall \mathbf{x}$, $\exists \mathbf{x}$ の作用域のなかにあるとき，$\mathbf{x}$ の現われは「束縛されている」といい，そうではないとき，$\mathbf{x}$ の現われは「自由である」という．

「個体変項 $\mathbf{x}$ の現われ」ではなく「個体変項 $\mathbf{x}$」が束縛されている，自由である，といういい方も認めることにしよう．そして，束縛されている個体変項を「束縛変項」とよび，自由である個体変項を「自由変項」とよぶことにしよう．この用語法を用いると，論理式

$$\forall x(\exists x(\perp \wedge F(x)) \vee G(x,y)) \supset F(x)$$

のなかに現われている個体変項 x, y のうち，左から1〜4番目の x は，束縛されているから，束縛変項であり，5番目の x および y は，自由であるから，自由変項である．

否定記号 $\sim$（でない）は，つぎの定義によって導入される．左辺は右辺の省略的表現である．

$$\sim A : (A \supset \perp)$$

直観主義述語論理の公理体系の基礎になる公理図式はつぎのものである．公理図式をみたす論理式が**公理**である．

●公理図式

1. $A \supset (B \supset A)$
2. $(A \supset (B \supset C)) \supset ((A \supset B) \supset (A \supset C))$
3. $A \wedge B \supset A$
4. $A \wedge B \supset B$

5. $A \supset (B \supset A \wedge B)$

6. $A \supset A \vee B$

7. $B \supset A \vee B$

8. $(A \supset C) \supset ((B \supset C) \supset (A \vee B \supset C))$

9. $\bot \supset A$

10. $\forall \mathbf{x} A(\mathbf{x}) \supset A(\mathbf{t})$

11. $A(\mathbf{t}) \supset \exists \mathbf{x} A(\mathbf{x})$

$A(\mathbf{t})$ は, $A(\mathbf{x})$ のなかの自由変項 $\mathbf{x}$ に $\mathbf{t}$ を代入して得られる論理式である. $\mathbf{t}$ が個体変項のとき, その個体変項は代入の結果束縛されてはならない.

　直観主義述語論理の公理体系の変形規則はつぎのものである.

●変形規則

(1) 分離規則

　　A と $A \supset B$ から B を導くことができる.

(2) $\forall$ 導入の規則

　　A が自由変項 $\mathbf{x}$ を含まないとき, $A \supset B$ から $A \supset \forall \mathbf{x} B$ を導くことができる.

(3) $\exists$ 導入の規則

　　B が自由変項 $\mathbf{x}$ を含まないとき, $A \supset B$ から $\exists \mathbf{x} A \supset B$ を導くことができる.

　公理と変形規則から導かれる論理式が **定理** である. 公理自身も定理とみなす.

　12 番目の公理図式として排中律 $A \vee \sim A$ (すなわち $A \vee (A \supset \bot)$) を加えると, 「古典述語論理」の体系になる.

　論理式の列 $A_1, \cdots, A_n$ のすべての A_i について, A_i が公理であるか, または列のなかで先行する論理式から変形規則を 1 回だけ用いて導かれる論理式である, ということがいえるとき, 「$A_1, \cdots, A_n$ は, A_nの証明 である」という.

　また, 論理式の列 $A_1, \cdots, A_n$ のすべての A_i について, A_i が公理であるか, または論理式の集合 Γ に含まれる論理式であるか, または列のなかで先行する論理式から変形規則を 1 回だけ用いて導かれる論理式である, ということがいえるとき, 「$A_1, \cdots, A_n$ は, Γ からの A_n の証明 (演繹) である」という.

「A の証明が存在する」ということを，$\vdash A$ のように書いて表わし，「Γ からの A の証明が存在する」ということを，$\Gamma \vdash A$ のように書いて表わす．（$\vdash A$ は明らかに，$\{\} \vdash A$ と同値である．）

●定理 11

(1) $\vdash A$ ならば $\Gamma \vdash A$.

(2) $A \in \Gamma$ ならば $\Gamma \vdash A$.

(3) $\Gamma \vdash A$ かつ $\Gamma \vdash A \supset B$ ならば，$\Gamma \vdash B$.

証明

定理 1（158 ページ）の証明と同じようにすればよい． ■

(1) を一般化して，「$\Delta \subseteq \Gamma$ のとき，$\Delta \vdash A$ ならば $\Gamma \vdash A$」もいえる．$\Delta \subseteq \Gamma$ のとき，Δ からの A の証明がそのまま，Γ からの A の証明になるからである．（$\Delta = \{\}$ の場合が (1) である．）

●定理 12

$\vdash A \supset A$

証明

定理 2（159 ページ）の証明と同じようにすればよい． ■

しばしば，$\{A_1, \cdots, A_n\} \vdash B$ を $A_1, \cdots, A_n \vdash B$ と書き，$\Gamma \cup \{A_1, \cdots, A_n\} \vdash B$ を $\Gamma, A_1, \cdots, A_n \vdash B$ と書く．

●定理 13

(1) $A \supset (B \supset C) \vdash A \wedge B \supset C$

(2) $A \wedge B \supset C \vdash A \supset (B \supset C)$

(3) $A \supset (B \supset C) \vdash B \supset (A \supset C)$

証明

(1) $A \supset (B \supset C)$ を仮定して $A \wedge B \supset C$ を導く．

1. $A \supset (B \supset C)$	仮定
2. $A \wedge B \supset (A \supset (B \supset C))$	1, 公理 1, 分離規則
3. $(A \wedge B \supset A) \supset (A \wedge B \supset (B \supset C))$	2, 公理 2, 分離規則
4. $A \wedge B \supset (B \supset C)$	公理 3, 3, 分離規則

5. $(A \wedge B \supset B) \supset (A \wedge B \supset C)$ 4, 公理2, 分離規則

6. $A \wedge B \supset C$ 公理4, 5, 分離規則

(2) $A \wedge B \supset C$ を仮定して $A \supset (B \supset C)$ を導く（省略）.

(3) $A \supset (B \supset C)$ を仮定して $B \supset (A \supset C)$ を導く（省略）.　　■

●定理14

$\Gamma \vdash A$ かつ $A \vdash B$ ならば, $\Gamma \vdash B$.

証明

Γ からの A の証明と $\{A\}$ からの B の証明を連結すると, Γ からの B の証明になる.　　■

つぎの定理のなかの「$\Gamma, A \vdash B$ の証明」というのは,「$\Gamma \cup \{A\}$ からの B の証明」のことである.

●演繹定理

$\Gamma, A \vdash B$ で, $\Gamma, A \vdash B$ の証明のなかに, A の自由変項が限量されるような $\forall$ 導入の規則や $\exists$ 導入の規則の適用が含まれないとき, $\Gamma \vdash A \supset B$ である.

証明

$\Gamma, A \vdash B$ の証明（$\Gamma \cup \{A\}$ からの B の証明）を, B_1, $\cdots$, $B_n (= B)$ とし, i についての帰納法によって, $\Gamma \vdash A \supset B_i$ $(1 \le i \le n)$ を証明する. B_i について, つぎの5つの場合 1)〜5) が考えられる.

1) B_i が公理であるか, $B_i \in \Gamma$ である場合.

2) B_i が A である場合.

3) B_i が先行する2つの論理式 B_k, $B_k \supset B_i$ から分離規則を用いて導かれている場合.

1)〜3) の場合は, §1の演繹定理（159ページ）の証明の 1)〜3) の場合と同じようにして, $\Gamma \vdash A \supset B_i$ を示すことができる.

4) B_i $(C \supset \forall \mathbf{x} D)$ が先行する論理式 $C \supset D$ から $\forall$ 導入の規則を用いて導かれている場合. 帰納法の仮定により, $\Gamma \vdash A \supset (C \supset D)$ であり, 定理13の (1) と前定理より, $\Gamma \vdash A \wedge C \supset D$ である. C は自由変項 $\mathbf{x}$ を含まず（$\forall$ 導入の規則の条件）, A も自由変項 $\mathbf{x}$ を含まない（定理の条件）から, $A \wedge C$ が自由変項 $\mathbf{x}$ を含まないことになり, $\forall$ 導入の規則と前定理より, $\Gamma \vdash A \wedge C \supset \forall \mathbf{x} D$ である. ゆ

えに，定理 13 の (2) と前定理より，$\Gamma \vdash A \supset (C \supset \forall \mathbf{x} D)$ すなわち $\Gamma \vdash A \supset B_i$ である．

5) B_i $(\exists \mathbf{x} C \supset D)$ が先行する論理式 $C \supset D$ から $\exists$ 導入の規則を用いて導かれている場合．帰納法の仮定により，$\Gamma \vdash A \supset (C \supset D)$ であり，定理 13 の (3) と前定理より，$\Gamma \vdash C \supset (A \supset D)$ である．D は自由変項 $\mathbf{x}$ を含まず（$\exists$ 導入の規則の条件），A も自由変項 $\mathbf{x}$ を含まない（定理の条件）から，$A \supset D$ が自由変項 $\mathbf{x}$ を含まないことになり，$\exists$ 導入の規則と前定理より，$\Gamma \vdash \exists \mathbf{x} C \supset (A \supset D)$ である．ゆえに，定理 13 の (3) と前定理より，$\Gamma \vdash A \supset (\exists \mathbf{x} C \supset D)$ すなわち $\Gamma \vdash A \supset B_i$ である．

こうして $1 \leq i \leq n$ のとき，$\Gamma \vdash A \supset B_i$ である．とくに $i = n$ のとき，$\Gamma \vdash A \supset B$ である．　■

自由変項を含まない論理式のことを**閉じた論理式**（closed formula）という．A が閉じた論理式のとき，演繹定理の条件（$\Gamma, A \vdash B$ の証明のなかに……が含まれない）が常にみたされるから，$\Gamma, A \vdash B$ のとき $\Gamma \vdash A \supset B$ である，が常にいえる．

§7. 意味論

直観主義述語論理の**モデル**には，つぎのものが用いられる．

W： すべての世界の集合（空ではない）

R： 世界のあいだになりたつ関係

D： 個体全領域（空ではない）

Q： $w \in W$ にたいして，w における個体領域（空ではない）$Q(w) \subseteq D$ を対応させる関数（$Q(w)$ は D_w とも書く）

V： 命題変項に世界の集合（W の部分集合）を対応させ，項に D の元を対応させ，n 項述語変項に $Q(w) = D_w$ の n 個の元と w との $n+1$ 項組の集合を対応させるような付値関数

W，R，D，Q，V の 5 項組 $\langle W, R, D, Q, V \rangle$ が，直観主義述語論理のモデルである．W，R の 2 項組 $\langle W, R \rangle$ は**フレーム**とよばれる．モデル $\langle W, R, D, Q, V \rangle$ やフレーム $\langle W, R \rangle$ はつぎの条件 (1)〜(3) をみたさなければならない（w, w', w''

は W の任意の元である).

(1) R は **反射的・推移的** である.

$wRw.$ wRw' かつ $w'Rw''$ ならば, $wRw''.$

(2) Q は **拡張的** である.

wRw' ならば, $Q(w) \subseteq Q(w')$ (すなわち $D_w \subseteq D_{w'}$).

(3) V は **持続的** である.

① wRw' かつ $w \in V(\mathbf{p})$ ならば, $w' \in V(\mathbf{p})$.

② wRw' かつ $\langle a_1, \cdots, a_n, w \rangle \in V(\mathbf{F})$ ならば, $\langle a_1, \cdots, a_n, w' \rangle \in V(\mathbf{F})$.

$w \in V(\mathbf{p})$ は, $\mathbf{p}$ が w で真であることを表わすから, (3) の ① は, wRw' で $\mathbf{p}$ が w で真ならば, $\mathbf{p}$ は w' でも真であることを表わしている. また, $\langle a_1, \cdots, a_n, w \rangle \in V(\mathbf{F})$ は, $\mathbf{F}$ が w で $a_1, \cdots, a_n$ にたいしてなりたつことを表わすから, (3) の ② は, wRw' で $\mathbf{F}$ が w で $a_1, \cdots, a_n$ にたいしてなりたつならば, $\mathbf{F}$ は w' でも $a_1, \cdots, a_n$ にたいしてなりたつことを表わしている.

世界（W の元）は「知識の状態」であり, 世界のあいだの関係 R は「時間的に前（同時を含めて）の世界と後の世界のあいだの関係」であると考えればよい. R が前の世界と後の世界のあいだの関係のとき, R は反射的かつ推移的である. また, 前の世界での個体の範囲は後の世界での個体の範囲に含まれると考えられるから, Q は拡張的である. また, 前の世界でなりたつ命題は後の世界でもなりたち, 前の世界である個体（の組）にたいしてなりたつ述語は後の世界でもその個体（の組）にたいしてなりたつと考えられるから, V は持続的である.

「論理式 A がモデル $\langle W, R, D, Q, V \rangle$ における世界 $w \in W$ で真である」（簡単に $V, w \models A$ で表わす）ということを, つぎの (1)〜(8) のように定義する. $V[\mathbf{t} \,|\, a]$ は, $\mathbf{t}$ にたいする値が $a \in D$ で, 他の項や命題変項や述語変項にたいする値は V と同じであるような付値関数である.

(1) $V, w \not\models \bot$

(2) $V, w \models \mathbf{p} \Leftrightarrow w \in V(\mathbf{p})$

(3) $V, w \models \mathbf{F}(\mathbf{t}_1, \cdots, \mathbf{t}_n) \Leftrightarrow \underline{\langle V(\mathbf{t}_1), \cdots, V(\mathbf{t}_n), w \rangle \in V(\mathbf{F})}$

(4) $V, w \models A \wedge B \Leftrightarrow V, w \models A$ かつ $V, w \models B$

(5) $V, w \models A \vee B \Leftrightarrow V, w \models A$ または $V, w \models B$

(6) $V, w \models A \supset B \Leftrightarrow wRw'$ であるようなすべての $w' \in W$ について，

$$V, w' \models A \text{ ならば } V, w' \models B$$

(7) $V, w \models \forall \mathbf{x} A \Leftrightarrow wRw'$ であるようなすべての $w' \in W$ について，また

$$\text{すべての } a \in D_{w'} \text{ について，} V[\mathbf{x}|a], w' \models A$$

(8) $V, w \models \exists \mathbf{x} A \Leftrightarrow$ ある $a \in D_w$ が存在して $V[\mathbf{x}|a], w \models A$

$\sim$ の定義（173 ページ）と (1)，(6) より，つぎのことが導かれる．

(9) $V, w \models \sim A \Leftrightarrow V, w \models A \supset \bot$

$$\Leftrightarrow wRw' \text{ であるようなすべての } w' \in W \text{ について } V, w' \not\models A$$

つぎの定理は，直観主義述語論理の意味論の基本定理である．

●定理 15

wRw' かつ $V, w \models A$ ならば，$V, w' \models A$.

証明

A のなかの論理記号の個数についての帰納法によって証明する．

1) A が $\bot$ のとき．2) A が $\mathbf{p}$ のとき．4) A が $B \land C$ のとき．5) A が $B \lor C$ のとき．6) A が $B \supset C$ のとき．定理 3（161 ページ）の証明の 1)〜5) と同じようにすればよい．ただし，$w \models$ を $V, w \models$ に，$w \not\models$ を $V, w \not\models$ に書きかえるなどの変更が必要である．

3) A が $\mathbf{F}(\mathbf{t}_1, \cdots, \mathbf{t}_n)$ のとき．wRw' かつ $V, w \models \mathbf{F}(\mathbf{t}_1, \cdots, \mathbf{t}_n)$ を仮定せよ．wRw' かつ $\langle V(\mathbf{t}_1), \cdots, V(\mathbf{t}_n), w \rangle \in V(\mathbf{F})$ で V が持続的だから，$\langle V(\mathbf{t}_1), \cdots, V(\mathbf{t}_n), w' \rangle \in V(\mathbf{F})$ であり，$V, w' \models \mathbf{F}(\mathbf{t}_1, \cdots, \mathbf{t}_n)$ である．

7) A が $\forall \mathbf{x} B$ のとき．wRw' かつ $V, w \models \forall \mathbf{x} B$ を仮定せよ．$V, w' \models \forall \mathbf{x} B$ を示すために，さらに $w'Rw''$ かつ $a \in D_{w''}$ を仮定して，$V[\mathbf{x}|a], w'' \models B$ を導く．R が推移的で，wRw' かつ $w'Rw''$ だから，wRw'' であり，$V, w \models \forall \mathbf{x} B$ かつ $a \in D_{w''}$ だから，$V[\mathbf{x}|a], w'' \models B$ である．

8) A が $\exists \mathbf{x} B$ のとき．wRw' かつ $V, w \models \exists \mathbf{x} B$ を仮定せよ．ある $a \in D_w$ が存在して $V[\mathbf{x}|a], w \models B$ であり，帰納法の仮定により，$V[\mathbf{x}|a], w' \models B$ である．$D_w \subseteq D_{w'}$ だから，ある $a \in D_{w'}$ にたいして $V[\mathbf{x}|a], w' \models B$ であり，$V, w' \models \exists \mathbf{x} B$ である． ■

フレーム $\langle W, R \rangle$ をもつモデル $\langle W, R, D, Q, V \rangle$ を，「フレーム $\langle W, R \rangle$ にもとづ

くモデル」という.

「A がモデル $\langle W, R, D, Q, V \rangle$ で**妥当である**」とは，<u>A に含まれる自由変項・</u><u>個体記号 $\mathbf{t}_1, \cdots, \mathbf{t}_n$ にたいして $V(\mathbf{t}_1), \cdots, V(\mathbf{t}_n) \in D_w$ であるようなすべての</u><u>$w \in W$ について，$V, w \models A$ である</u>，ということである.

また「A がフレーム $\langle W, R \rangle$ で**妥当である**」とは，A がフレーム $\langle W, R \rangle$ にもとづくすべてのモデル $\langle W, R, D, Q, V \rangle$ で妥当である，ということである.

ここで，後の議論で必要になる2つの定理（定理16, 17）を証明しておく.

●定理16（一致の原理）

項にたいする値のみが異なっているような2つの付値関数を V, V' とする. 論理式 A が $\mathbf{t}_1, \cdots, \mathbf{t}_n$ 以外の自由変項・個体記号を含まないとき，

$$V(\mathbf{t}_1) = V'(\mathbf{t}_1), \ \cdots, \ V(\mathbf{t}_n) = V'(\mathbf{t}_n)$$

ならば，$V, w \models A \Leftrightarrow V', w \models A$ である.

証明

A のなかの論理記号の個数についての帰納法によって証明する.

1) A が $\bot$ のとき. 省略.

2) A が $\mathbf{p}$ のとき. 3) A が $\mathbf{F}(\mathbf{s}_1, \cdots, \mathbf{s}_m)$ で $\{\mathbf{s}_1, \cdots, \mathbf{s}_m\} \subseteq \{\mathbf{t}_1, \cdots, \mathbf{t}_n\}$ のとき. 前章の定理14（133ページ）の証明の1), 2) と同じようにすればよい. ただし，$\mathbf{y}_i$ を $\mathbf{s}_i$ に書きかえ，$\mathbf{x}_i$ を $\mathbf{t}_i$ に書きかえるなどの変更が必要である.

4) A が $B \wedge C$ のとき. 5) A が $B \vee C$ のとき. 省略.

6) A が $B \supset C$ のとき. 帰納法の仮定を用いて，

$$V, w \models B \supset C \Leftrightarrow \forall u(wRu \Rightarrow (V, u \models B \text{ ならば } V, u \models C))$$
$$\Leftrightarrow \forall u(wRu \Rightarrow (V', u \models B \text{ ならば } V', u \models C))$$
$$\Leftrightarrow V', w \models B \supset C$$

7) A が $\forall \mathbf{x} B$ のとき.

任意の世界 u，任意の個体 $a \in D_u$ について，付値関数 $V[\mathbf{x}\,|\,a]$, $V'[\mathbf{x}\,|\,a]$ は，$\mathbf{t}_1, \cdots, \mathbf{t}_n, \mathbf{x}$ にたいして同じ値をとるから，帰納法の仮定により，$V[\mathbf{x}\,|\,a], u \models B \Leftrightarrow V'[\mathbf{x}\,|\,a], u \models B$ である. ゆえに，

$$V, w \models \forall \mathbf{x} B \Leftrightarrow \forall u(wRu \Rightarrow \forall a \in D_u(V[\mathbf{x}\,|\,a], u \models B))$$
$$\Leftrightarrow \forall u(wRu \Rightarrow \forall a \in D_u(V'[\mathbf{x}\,|\,a], u \models B))$$

$$\Leftrightarrow V', w \models \forall \mathbf{x}B$$

8) A が $\exists \mathbf{x}B$ のとき.

A が $\forall \mathbf{x}B$ のときと同様にすればよい. wRu であるような u を考えなくてよいから, 少し簡単になる. ∎

●**定理 17** (置換の原理)

任意の論理式 $A(\mathbf{x})$ にたいして,

$$V[\mathbf{x}|V(\mathbf{t})], w \models A(\mathbf{x}) \Leftrightarrow V, w \models A(\mathbf{t})$$

である.

証明

$A(\mathbf{x})$ のなかの論理記号の個数についての帰納法によって証明する.

$V' = V[\mathbf{x}|V(\mathbf{t})]$ とおく.

1) $A(\mathbf{x})$ が $\bot$ のとき. 省略.

2) $A(\mathbf{x})$ が $\mathbf{p}$ のとき. 3) $A(\mathbf{x})$ が $\mathbf{F}(\mathbf{s}_1, \cdots, \mathbf{s}_n)$ のとき. 前章の定理 15 (134 ページ) の証明の 1), 2) と同じようにすればよい. ただし, $\mathbf{x}_i$ を $\mathbf{s}_i$ に書きかえ, $\mathbf{y}$ を $\mathbf{t}$ に書きかえるなどの変更が必要である.

4) $A(\mathbf{x})$ が $B(\mathbf{x}) \wedge C(\mathbf{x})$ のとき. 5) $A(\mathbf{x})$ が $B(\mathbf{x}) \vee C(\mathbf{x})$ のとき. 省略.

6) $A(\mathbf{x})$ が $B(\mathbf{x}) \supset C(\mathbf{x})$ のとき. 帰納法の仮定を用いて,

$$V', w \models A(\mathbf{x}) \Leftrightarrow \forall u(wRu \Rightarrow (V', u \models B(\mathbf{x}) \text{ ならば } V', u \models C(\mathbf{x})))$$
$$\Leftrightarrow \forall u(wRu \Rightarrow (V, u \models B(\mathbf{t}) \text{ ならば } V, u \models C(\mathbf{t})))$$
$$\Leftrightarrow V, w \models A(\mathbf{t})$$

7) $A(\mathbf{x})$ が $\forall \mathbf{y}B(\mathbf{x})$ のとき.

$A(\mathbf{x})$ が自由変項 $\mathbf{x}$ を含まないならば, $A(\mathbf{t})$ は $A(\mathbf{x})$ と同形 (同じ形) で, $A(\mathbf{x})$ の自由変項 ($\mathbf{x}$ ではない)・個体記号にたいする V の値と V' の値が同じだから, 前定理を用いて, $V, w \models A(\mathbf{t}) \Leftrightarrow V, w \models A(\mathbf{x}) \Leftrightarrow V', w \models A(\mathbf{x})$.

$A(\mathbf{x})$ が自由変項 $\mathbf{x}$ を含むならば, $\mathbf{y}$ と $\mathbf{x}$ は異なり, $A(\mathbf{t})$ は $\forall \mathbf{y}B(\mathbf{t})$ と同形である. $\mathbf{t}$ は $A(\mathbf{x})$ の $\mathbf{x}$ に代入したとき束縛されてはならないから, $\mathbf{y}$ と $\mathbf{t}$ も異なる. ゆえに任意の世界 u, 任意の個体 $a \in D_u$ について, $V[\mathbf{y}|a][\mathbf{x}|V(\mathbf{t})] = V[\mathbf{x}|V(\mathbf{t})][\mathbf{y}|a]$ であり, $\underline{V[\mathbf{y}|a](\mathbf{t}) = V(\mathbf{t})}$ である. ゆえに帰納法の仮定を用いて,

$$V, w \models A(\mathbf{t}) \iff V, w \models \forall \mathbf{y} B(\mathbf{t})$$
$$\iff \forall u(wRu \Rightarrow \forall a \in D_u(V[\mathbf{y}\,|\,a], u \models B(\mathbf{t})))$$
$$\iff \forall u(wRu \Rightarrow \forall a \in D_u(V[\mathbf{y}\,|\,a]\,', u \models B(\mathbf{x})))$$
$$\iff \forall u(wRu \Rightarrow \forall a \in D_u(V[\mathbf{y}\,|\,a][\mathbf{x}\,|\,\underline{V[\mathbf{y}\,|\,a](\mathbf{t})}], u \models B(\mathbf{x})))$$
$$\iff \forall u(wRu \Rightarrow \forall a \in D_u(V[\mathbf{y}\,|\,a][\mathbf{x}\,|\,\underline{V(\mathbf{t})}], u \models B(\mathbf{x})))$$
$$\iff \forall u(wRu \Rightarrow \forall a \in D_u(V[\mathbf{x}\,|\,V(\mathbf{t})][\mathbf{y}\,|\,a], u \models B(\mathbf{x})))$$
$$\iff V[\mathbf{x}\,|\,V(\mathbf{t})], w \models \forall \mathbf{y} B(\mathbf{x})$$
$$\iff V', w \models A(\mathbf{x})$$

8) $A(\mathbf{x})$ が $\exists \mathbf{y} B(\mathbf{x})$ のとき.

$A(\mathbf{x})$ が $\forall \mathbf{y} B(\mathbf{x})$ のときと同様にすればよい. wRu であるような u を考えなくてよいから，少し簡単になる. ∎

§8. 健全性

　直観主義述語論理の公理体系のすべての定理は，すべてのフレームで妥当であることを示すことができる（健全性定理）.

●定理 18

(1) 公理図式 1〜11 をみたす論理式はすべてのフレームで妥当である.

(2) A と $A \supset B$ がフレーム $\langle W, R \rangle$ で妥当ならば，B も $\langle W, R \rangle$ で妥当である.

(3) A が自由変項 $\mathbf{x}$ を含まないとき，$A \supset B$ がフレーム $\langle W, R \rangle$ で妥当ならば，$A \supset \forall \mathbf{x} B$ も $\langle W, R \rangle$ で妥当である.

(4) B が自由変項 $\mathbf{x}$ を含まないとき，$A \supset B$ がフレーム $\langle W, R \rangle$ で妥当ならば，$\exists \mathbf{x} A \supset B$ も $\langle W, R \rangle$ で妥当である.

(5) A がフレーム $\langle W, R \rangle$ で妥当ならば，$\forall \mathbf{x} A$ も $\langle W, R \rangle$ で妥当である.

証明

(1) 公理図式 1〜9 をみたす論理式は，任意のモデルにおける任意の世界で真になる（定理 4（162 ページ）の (1) の証明を参照）から，すべてのモデルで妥当であり，すべてのフレームで妥当である.

　公理図式 10 をみたす論理式 $\forall \mathbf{x} A(\mathbf{x}) \supset A(\mathbf{t})$ がすべてのフレームで妥当であることを示す. ① $A(\mathbf{x})$ が自由変項 $\mathbf{x}$ を含むとき. $\forall \mathbf{x} A(\mathbf{x}) \supset A(\mathbf{t})$ がフレーム $\langle W, R \rangle$

で妥当ではないと仮定すると，あるモデル $\langle W, R, D, Q, V \rangle$ と，$\forall \mathbf{x} A(\mathbf{x}) \supset A(\mathbf{t})$ の
なかの自由変項・個体記号 $\mathbf{s}_1, \cdots, \mathbf{s}_n, \mathbf{t}$ にたいして $V(\mathbf{s}_1), \cdots, V(\mathbf{s}_n), V(\mathbf{t}) \in D_w$
であるようなある世界 $w \in W$ が存在して，$V, w \not\models \forall \mathbf{x} A(\mathbf{x}) \supset A(\mathbf{t})$ である．ゆえ
に，wRw' であるようなある $w' \in W$ が存在して，$V, w' \models \forall \mathbf{x} A(\mathbf{x})$，$V, w' \not\models A(\mathbf{t})$
であり，この後者と前定理より，$V[\mathbf{x} | V(\mathbf{t})], w' \not\models A(\mathbf{x})$ である．しかしこれは，
$V(\mathbf{t}) \in D_w \subseteq D_{w'}$ だから，$V, w' \models \forall \mathbf{x} A(\mathbf{x})$ と矛盾する．② $A(\mathbf{x})$ が自由変項 $\mathbf{x}$
を含まないとき．$\forall \mathbf{x} A \supset A$（$A$ は自由変項 $\mathbf{x}$ を含まない）がフレーム $\langle W, R \rangle$ で
妥当ではないと仮定して矛盾することを示せばよい（省略）．

　公理図式 11 をみたす論理式がすべてのフレームで妥当であることも，同様に
して示すことができる．

(2) A と $A \supset B$ が $\langle W, R \rangle$ で妥当で，B が $\langle W, R \rangle$ で妥当ではないと仮定すると，
あるモデル $\langle W, R, D, Q, V \rangle$ と，B の自由変項・個体記号 $\mathbf{t}_1, \cdots, \mathbf{t}_n$ にたいして
$V(\mathbf{t}_1), \cdots, V(\mathbf{t}_n) \in D_w$ であるようなある世界 $w \in W$ が存在して，$V, w \not\models B$
である．A に含まれ，B には含まれない自由変項・個体記号を $\mathbf{s}_1, \cdots, \mathbf{s}_m$ とし，
任意の $a \in D_w$ をとって，$V' = V[\mathbf{s}_1 | a] \cdots [\mathbf{s}_m | a]$ とすると，B が $\mathbf{s}_1, \cdots, \mathbf{s}_m$
を含まないから（B の自由変項・個体記号にたいする V と V' の値が同じである
から），定理 16 より，$V, w \not\models B \Leftrightarrow V', w \not\models B$ であり，$V', w \not\models B$ である．A は
$\langle W, R \rangle$ で妥当であり，$\langle W, R, D, Q, V' \rangle$ で妥当であるから，$V', w \models A$ である．
しかしこのとき，$V', w \not\models A \supset B$ となって，$A \supset B$ が $\langle W, R \rangle$ で妥当である（し
たがって $\langle W, R, D, Q, V \rangle$ で妥当である）という仮定と矛盾する．

(3) A が自由変項 $\mathbf{x}$ を含まないとき，$A \supset B$ が $\langle W, R \rangle$ で妥当で，$A \supset \forall \mathbf{x} B$ が
$\langle W, R \rangle$ で妥当ではないと仮定すると，あるモデル $\langle W, R, D, Q, V \rangle$ と，$A \supset \forall \mathbf{x} B$ の
なかの自由変項・個体記号 $\mathbf{t}_1, \cdots, \mathbf{t}_n$ にたいして $V(\mathbf{t}_1), \cdots, V(\mathbf{t}_n) \in D_w$ である
ようなある世界 $w \in W$ が存在して，$V, w \not\models A \supset \forall \mathbf{x} B$ である．ゆえに，wRw' であ
るようなある w' が存在して，$V, w' \models A$ であり，$w'Rw''$ であるようなある w''，ある
$a \in D_{w''}$ が存在して，$V[\mathbf{x} | a], w'' \not\models B$ である．$V, w' \models A$ より，$V, w'' \models A$ であ
り，A が自由変項 $\mathbf{x}$ を含まないから，定理 16 より，$V, w'' \models A \Leftrightarrow V[\mathbf{x} | a], w'' \models A$
であり，$V[\mathbf{x} | a], w'' \models A$ である．しかしこのとき，$V[\mathbf{x} | a], w'' \not\models A \supset B$ と
なって，$A \supset B$ が $\langle W, R \rangle$ で妥当である（したがって $\langle W, R, D, Q, V[\mathbf{x} | a] \rangle$ で妥
当である）という仮定と矛盾する．

(4) B が自由変項 $\mathbf{x}$ を含まないとき，$A \supset B$ が $\langle W, R \rangle$ で妥当で，$\exists \mathbf{x} A \supset B$ が

$\langle W, R \rangle$ で妥当ではないと仮定すると矛盾することを示す（省略）.

(5) A が $\langle W, R \rangle$ で妥当で，$\forall \mathbf{x} A$ が $\langle W, R \rangle$ で妥当ではないと仮定すると矛盾することを示す（省略）. ■

●健全性定理

⊢A ⇒ A はすべてのフレームで妥当である.

証明

前定理の (1)〜(4) より，公理図式 1〜11 をみたす論理式（公理）はすべてのフレームで妥当であり，変形規則（分離規則，∀ 導入の規則，∃ 導入の規則）はすべてのフレームで妥当であるという性質を保存するから，公理と変形規則から導かれるすべての定理はすべてのフレームで妥当である. ■

§9. 完全性

今まで，個体記号の集合が $\{c_1, c_2, \cdots\}$ であるような言語（171 ページ）を考えてきたが，個体記号の集合が他の加算無限集合であるような言語を考えることもできる. 個体記号の集合が **S**（加算無限集合）であるような言語を「**S**-言語」とよぶことにする. そして **S**-言語をもつ直観主義述語論理の体系において「A の証明が存在する」ということを，⊢$_\mathbf{S}$ A のように書いて表わし，「Γ からの A の証明が存在する」ということを，$\Gamma \vdash_\mathbf{S} A$ のように書いて表わすことにする. 今まで述べてきた直観主義述語論理にかんする定理は，個体記号の集合が **S** であるような言語や体系にたいしてもすべてなりたつ（⊢ を ⊢$_\mathbf{S}$ で置きかえてもすべてなりたつ）.

S-言語の閉じた論理式の集合 Γ がつぎの条件 (1)〜(4) をみたすとき，Γ は **S**-飽和集合であるという（A, B, $\exists \mathbf{x} A(\mathbf{x})$ は **S**-言語の閉じた論理式である）.

(1) $\bot \notin \Gamma$.

(2) $\Gamma \vdash_\mathbf{S} A$ ならば $A \in \Gamma$.

(3) $(A \vee B) \in \Gamma$ ならば，$A \in \Gamma$ または $B \in \Gamma$.

(4) $\exists \mathbf{x} A(\mathbf{x}) \in \Gamma$ ならば，ある $\mathbf{c} \in \mathbf{S}$ が存在して $A(\mathbf{c}) \in \Gamma$.

●定理 19 （飽和集合の定理）

個体記号の集合 **S** に新しい個体記号 $\mathbf{c}_1$, $\mathbf{c}_2$, $\cdots$ を加えた集合を **S′** とする.

Δ が **S**-言語の閉じた論理式の集合で，A が **S**-言語の論理式のとき，$\Delta \not\vdash_{\mathbf{S}} A$ ならば，$\Delta \subseteq \Gamma$ で $\Gamma \not\vdash_{\mathbf{S'}} A$ であるような **S'**-飽和集合 Γ が存在する.

証明

　S'-言語のすべての閉じた論理式をならべた列を B_1, B_2, $\cdots$ とする. そして，論理式の集合の列 Γ_1, Γ_2, $\cdots$ および Γ をつぎのように定義する.

$$\Gamma_1 = \Delta$$

B_n が $\exists \mathbf{x} C(\mathbf{x})$ の形ではないとき，

$$\Gamma_{n+1} = \begin{cases} \Gamma_n \cup \{B_n\} & \Gamma_n \cup \{B_n\} \not\vdash_{\mathbf{S'}} A \text{ のとき ①} \\ \Gamma_n & \text{そうではないとき ②} \end{cases}$$

B_n が $\exists \mathbf{x} C(\mathbf{x})$ の形のとき，

$$\Gamma_{n+1} = \begin{cases} \Gamma_n \cup \{\exists \mathbf{x} C(\mathbf{x}), C(\mathbf{c}_k)\} & \Gamma_n \cup \{\exists \mathbf{x} C(\mathbf{x})\} \not\vdash_{\mathbf{S'}} A \text{ のとき ①} \\ \Gamma_n & \text{そうではないとき ②} \end{cases}$$

$$\Gamma = \Gamma_1 \cup \Gamma_2 \cup \cdots$$

ここで $\underline{\mathbf{c}_k}$ は，新しい個体記号 $\mathbf{c}_1$, $\mathbf{c}_2$, $\cdots$ のうちで，Γ_n, $\exists \mathbf{x} C(\mathbf{x})$, A に含まれないものである.

　$\Gamma_n \cup \{\exists \mathbf{x} C(\mathbf{x})\} \not\vdash_{\mathbf{S'}} A$ のとき，$\Gamma_n \cup \{\exists \mathbf{x} C(\mathbf{x}), C(\mathbf{c}_k)\} \not\vdash_{\mathbf{S'}} A$ であることを示す. そのために，$\Gamma_n \cup \{\exists \mathbf{x} C(\mathbf{x}), C(\mathbf{c}_k)\} \vdash_{\mathbf{S'}} A$ のとき，$\Gamma_n \cup \{\exists \mathbf{x} C(\mathbf{x})\} \vdash_{\mathbf{S'}} A$ であることを示す. $\Gamma_n \cup \{\exists \mathbf{x} C(\mathbf{x}), C(\mathbf{c}_k)\} \vdash_{\mathbf{S'}} A$ のとき，演繹定理より，$\Gamma_n \cup \{\exists \mathbf{x} C(\mathbf{x})\} \vdash_{\mathbf{S'}} C(\mathbf{c}_k) \supset A$ である. $\Gamma_n \cup \{\exists \mathbf{x} C(\mathbf{x})\}$ からの $C(\mathbf{c}_k) \supset A$ の証明のなかの $\mathbf{c}_k$ をすべて，その証明に含まれない個体変項 $\mathbf{y}$ で置きかえると，$\Gamma_n \cup \{\exists \mathbf{x} C(\mathbf{x})\}$ からの $C(\mathbf{y}) \supset A$ の証明になる. ゆえに $\Gamma_n \cup \{\exists \mathbf{x} C(\mathbf{x})\} \vdash_{\mathbf{S'}} C(\mathbf{y}) \supset A$ であり，∃ 導入の規則より，$C(\mathbf{y}) \supset A \vdash_{\mathbf{S'}} \exists \mathbf{y} C(\mathbf{y}) \supset A$ だから，定理 14 より，$\Gamma_n \cup \{\exists \mathbf{x} C(\mathbf{x})\} \vdash_{\mathbf{S'}} \exists \mathbf{y} C(\mathbf{y}) \supset A$ である. しかるに公理図式 11 と ∃ 導入の規則より，$\vdash_{\mathbf{S'}} \exists \mathbf{x} C(\mathbf{x}) \supset \exists \mathbf{y} C(\mathbf{y})$ であり，$\exists \mathbf{x} C(\mathbf{x}) \vdash_{\mathbf{S'}} \exists \mathbf{y} C(\mathbf{y})$, $\Gamma_n \cup \{\exists \mathbf{x} C(\mathbf{x})\} \vdash_{\mathbf{S'}} \exists \mathbf{y} C(\mathbf{y})$ だから，定理 11 の (3) より，$\Gamma_n \cup \{\exists \mathbf{x} C(\mathbf{x})\} \vdash_{\mathbf{S'}} A$ である.

　したがって，B_n が $\exists \mathbf{x} C(\mathbf{x})$ の形ではないときも，B_n が $\exists \mathbf{x} C(\mathbf{x})$ の形のときも，$\Gamma_n \not\vdash_{\mathbf{S'}} A$ ならば，Γ_{n+1} の定義より，$\Gamma_{n+1} \not\vdash_{\mathbf{S'}} A$ であることになる（① のとき，② のときを考える）.

さて Γ について，$\Delta \subseteq \Gamma$ は明らかである．$\Delta \not\vdash_\mathbf{S} A$ ならば，$\Gamma \not\vdash_{\mathbf{S}'} A$ である
ことを示す．$\Gamma \vdash_{\mathbf{S}'} A$ のとき，Γ のある有限部分集合 γ について $\gamma \vdash_{\mathbf{S}'} A$ であ
り，ある n について $\Gamma_n \vdash_{\mathbf{S}'} A$ であるから，$\Delta \not\vdash_\mathbf{S} A$ を仮定して，すべての n に
ついて $\Gamma_n \not\vdash_{\mathbf{S}'} A$ であることを示せばよい．n についての帰納法を用いる．まず，
$\Delta \not\vdash_\mathbf{S} A$ を仮定すると，$\Delta \vdash_{\mathbf{S}'} A$ ならば $\Delta \vdash_\mathbf{S} A$ である（$\mathbf{S}'$-言語をもつ体系に
おける Δ からの A の証明は，$\mathbf{S}$-言語をもつ体系における証明に書きかえること
ができる）から，$\Delta \not\vdash_{\mathbf{S}'} A$ であり，$\Gamma_1 = \Delta$ だから，$\Gamma_1 \not\vdash_{\mathbf{S}'} A$ である．そして，
$\Gamma_n \not\vdash_{\mathbf{S}'} A$ ならば，Γ_{n+1} の定義より，$\Gamma_{n+1} \not\vdash_{\mathbf{S}'} A$ である．ゆえに，すべての n
について $\Gamma_n \not\vdash_{\mathbf{S}'} A$ である．

つぎに，Γ が $\mathbf{S}'$-飽和集合であることを示す．

(1) $\bot \notin \Gamma$，

(2) $\Gamma \vdash_{\mathbf{S}'} B_n$ ならば $B_n \in \Gamma$，

(3) $(B_m \vee B_n) \in \Gamma$ ならば，$B_m \in \Gamma$ または $B_n \in \Gamma$，

は定理 5（164 ページ）の証明の (1)〜(3) と同じようにして示すことができる．

(4) $\exists \mathbf{x} C(\mathbf{x}) \in \Gamma$ ならば，ある $\mathbf{c} \in \mathbf{S}'$ が存在して $C(\mathbf{c}) \in \Gamma$，を示す．

$\exists \mathbf{x} C(\mathbf{x}) = B_n$ が Γ に含まれるとせよ．その $\exists \mathbf{x} C(\mathbf{x})$ は，もともと $\Gamma_1 = \Delta$ に含ま
れていたか，のちに Γ_{n+1} の段階で Γ に持ち込まれたかのいずれかである．前者の場
合には，$\Gamma_n \cup \{\exists \mathbf{x} C(\mathbf{x})\} = \Gamma_n$ で $\Gamma_n \not\vdash_{\mathbf{S}'} A$ だから，$\Gamma_{n+1} = \Gamma_n \cup \{\exists \mathbf{x} C(\mathbf{x}), C(\mathbf{c}_k)\}$
であり，後者の場合にも，$\Gamma_{n+1} = \Gamma_n \cup \{\exists \mathbf{x} C(\mathbf{x}), C(\mathbf{c}_k)\}$ である．ゆえにいずれ
の場合にも $C(\mathbf{c}_k)$ が Γ_{n+1} に含まれ，Γ に含まれることになる．∎

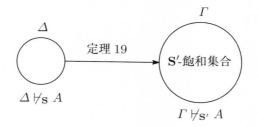

● 定理 20

Γ が $\mathbf{S}$-飽和集合のとき，つぎのことがなりたつ．A，B は $\mathbf{S}$-言語の任意の閉
じた論理式である．

(1) $\Gamma \vdash_\mathbf{S} A \Leftrightarrow A \in \Gamma$.

(2) $A \in \Gamma$ かつ $(A \supset B) \in \Gamma \Rightarrow B \in \Gamma$.

(3) $(A \wedge B) \in \Gamma \Leftrightarrow A \in \Gamma$ かつ $B \in \Gamma$.

(4) $(A \vee B) \in \Gamma \Leftrightarrow A \in \Gamma$ または $B \in \Gamma$.

証明

定理 6（165 ページ）の証明と同じようにすればよい．ただし，飽和集合を $\mathbf{S}$-飽和集合に，$\vdash$ を $\vdash_{\mathbf{S}}$ に書きかえ，定理 1 の代わりに定理 11 を用いるなどの変更が必要である．■

Γ が $\mathbf{S}$-飽和集合，Δ が $\mathbf{S}'$-飽和集合で，$\Gamma \subseteq \Delta$ ならば，$\mathbf{S} \subseteq \mathbf{S}'$ である．なぜなら $\mathbf{S} \not\subseteq \mathbf{S}'$ のとき，$\mathbf{c} \in \mathbf{S}$ かつ $\mathbf{c} \notin \mathbf{S}'$ であるような $\mathbf{c}$ にたいして，$(F(\mathbf{c}) \supset F(\mathbf{c})) \in \Gamma$ かつ $(F(\mathbf{c}) \supset F(\mathbf{c})) \notin \Delta$ であり，$\Gamma \not\subseteq \Delta$ となるからである．

個体記号の集合の列 $\mathbf{S}_1$, $\mathbf{S}_2$, $\cdots$ および $\mathbf{S}_n^*$, $\mathbf{S}_\infty^*$ をつぎのように定義する．

$$\mathbf{S}_1 = \{c_1^1, \ c_2^1, \ c_3^1, \ \cdots \}$$
$$\mathbf{S}_2 = \{c_1^2, \ c_2^2, \ c_3^2, \ \cdots \}$$
$$\mathbf{S}_3 = \{c_1^3, \ c_2^3, \ c_3^3, \ \cdots \}$$

$$\mathbf{S}_n^* = \mathbf{S}_1 \cup \mathbf{S}_2 \cup \cdots \cup \mathbf{S}_n$$
$$\mathbf{S}_\infty^* = \mathbf{S}_1 \cup \mathbf{S}_2 \cup \cdots \cdots$$

それぞれの $\mathbf{S}_n$ に含まれる個体記号は可算無限個である．またそれぞれの $\mathbf{S}_n^*$ や，$\mathbf{S}_\infty^*$ に含まれる個体記号も，工夫すれば一列にならべることができるから，可算無限個である．

$\mathbf{S}_\infty^*$-言語をもつ直観主義述語論理の体系にたいしても健全性定理（184 ページ）がなりたつから，$\mathbf{S}_\infty^*$-言語の任意の論理式 A について，$\vdash_{\mathbf{S}_\infty^*} A$ ならば A はすべてのフレームで妥当である，がいえる．

本節の以下の目標は，この逆すなわち，$\mathbf{S}_\infty^*$-言語の任意の論理式 A について，A がすべてのフレームで妥当ならば $\vdash_{\mathbf{S}_\infty^*} A$ である，がいえること（完全性定理）を証明することである．

$\mathbf{S}_\infty{}^*$- 言語にたいする**カノニカルモデル** $\langle W, R, D, Q, V \rangle$ をつぎのように定義する.

(1) W は $\mathbf{S}_n{}^*$- 飽和集合 $(n \geq 1)$ w をすべてあつめた集合である.

(2) R は集合の包含関係である. $wRw' \Leftrightarrow w \subseteq w'$

(3) $D = \mathbf{S}_\infty{}^*$

(4) w が $\mathbf{S}_n{}^*$- 飽和集合のとき, $Q(w) = D_w = \mathbf{S}_n{}^*$

(5) V はつぎのものである.

$$V(\mathbf{p}) = \{w \,|\, \mathbf{p} \in w\}$$
$$V(\mathbf{c}) = \mathbf{c} \quad (\mathbf{c} \in \mathbf{S}_\infty{}^*)$$
$$V(\mathbf{x}) = c_1^1$$
$$V(\mathbf{F}) = \{\langle \mathbf{c}_1, \cdots, \mathbf{c}_n, w \rangle \,|\, \mathbf{F}(\mathbf{c}_1, \cdots, \mathbf{c}_n) \in w\}$$

この R(包含関係)は反射的・推移的である. また, w が $\mathbf{S}_m{}^*$- 飽和集合, w' が $\mathbf{S}_n{}^*$- 飽和集合で, $w \subseteq w'$ ならば, 前ページの上段で述べたことにより, $\mathbf{S}_m{}^* \subseteq \mathbf{S}_n{}^*$ すなわち $Q(w) \subseteq Q(w')$ であるから, Q は拡張的である. また, $w \subseteq w'$ かつ $\mathbf{p} \in w$ $(w \in V(\mathbf{p}))$ ならば, $\mathbf{p} \in w'$ $(w' \in V(\mathbf{p}))$ であり, $w \subseteq w'$ かつ $\mathbf{F}(\mathbf{c}_1, \cdots, \mathbf{c}_n) \in w$ $(\langle \mathbf{c}_1, \cdots, \mathbf{c}_n, w \rangle \in V(\mathbf{F}))$ ならば, $\mathbf{F}(\mathbf{c}_1, \cdots, \mathbf{c}_n) \in w'$ $(\langle \mathbf{c}_1, \cdots, \mathbf{c}_n, w' \rangle \in V(\mathbf{F}))$ であるから, V は持続的である. ゆえに, カノニカルモデル $\langle W, R, D, Q, V \rangle$ はモデルとしての条件 (177, 178 ページ) をみたしている.

つぎの定理は, 定理 22 の証明に用いる.

●定理 21

w が $\mathbf{S}_n{}^*$- 飽和集合, $\forall \mathbf{x} B(\mathbf{x})$ が $\mathbf{S}_n{}^*$- 言語の論理式で, $w \not\vdash_{\mathbf{S}_n{}^*} \forall \mathbf{x} B(\mathbf{x})$ ならば, $\mathbf{c} \in \mathbf{S}_{n+1}$ であるような $\mathbf{c}$ にたいして $w \not\vdash_{\mathbf{S}_{n+1}{}^*} B(\mathbf{c})$ である.

証明

$w \vdash_{\mathbf{S}_{n+1}{}^*} B(\mathbf{c})$ ならば, $w \vdash_{\mathbf{S}_n{}^*} \forall \mathbf{x} B(\mathbf{x})$ であることを示す. $w \vdash_{\mathbf{S}_{n+1}{}^*} B(\mathbf{c})$ ならば, w からの $B(\mathbf{c})$ の証明のなかの $\mathbf{c}$ をすべて, その証明に含まれない個体変項 $\mathbf{y}$ で置きかえると, w からの $B(\mathbf{y})$ の証明 ($\mathbf{S}_n{}^*$- 言語をもつ体系における) になるから, $w \vdash_{\mathbf{S}_n{}^*} B(\mathbf{y})$ である. w に含まれる任意の論理式 W をとり, 演繹定理を用いると, $w - \{W\} \vdash_{\mathbf{S}_n{}^*} W \supset B(\mathbf{y})$ である. $\forall$ 導入の規則より, $W \supset B(\mathbf{y}) \vdash_{\mathbf{S}_n{}^*} W \supset \forall \mathbf{y} B(\mathbf{y})$ だから, 定理 14 (176 ページ) より, $w - \{W\} \vdash_{\mathbf{S}_n{}^*} W \supset \forall \mathbf{y} B(\mathbf{y})$ であり, W を w のなかにもどして, $w \vdash_{\mathbf{S}_n{}^*} \forall \mathbf{y} B(\mathbf{y})$

である．しかるに公理図式 10 と $\forall$ 導入の規則より，$\vdash_{\mathbf{S}_{n^*}} \forall \mathbf{y} B(\mathbf{y}) \supset \forall \mathbf{x} B(\mathbf{x})$ であり，$\forall \mathbf{y} B(\mathbf{y}) \vdash_{\mathbf{S}_{n^*}} \forall \mathbf{x} B(\mathbf{x})$ だから，定理 14 より，$w \vdash_{\mathbf{S}_{n^*}} \forall \mathbf{x} B(\mathbf{x})$ である．■

●定理 22 （真理補題）

カノニカルモデル $\langle W, R, D, Q, V \rangle$ について，つぎのことがなりたつ．
w は任意の $\mathbf{S}_n{}^*$-飽和集合で，A は $\mathbf{S}_n{}^*$-言語の任意の閉じた論理式である．

$$V, w \models A \;\Leftrightarrow\; A \in w$$

証明

A のなかの論理記号の個数についての帰納法によって証明する．

1) A が $\bot$ のとき．2) A が $\mathbf{p}$ のとき．4) A が $B \wedge C$ のとき．5) A が $B \vee C$ のとき．定理 7（166 ページ）の証明の 1)〜4) と同じようにすればよい．ただし，$w \models$ を $V, w \models$ に，$w \not\models$ を $V, w \not\models$ に書きかえ，定理 6 の代わりに定理 20 を用いるなどの変更が必要である．

3) A が $\mathbf{F}(\mathbf{c}_1, \cdots, \mathbf{c}_n)$ のとき．省略．$V(\mathbf{c}_i) = \mathbf{c}_i$ を用いる．

6) A が $B \supset C$ のとき．

$(B \supset C) \in w$ ならば，$w \subseteq u$ であるような任意の $u \in W$ にたいして，$(B \supset C) \in u$ であり，定理 20 の (2) より，$B \in u$ ならば $C \in u$ である．ゆえに帰納法の仮定より，$V, u \models B$ ならば $V, u \models C$ であることになり，$V, w \models B \supset C$ であることになる．

また $(B \supset C) \notin w$ ならば，定理 20 の (1) より，$w \not\vdash_{\mathbf{S}_{n^*}} B \supset C$ であり，演繹定理より，$w \cup \{B\} \not\vdash_{\mathbf{S}_{n^*}} C$ である．定理 19 より，$w \cup \{B\} \subseteq u$ で $u \not\vdash_{\mathbf{S}_{n+1^*}} C$（定理 20 の (1) より $C \notin u$）であるような $\mathbf{S}_{n+1}{}^*$-飽和集合 u が存在する．$B \in u$ かつ $C \notin u$ であるから，帰納法の仮定より，$V, u \models B$ かつ $V, u \not\models C$ であることになり，$w \subseteq u$ だから，$V, w \not\models B \supset C$ であることになる．

7) A が $\forall \mathbf{x} B(\mathbf{x})$ のとき．

まず，$\forall \mathbf{x} B(\mathbf{x}) \in w$ と仮定する．任意の $u \supseteq w$，任意の $\mathbf{c} \in D_u$ にたいして，$\forall \mathbf{x} B(\mathbf{x}) \in u$ であり，定理 20 の (1) より，$(\forall \mathbf{x} B(\mathbf{x}) \supset B(\mathbf{c})) \in u$ だから，定理 20 の (2) より，$B(\mathbf{c}) \in u$ である．帰納法の仮定より，$V, u \models B(\mathbf{c})$ であり，$V' = V[\mathbf{x}|V(\mathbf{c})]$ とすると，$V', u \models B(\mathbf{x})$ である（定理 17）．ゆえに任意の $u \supseteq w$，任意の $\mathbf{c} \in D_u$ にたいして，$V', u \models B(\mathbf{x})$ すなわち $V[\mathbf{x}|\mathbf{c}], u \models B(\mathbf{x})$ であり，$V, w \models \forall \mathbf{x} B(\mathbf{x})$ であることになる．

つぎに，$\forall \mathbf{x} B(\mathbf{x}) \notin w$ と仮定すると，定理 20 の (1) より，$w \nvDash_{\mathbf{S}_{n}^*} \forall \mathbf{x} B(\mathbf{x})$ であ
り，前定理より，$\mathbf{c} \in \mathbf{S}_{n+1}$ であるような $\mathbf{c}$ にたいして $w \nvDash_{\mathbf{S}_{n+1}^*} B(\mathbf{c})$ である．ゆ
えに定理 19 より，$w \subseteq u$ で $u \nvDash_{\mathbf{S}_{n+2}^*} B(\mathbf{c})$（定理 20 の (1) より $B(\mathbf{c}) \notin u$）であ
るような $\mathbf{S}_{n+2}^*$- 飽和集合 u が存在する．$B(\mathbf{c}) \notin u$ であるから，帰納法の仮定よ
り，$V, u \nvDash B(\mathbf{c})$ であり，$V' = V[\mathbf{x} | V(\mathbf{c})]$ とすると，$V', u \nvDash B(\mathbf{x})$ である（定
理 17）．ゆえにある $u \supseteq w$，ある $\mathbf{c} \in D_u (= \mathbf{S}_{n+2}^*)$ にたいして，$V', u \nvDash B(\mathbf{x})$
すなわち $V[\mathbf{x}|\mathbf{c}], u \nvDash B(\mathbf{x})$ であり，$V, w \nvDash \forall \mathbf{x} B(\mathbf{x})$ であることになる．

8) A が $\exists \mathbf{x} B(\mathbf{x})$ のとき．

$V, w \vDash \exists \mathbf{x} B(\mathbf{x})$ ならば，ある $\mathbf{c} \in D_w$ が存在して，$V[\mathbf{x}|\mathbf{c}], w \vDash B(\mathbf{x})$ すなわち
$V[\mathbf{x}|V(\mathbf{c})], w \vDash B(\mathbf{x})$ であり，$V, w \vDash B(\mathbf{c})$ である（定理 17）．帰納法の仮定よ
り，$B(\mathbf{c}) \in w$ であり，定理 20 の (1) より，$(B(\mathbf{c}) \supset \exists \mathbf{x} B(\mathbf{x})) \in w$ だから，定理
20 の (2) より，$\exists \mathbf{x} B(\mathbf{x}) \in w$ である．また $\exists \mathbf{x} B(\mathbf{x}) \in w$ ならば，w が $\mathbf{S}_{n}^*$- 飽和
集合だから，ある $\mathbf{c} \in \mathbf{S}_{n}^*$ が存在して $B(\mathbf{c}) \in w$ である（飽和集合の条件 (4)）．帰
納法の仮定より，$V, w \vDash B(\mathbf{c})$ であり，$V' = V[\mathbf{x} | V(\mathbf{c})]$ とすると，$V', w \vDash B(\mathbf{x})$
である（定理 17）．ゆえにある $\mathbf{c} \in D_w (= \mathbf{S}_{n}^*)$ にたいして，$V', w \vDash B(\mathbf{x})$ す
なわち $V[\mathbf{x}|\mathbf{c}], w \vDash B(\mathbf{x})$ であり，$V, w \vDash \exists \mathbf{x} B(\mathbf{x})$ であることになる．　∎

●定理 23（カノニカルモデルの定理）

カノニカルモデル $\langle W, R, D, Q, V \rangle$ について，つぎのことがなりたつ．
A は $\mathbf{S}_{\infty}^*$- 言語の任意の閉じた論理式である．

$$A \text{ が } \langle W, R, D, Q, V \rangle \text{ で妥当である } \Leftrightarrow \vdash_{\mathbf{S}_{\infty}^*} A.$$

証明

$\vdash_{\mathbf{S}_{\infty}^*} A$ のとき，健全性定理より，A はすべてのフレーム（モデル）で妥当で
あり，$\langle W, R, D, Q, V \rangle$ でも妥当である．

また $\nvdash_{\mathbf{S}_{\infty}^*} A$ で，A が $\mathbf{S}_{n}^*$- 言語の論理式のとき（A が $\mathbf{S}_{\infty}^*$- 言語の論理式なら
ば，A はある $\mathbf{S}_{n}^*$- 言語の論理式である），$\nvdash_{\mathbf{S}_{n}^*} A$ であり，$\{\} \nvdash_{\mathbf{S}_{n}^*} A$ であるか
ら，定理 19 より，$w \nvDash_{\mathbf{S}_{n+1}^*} A$ であるような $\mathbf{S}_{n+1}^*$- 飽和集合 w が存在する．定
理 20 の (1) より，$A \notin w$ であり，前定理より，$V, w \nvDash A$ である．A のなかの個
体記号 $\mathbf{c}_1, \cdots, \mathbf{c}_m$ にたいして $V(\mathbf{c}_1), \cdots, V(\mathbf{c}_m) \in D_w$ $(\mathbf{c}_1, \cdots, \mathbf{c}_m \in \mathbf{S}_{n+1}^*)$
であるような $w \in W$ にたいして $V, w \nvDash A$ であるから，A は $\langle W, R, D, Q, V \rangle$
で妥当ではないことになる．　∎

●完全性定理

A が $\mathbf{S}_\infty^*$ - 言語の任意の論理式のとき,つぎのことがなりたつ.

A がすべてのフレームで妥当である $\Rightarrow$ $\vdash_{\mathbf{S}_\infty^*} A$.

証明

A のなかの自由変項を $\mathbf{x}_1,\cdots,\mathbf{x}_n$ とする.A がすべてのフレームで妥当なら ば,定理 18(182 ページ)の (5) より,$\forall \mathbf{x}_n A$ もすべてのフレームで妥当であり, $\forall \mathbf{x}_{n-1} \forall \mathbf{x}_n A$ もすべてのフレームで妥当であり,$\cdots$,$\forall \mathbf{x}_1 \cdots \forall \mathbf{x}_n A$ もすべてのフ レームで妥当である.$\forall \mathbf{x}_1 \cdots \forall \mathbf{x}_n A$ がすべてのフレームで妥当ならば,すべてのモ デルでも妥当であり,カノニカルモデルでも妥当である.そして $\forall \mathbf{x}_1 \cdots \forall \mathbf{x}_n A$(閉 じた論理式)がカノニカルモデルで妥当ならば,前定理より,$\vdash_{\mathbf{S}_\infty^*} \forall \mathbf{x}_1 \cdots \forall \mathbf{x}_n A$ であり,公理図式 10 と分離規則をくりかえし用いて,$\vdash_{\mathbf{S}_\infty^*} A$ である. ■

$\mathbf{S}_\infty^*$ - 言語をもつ直観主義述語論理の体系を $\mathbf{I}_{\mathbf{S}_\infty^*}$ で表わし,$\mathbf{I}_{\mathbf{S}_\infty^*}$ からすべて の個体記号を取りさって得られる直観主義述語論理の体系を I で表わすことにす ると,$\mathbf{I}_{\mathbf{S}_\infty^*}$ は I の「保存拡大」であり,A が I の論理式のとき,A が $\mathbf{I}_{\mathbf{S}_\infty^*}$ の定 理ならば A は I の定理でもある,がいえる.

A が I の論理式のとき,A がすべてのフレームで妥当ならば,A は I の定理で ある,を示すことができる.A がすべてのフレームで妥当ならば,完全性定理よ り,A は $\mathbf{I}_{\mathbf{S}_\infty^*}$ の定理であり,上記のことより,A は I の定理でもある,がいえ るからである.

§5 で述べたように,「直観主義命題論理」の体系は決定可能であった.しかし, 「直観主義述語論理」の体系 I,$\mathbf{I}_{\mathbf{S}_\infty^*}$ はいずれも決定可能ではない.このことは, 古典述語論理の体系が決定可能ではないことを用いて示される.

補論1　ゲンツェンの論理体系

　今まで述べてきた論理体系は「論理式」を演繹する体系であった．それにたいして G. ゲンツェンの論理体系は，「推論式」を演繹する体系である．論理式は，命題の形式を表現するものであり，推論式は，推論の形式を表現するものである．ゲンツェンの構成した論理体系（古典論理体系）には，LK（logistischer Kalkül）と NK（natürlicher Kalkül）の 2 種類がある．LK の推論式は，前提をもたない推論や，結論をもたない推論をも含むような，広い意味での推論の形式を表わしている．

§1.　論理体系 LK

　論理体系 LK で用いられる**基本記号**は，第 3 章（57 ページ）で述べたものとだいたい同じであるが，異なる点もある．まず個体変項が（最初から）自由変項と束縛変項に区分され，自由変項として $a, b, c, \cdots$ が用いられ，束縛変項として $x, y, z, \cdots$ が用いられる．また同値記号 $\equiv$ が基本記号から除外され，推論式を作る記号 $\rightarrow$ が基本記号に加えられる．そして**論理式**がつぎのように定義される．

(1) 命題変項（$p, q, r, \cdots$）は論理式である．

(2) $\mathbf{F}$ が n 項述語変項で，$\mathbf{a}_1, \cdots, \mathbf{a}_n$ が自由変項のとき，$\mathbf{F}(\mathbf{a}_1, \cdots, \mathbf{a}_n)$ は論理式である．

(3) A が論理式ならば，$\sim A$ も論理式である．

(4) A, B が論理式ならば，$(A \wedge B), (A \vee B), (A \supset B)$ も論理式である．

(5) $A(\mathbf{a})$ が論理式で，<u>$\mathbf{x}$ が $A(\mathbf{a})$ に含まれない束縛変項</u>ならば，$\forall \mathbf{x} A(\mathbf{x}), \exists \mathbf{x} A(\mathbf{x})$ も論理式である．ただし $A(\mathbf{x})$ は，$A(\mathbf{a})$ のなかの自由変項 $\mathbf{a}$ に $\mathbf{x}$ を代入して得られるものである．

(6) (1)〜(5) によって論理式とされるものだけが論理式である．

定義 (5) により，論理式における限量子 ∀x，∃x の作用域のなかに，同じ束縛変項 x をもつ ∀x や ∃x は含まれないことになる．

論理式のカッコは，カッコを省略するための規約（58, 59 ページ）を用いて省略される．

論理体系 LK は論理式の他に推論式を用いる．**推論式**（Sequenz）はつぎのような形をしている（A_i, B_i は論理式である）．

$$A_1, \cdots, A_m \rightarrow B_1, \cdots, B_n \qquad (m, n \geq 0)$$

推論式は，A_1, $\cdots$, A_m のすべてがなりたつとき，B_1, $\cdots$, B_n の少なくとも 1 つがなりたつ，ということを意味している．推論式を作る記号 → は，カッコやコンマと同様，補助記号であり，論理記号やメタ言語の記号ではないので注意する．

LK は推論式を導出する（演繹する）体系である．導出の出発点になるのは，**始式** とよばれる，つぎのような形をした推論式である．

$$A \rightarrow A$$

始式から出発して他の推論式を導出するために，つぎのような **変形規則** を用いる．Γ, Δ, Θ などのギリシア文字は，論理式の有限列（空列を含む）を表わす．

1）構造にかんする変形規則

増左 $\dfrac{\Gamma \rightarrow \Delta}{A, \Gamma \rightarrow \Delta}$ 　　　　　増右 $\dfrac{\Gamma \rightarrow \Delta}{\Gamma \rightarrow \Delta, A}$

減左 $\dfrac{A, A, \Gamma \rightarrow \Delta}{A, \Gamma \rightarrow \Delta}$ 　　　　減右 $\dfrac{\Gamma \rightarrow \Delta, A, A}{\Gamma \rightarrow \Delta, A}$

換左 $\dfrac{\Gamma, A, B, \Delta \rightarrow \Theta}{\Gamma, B, A, \Delta \rightarrow \Theta}$ 　　　換右 $\dfrac{\Gamma \rightarrow \Delta, A, B, \Theta}{\Gamma \rightarrow \Delta, B, A, \Theta}$

カット $\dfrac{\Gamma \rightarrow \Delta, A \quad A, \Theta \rightarrow \Pi}{\Gamma, \Theta \rightarrow \Delta, \Pi}$

2）論理記号にかんする変形規則

∼ 左 $\dfrac{\Gamma \rightarrow \Delta, A}{\sim A, \Gamma \rightarrow \Delta}$ 　　　　∼ 右 $\dfrac{A, \Gamma \rightarrow \Delta}{\Gamma \rightarrow \Delta, \sim A}$

∧ 左 (1) $\dfrac{A, \Gamma \rightarrow \Delta}{A \wedge B, \Gamma \rightarrow \Delta}$ 　　∧ 左 (2) $\dfrac{B, \Gamma \rightarrow \Delta}{A \wedge B, \Gamma \rightarrow \Delta}$

∧ 右 $\dfrac{\Gamma \rightarrow \Delta, A \quad \Gamma \rightarrow \Delta, B}{\Gamma \rightarrow \Delta, A \wedge B}$

$$\vee左 \quad \frac{A, \Gamma \to \Delta \quad B, \Gamma \to \Delta}{A \vee B, \Gamma \to \Delta}$$

$$\vee右 (1) \quad \frac{\Gamma \to \Delta, A}{\Gamma \to \Delta, A \vee B} \qquad\qquad \vee右 (2) \quad \frac{\Gamma \to \Delta, B}{\Gamma \to \Delta, A \vee B}$$

$$\supset左 \quad \frac{\Gamma \to \Delta, A \quad B, \Gamma \to \Delta}{A \supset B, \Gamma \to \Delta} \qquad \supset右 \quad \frac{A, \Gamma \to \Delta, B}{\Gamma \to \Delta, A \supset B}$$

$$\forall左 \quad \frac{A(\mathbf{a}), \Gamma \to \Delta}{\forall\mathbf{x}A(\mathbf{x}), \Gamma \to \Delta} \qquad \forall右 \quad \frac{\Gamma \to \Delta, A(\mathbf{a})}{\Gamma \to \Delta, \forall\mathbf{x}A(\mathbf{x})}$$

$$\exists左 \quad \frac{A(\mathbf{a}), \Gamma \to \Delta}{\exists\mathbf{x}A(\mathbf{x}), \Gamma \to \Delta} \qquad \exists右 \quad \frac{\Gamma \to \Delta, A(\mathbf{a})}{\Gamma \to \Delta, \exists\mathbf{x}A(\mathbf{x})}$$

ここで $A(\mathbf{a})$ は，$A(\mathbf{x})$ のなかの $\mathbf{x}$ に $\mathbf{a}$ を代入して得られる論理式である．∀右およびヨ左については条件がある．<u>∀右およびヨ左の上式（前提）の $\mathbf{a}$ は下式（結論）に含まれてはならない．</u> $\mathbf{a}$ は∀右およびヨ左の**固有変項**とよばれる．

　始式と変形規則を用いて，多くの推論式を導出することができる．推論式を導出する過程が証明であり，それを樹形図で表わしたものが**証明図**である．証明図は，枝先の始式から出発して，変形規則を用いて枝を下降してゆき，最後に根もとのところに求める推論式（終式）が得られる，という形をしている．

$$\frac{\begin{array}{c}\begin{array}{c}\text{始式} \quad\quad \text{始式} \\ \hline \text{始式} \qquad * \qquad\quad * \\ \hline \qquad * \qquad\qquad\qquad * \end{array}\end{array}}{\text{終式}}$$

　始式および，始式と変形規則から導出することのできる推論式（証明図の終式となりうる推論式）を**証明可能な推論式**という．

　証明図の一例として，推論式 $\sim(p \wedge q) \to \sim p \vee \sim q$ を導く証明図を示しておこう（枝を下降するときにどの変形規則が用いられているのかを確認していただきたい）．

$$\frac{\dfrac{\dfrac{\dfrac{\dfrac{p \to p}{\to p, \sim p}}{\to p, \sim p \vee \sim q}}{\to \sim p \vee \sim q, p} \qquad \dfrac{\dfrac{\dfrac{q \to q}{\to q, \sim q}}{\to q, \sim p \vee \sim q}}{\to \sim p \vee \sim q, q}}{\to \sim p \vee \sim q, p \wedge q}}{\sim(p \wedge q) \to \sim p \vee \sim q}$$

§2. ゲンツェンの基本定理

LK はつぎのような変形規則を含んでいた.

$$\text{カット} \quad \frac{\Gamma \to \Delta, A \quad A, \Theta \to \Pi}{\Gamma, \Theta \to \Delta, \Pi}$$

これをつぎのような変形規則に置きかえた体系を LK′ とよぶことにする.

$$\text{ミックス} \quad \frac{\Gamma \to \Delta \quad \Theta \to \Pi}{\Gamma, \Theta^* \to \Delta^*, \Pi} \ (A)$$

ここで Θ^*, Δ^* は, Θ, Δ に含まれる論理式 A（**ミックス論理式**とよばれる）を Θ, Δ から<u>すべて</u>取りのぞいて得られる, 論理式の列を表わす.

カットを仮定するとミックスを導くことができ（①）, ミックスを仮定するとカットを導くことができる（②）から, LK と LK′ は同等な体系である.

①
$$\frac{\dfrac{\Gamma \to \Delta}{\Gamma \to \Delta^*, A} \quad \dfrac{\Theta \to \Pi}{A, \Theta^* \to \Pi}}{\Gamma, \Theta^* \to \Delta^*, \Pi} \begin{array}{l} \text{何回かの換と減} \\ \text{カット} \end{array}$$

②
$$\frac{\dfrac{\Gamma \to \Delta, A \quad A, \Theta \to \Pi}{\Gamma, \Theta^* \to \Delta^*, \Pi}}{\Gamma, \Theta \to \Delta, \Pi} \begin{array}{l} (A) \ \text{ミックス} \\ \text{何回かの増と換} \end{array}$$

LK について**ゲンツェンの基本定理**（Hauptsatz）がなりたつ. ゲンツェンの基本定理はつぎのような定理である.

「LK においてカットを含む証明図は, 同じ終式をもちカットを含まない証明図に書きかえることができる.」 ……………………… (★)

この定理はつぎの定理から導かれる.

「LK′ においてミックスを含む証明図は, 同じ終式をもちミックスを含まない証明図に書きかえることができる.」 ……………………… (★★)

またこの定理はつぎの定理から導かれる.

「LK′ において最後に使用する変形規則のみがミックスであるような証明図は, 同じ終式をもちミックスを含まない証明図に書きかえることができる.」
……………………… (★★★)

(★) は (★★) から導かれる. カットを含む証明図は, ミックスを含む証明図

に書きかえることができ，（★★）より，カットもミックスも含まない証明図に書きかえることができるからである．

　また（★★）は（★★★）から導かれる．ミックスを含む証明図は，（★★★）より，証明図の枝の 1 番上にあるミックスを含む部分をミックスを含まない部分に書きかえることができ，この書きかえをくりかえして，ミックスを 1 つも含まない証明図に書きかえることができるからである．

　以下，（★★★）の証明を行なう．その準備として，最後に使用する変形規則のみがミックスであるような証明図の次数と階数をつぎのように定義する．まず，証明図の**次数**とは，ミックス論理式に含まれる論理記号の個数である．また，証明図の**左の階数**とは，ミックスの左の上式から証明図の枝のそれぞれを上方にたどっていって，ミックス論理式を右辺に含まない最初の推論式にゆきつく直前までに含まれる推論式の個数の最大のものである．同様に，証明図の**右の階数**とは，ミックスの右の上式から証明図の枝のそれぞれを上方にたどっていって，ミックス論理式を左辺に含まない最初の推論式にゆきつく直前までに含まれる推論式の個数の最大のものである．そして，証明図の**階数**とは，左の階数と右の階数の和である．

　たとえばつぎの証明図の次数は 1 であり，階数は 3（左の階数が 1 で右の階数が 2 だから）である．

$$
\cfrac{\cfrac{q \to q}{p \land q \to q} \quad \cfrac{p \to p}{p \land q \to p}}{\cfrac{p \land q \to q \land p}{}} \quad \cfrac{\cfrac{p \to p}{\cfrac{q \land p \to p}{q \land p \to p \lor q}}}{} \, (q \land p)
$$
$$
\overline{\qquad\qquad\qquad p \land q \to p \lor q \qquad\qquad\qquad}
$$

　（★★★）の証明は，証明図の次数 γ と階数 ρ についての二重帰納法を用いて行なう．まず，$\gamma = 0$ かつ $\rho = 2$ のとき証明図をミックスを含まない証明図に書きかえることができることを示す．そして，次数が γ より小さい証明図を書きかえることができることを仮定して，次数が γ の証明図を書きかえることができることを示す．また，次数 γ で階数が ρ より小さい証明図を書きかえることができることを仮定して，同じ次数 γ で階数が ρ の証明図を書きかえることができることを示す．

　（★★★）の証明にはいる前に注意することがある．与えられた証明図は，すでにつぎのような自由変項の書きかえがなされているものとみなす．証明図の枝を

下方にたどっていって，∀右と∃左（固有変項 **a**）にであう度ごとに，その変形規則（の上式を含めて）より上の部分に現われている自由変項 **a** のすべてを，証明図にまだ使われていない新しい自由変項で書きかえる．∀右と∃左のすべてについてこのような書きかえを行なうと，書きかえが完了して得られるのは，明らかに正しい証明図であり，∀右と∃左の固有変項はすべて，その変形規則（の上式を含めて）より上の部分にのみ現われていることになる．

（★★★）の実際の証明は，与えられた証明図の階数 $\rho = 2$ の場合と $\rho > 2$ の場合に分けて行なう．

I. $\rho = 2$ の場合．

この場合がまたいくつかの場合に分かれる．

(1) ミックスの右の上式が始式である場合．つぎのように証明図の最後の部分（左）を書きかえれば（右），ミックスなしの証明図が得られる．

$$\dfrac{\Gamma \to \Delta \quad A \to A}{\Gamma \to \Delta^*, A} \, (A) \qquad\qquad \dfrac{\Gamma \to \Delta}{\Gamma \to \Delta^*, A} \text{ 換と減}$$

変形前後の証明図の部分を，これからも左右にならべて書く．変形の結果，上下に同じ推論式がならぶ場合には，1つを残して他を取りさる．

(2) ミックスの左の上式が始式である場合も同様にすればよい．

(3) ミックスの右の上式が構造にかんする変形規則の下式である場合．この変形規則は増左（ミックス論理式が導入される）以外は考えられない．このとき，証明図の最後の部分をつぎのように書きかえれば，ミックスなしの証明図が得られる（Θ が A を含まないことに注意）．

$$\dfrac{\Gamma \to \Delta \quad \dfrac{\Theta \to \Pi}{A, \Theta \to \Pi}}{\Gamma, \Theta \to \Delta^*, \Pi} \, (A) \qquad\qquad \dfrac{\Theta \to \Pi}{\Gamma, \Theta \to \Delta^*, \Pi} \text{ 増と換}$$

(4) ミックスの左の上式が構造にかんする変形規則の下式である場合も同様にすればよい．

（$\gamma = 0$ かつ $\rho = 2$ のときは，ミックス論理式 A が始式 $A \to A$ に含まれているか増によって導入されるかであり，(1)～(4) のいずれかの場合になる．それゆえ (1)～(4) で，「$\gamma = 0$ かつ $\rho = 2$ のとき証明図をミックスを含まない証明図に書きかえることができる」が示されたことになる．）

(5) (1)～(4) ではなく，ミックスの左右の上式がいずれも論理記号にかんする変

形規則の下式である場合．$\rho = 2$ だから，それらの変形規則によって導入される論理式がミックス論理式である．

① ミックス論理式が $\sim A$ のとき．証明図の最後の部分をつぎのように書きかえる．

$$\dfrac{\dfrac{A, \Gamma \to \Delta}{\Gamma \to \Delta, \sim A} \quad \dfrac{\Theta \to \Pi, A}{\sim A, \Theta \to \Pi}}{\Gamma, \Theta \to \Delta, \Pi} (\sim A) \qquad \dfrac{\dfrac{\Theta \to \Pi, A \quad A, \Gamma \to \Delta}{\Theta, \Gamma^* \to \Pi^*, \Delta}(A)}{\Gamma, \Theta \to \Delta, \Pi} \text{増と換}$$

新しいミックスは，その下式 $(\Theta, \Gamma^* \to \Pi^*, \Delta)$ にいたる証明図の次数がもとの証明図の次数より 1 だけ小さくなっているから，帰納法の仮定により取りのぞくことができる．

② ミックス論理式が $A \wedge B$ のとき．証明図の最後の部分をつぎのように書きかえる．

$$\dfrac{\dfrac{\Gamma \to \Delta, A \quad \Gamma \to \Delta, B}{\Gamma \to \Delta, A \wedge B} \quad \dfrac{A, \Theta \to \Pi}{A \wedge B, \Theta \to \Pi} \wedge \text{左}(1)}{\Gamma, \Theta \to \Delta, \Pi} (A \wedge B) \qquad \dfrac{\dfrac{\Gamma \to \Delta, A \quad A, \Theta \to \Pi}{\Gamma, \Theta^* \to \Delta^*, \Pi}(A)}{\Gamma, \Theta \to \Delta, \Pi} \text{増と換}$$

新しいミックスは，その下式にいたる証明図の次数がもとの証明図の次数より小さくなっているから，帰納法の仮定により取りのぞくことができる．もとの証明図のミックスの右の上式が $\wedge$ 左 (2) の下式かもしれないが，同様にすればよい．

③ ミックス論理式が $\forall \mathbf{x} A(\mathbf{x})$ のとき．証明図の最後の部分をつぎのように書きかえる．

$$\dfrac{\dfrac{\Gamma \to \Delta, A(\mathbf{a})}{\Gamma \to \Delta, \forall \mathbf{x} A(\mathbf{x})} \quad \dfrac{A(\mathbf{b}), \Theta \to \Pi}{\forall \mathbf{x} A(\mathbf{x}), \Theta \to \Pi}}{\Gamma, \Theta \to \Delta, \Pi} (\forall \mathbf{x} A(\mathbf{x})) \qquad \dfrac{\dfrac{\Gamma \to \Delta, A(\mathbf{b}) \quad A(\mathbf{b}), \Theta \to \Pi}{\Gamma, \Theta^* \to \Delta^*, \Pi}(A(\mathbf{b}))}{\Gamma, \Theta \to \Delta, \Pi} \text{増と換}$$

固有変項の条件により $\mathbf{a}$ は Γ, Δ, $\forall \mathbf{x} A(\mathbf{x})$ に含まれない．また定理の証明の前に注意したこと（196〜197 ページ上段）により，$\Gamma \to \Delta, A(\mathbf{a})$ にいたる証明図のなかに含まれる $\forall$ 右や $\exists$ 左の固有変項は $\mathbf{a}$ とも $\mathbf{b}$ とも異なっているので，$\Gamma \to \Delta, A(\mathbf{a})$ にいたる証明図のなかの $\mathbf{a}$ に $\mathbf{b}$ を代入すると，$\Gamma \to \Delta, A(\mathbf{b})$ にいたる証明図が得られる．その証明図（$\Gamma \to \Delta, A(\mathbf{b})$ にいたる証明図）が新しい証明図のなかに用いられる．

　新しいミックスは，その下式にいたる証明図の次数がもとの証明図の次数より 1 だけ小さくなっているから，帰納法の仮定により取りのぞくことができる．

④ ミックス論理式が $A \vee B$, $A \supset B$, $\exists \mathbf{x} A(\mathbf{x})$ のときも同様にすればよい．

II. $\rho > 2$ の場合.

この場合がまたいくつかの場合に分かれる.

(1) ミックスの右の上式の右辺がミックス論理式を含んでいる場合. 証明図の最後の部分をつぎのように書きかえれば, ミックスなしの証明図が得られる (Π が A を含むことに注意).

$$\frac{\Gamma \to \Delta \quad \Theta \to \Pi}{\Gamma, \Theta^* \to \Delta^*, \Pi} \ (A) \qquad\qquad \cfrac{\cfrac{\dfrac{\Gamma \to \Delta}{\Gamma \to \Delta^*, A} \ \text{換と減}}{\Gamma, \Theta^* \to \Delta^*, \Pi}}{} \ \text{増と換}$$

(2) ミックスの左の上式の左辺がミックス論理式を含んでいる場合も同様にすればよい.

(3) (1), (2) ではなく, 証明図の右の階数が 1 より大きい場合.

つぎの 1)〜3) の場合に分かれる.

1) ミックスの右の上式が, 構造あるいは論理記号にかんする変形規則の下式であって, その変形規則によって導入される論理式がミックス論理式になっていない場合. 証明図の最後の部分をつぎのように書きかえる.

$$\frac{\Gamma \to \Delta \quad \dfrac{\Theta \to \Pi}{\Phi \to \Psi} \ I}{\Gamma, \Phi^* \to \Delta^*, \Psi} \ (A) \qquad\qquad \cfrac{\cfrac{\cfrac{\dfrac{\Gamma \to \Delta \quad \Theta \to \Pi}{\Gamma, \Theta^* \to \Delta^*, \Pi} \ (A)}{\Theta^*, \Gamma \to \Delta^*, \Pi} \ \text{換}}{\Phi^*, \Gamma \to \Delta^*, \Psi} \ I'}{\Gamma, \Phi^* \to \Delta^*, \Psi} \ \text{換}}{}$$

I と I' は同種の変形規則である. 新しいミックスは, その下式にいたる証明図の次数がもとの証明図と同じで階数が 1 だけ小さくなっているから, 帰納法の仮定により取りのぞくことができる. I は 2 つの上式をもつかもしれないが, 同様にすればよい.

2) ミックスの右の上式が, 構造にかんする変形規則 (増, 減, 換) の下式であって, その変形規則によって導入される論理式がミックス論理式になっている場合. 証明図の最後の部分をつぎのように書きかえる.

$$\frac{\Gamma \to \Delta \quad \dfrac{\Theta \to \Pi}{\Theta' \to \Pi} \ I}{\Gamma, \Theta'^* \to \Delta^*, \Pi} \ (A) \qquad\qquad \frac{\Gamma \to \Delta \quad \Theta \to \Pi}{\Gamma, \Theta^* \to \Delta^*, \Pi} \ (A)$$

I (増, 減, 換) によって導入される (加えられる, 減らされる, 交換される) 論理式がミックス論理式 (A) であるとき, Θ'^* と Θ^* が同じになり, $\Gamma, \Theta'^* \to \Delta^*, \Pi$

と $\Gamma, \Theta^* \to \Delta^*, \Pi$ も同じになる.

　新しいミックスは，その下式にいたる証明図の次数がもとの証明図と同じで階数が 1 だけ小さくなっているから，帰納法の仮定により取りのぞくことができる.

3) ミックスの右の上式が，論理記号にかんする変形規則の下式であって，その変形規則によって導入される論理式がミックス論理式になっている場合.

① ミックス論理式が $\sim A$ のとき．証明図の最後の部分をつぎのように書きかえる.

$$
\cfrac{\Gamma \to \Delta \quad \cfrac{\Theta \to \Pi, A}{\sim A, \Theta \to \Pi}\ (\sim A)}{\Gamma, \Theta^* \to \Delta^*, \Pi}
$$

$$
\cfrac{\Gamma \to \Delta \quad \cfrac{\cfrac{\cfrac{\Gamma \to \Delta \quad \Theta \to \Pi, A}{\Gamma, \Theta^* \to \Delta^*, \Pi, A}}{\sim A, \Gamma, \Theta^* \to \Delta^*, \Pi}\ \sim 左}{\Gamma, \Gamma, \Theta^* \to \Delta^*, \Delta^*, \Pi}\ (\sim A)}{\Gamma, \Theta^* \to \Delta^*, \Pi}\ 換と減
$$

(左の図は $(\sim A)$ ，右上は $(\sim A)$)

新しい 2 つのミックスは，その下式にいたる証明図の次数がもとの証明図と同じで階数が小さくなっている（下のミックスは右の階数が 1 である）から，帰納法の仮定により上下の順に取りのぞくことができる.

② ミックス論理式が $A \wedge B$ のとき．証明図の最後の部分をつぎのように書きかえる.

$$
\cfrac{\Gamma \to \Delta \quad \cfrac{A, \Theta \to \Pi}{A \wedge B, \Theta \to \Pi}\ \wedge 左(1)}{\Gamma, \Theta^* \to \Delta^*, \Pi}\ (A \wedge B)
$$

$$
\cfrac{\Gamma \to \Delta \quad \cfrac{\cfrac{\cfrac{\Gamma \to \Delta \quad A, \Theta \to \Pi}{\Gamma, A, \Theta^* \to \Delta^*, \Pi}\ (A \wedge B)}{A, \Gamma, \Theta^* \to \Delta^*, \Pi}\ 換}{A \wedge B, \Gamma, \Theta^* \to \Delta^*, \Pi}\ \wedge 左(1)}{\Gamma, \Gamma, \Theta^* \to \Delta^*, \Delta^*, \Pi}\ (A \wedge B)}{\Gamma, \Theta^* \to \Delta^*, \Pi}\ 換と減
$$

新しい 2 つのミックスは，その下式にいたる証明図の次数がもとの証明図と同じで階数が小さくなっている（下のミックスは右の階数が 1 である）から，帰納法の仮定により上下の順に取りのぞくことができる．もとの証明図のミックスの右の上式が $\wedge$ 左 (2) の下式かもしれないが，同様にすればよい.

③ ミックス論理式が $\forall \mathbf{x} A(\mathbf{x})$ のとき．証明図の最後の部分をつぎのように書きかえる.

$$
\cfrac{\Gamma \to \Delta \quad \cfrac{A(\mathbf{a}), \Theta \to \Pi}{\forall \mathbf{x} A(\mathbf{x}), \Theta \to \Pi}\ \forall 左}{\Gamma, \Theta^* \to \Delta^*, \Pi}\ (\forall \mathbf{x} A(\mathbf{x}))
$$

$$
\cfrac{\Gamma \to \Delta \quad \cfrac{\cfrac{\cfrac{\Gamma \to \Delta \quad A(\mathbf{a}), \Theta \to \Pi}{\Gamma, A(\mathbf{a}), \Theta^* \to \Delta^*, \Pi}\ (\forall \mathbf{x} A(\mathbf{x}))}{A(\mathbf{a}), \Gamma, \Theta^* \to \Delta^*, \Pi}\ 換}{\forall \mathbf{x} A(\mathbf{x}), \Gamma, \Theta^* \to \Delta^*, \Pi}\ \forall 左}{\Gamma, \Gamma, \Theta^* \to \Delta^*, \Delta^*, \Pi}\ (\forall \mathbf{x} A(\mathbf{x}))}{\Gamma, \Theta^* \to \Delta^*, \Pi}\ 換と減
$$

新しい 2 つのミックスは，その下式にいたる証明図の次数がもとの証明図と同じ
で階数が小さくなっている（下のミックスは右の階数が 1 である）から，帰納法
の仮定により上下の順に取りのぞくことができる．

④ ミックス論理式が $A \lor B$，$A \supset B$，$\exists \mathbf{x} A(\mathbf{x})$ のときも同様にすればよい．

(4) (1)，(2) ではなく，証明図の左の階数が 1 より大きい場合も，(3) の場合と同
様にすればよい．

これで，（★★★）の証明が終わった．その証明には，最後に使用する変形規則
のみがミックスであるような証明図からミックスを取りのぞく方法が示されてい
る．最後に使用する変形規則のみがミックスであるような証明図が与えられたら，
I の (5) の書きかえによって次数を減らし，II の (3)，(4) の書きかえによって 階
数を減らしてゆくと，最後には I の (1)〜(4) あるいは II の (1)，(2) が適用可能
になって，ミックスを含まない証明図を得ることができる．

（★★★）から（★★）が導かれ，（★★）から（★）が導かれる（195，196 ペー
ジ）から，（★）すなわち「ゲンツェンの基本定理」が証明されたことになる．

§3. LK の無矛盾性

LK が矛盾するということは，LK で推論式 $\rightarrow$ が証明可能であるということ
である．LK で $\rightarrow$ が証明可能であるとき，増左と増右によって，すべての推
論式 $\Gamma \rightarrow \Delta$ が証明可能であることになってしまう．

ゲンツェンの基本定理を用いると，LK が**無矛盾**であること，すなわち LK で
$\rightarrow$ が証明可能ではないことを示すことができる．もし LK で $\rightarrow$ が証明可能
であると仮定すると，基本定理により，それはカットを用いないでも証明可能で
あるはずである．しかし $\rightarrow$ は，カットを用いないでは証明可能ではない．な
ぜなら $\rightarrow$ は，始式ではなく，またカット以外の変形規則の下式でもあり得な
い（カット以外の変形規則の下式には，少なくとも 1 つの論理式が含まれていな
ければならない）からである．それゆえ LK で $\rightarrow$ は証明可能ではない．

補論 2　様相論理への補論

　第 4 章では，様相論理の形式的体系の提示と完全性の記述に主眼が置かれているため，様相概念として，**真理様相**としばしばよばれる「必然／可能」のみを提示しているが，実のところ，様相概念とよびうるものは他にも様々あることが知られている．

　たとえば，$\Box A$ を「A は義務である」と読み，$\Diamond A$ を「A は許可されている」と読んでみよう．すると，$\Box A \supset \Diamond A$ は「A が義務ならば A は許可されている」と読むことができる．この命題は，「A が必然ならば A は可能である」という命題と類比的である．また，義務や許可にまつわる推論の例として，「A は義務ではない」から「A でないことが許されている」を導く推論を取り上げてみよう．この推論は「A が必然ではない」から「A でないことが可能である」を導く推論とまたしても類比的ではなかろうか．どちらも，$\sim\Box A$ から $\Diamond\sim A$ を導くという形式をもっている．

　以上はしばしば**義務様相**とよばれるものであるが，他にも，未来や過去にかんする**時間様相**や**認識様相**など，様々な様相概念が考えられる．「未来にかんする時間様相」では，$\Box A$ は「これ以後のすべての時点で A」と読まれ，$\Diamond A$ は「これ以後のある時点で A」と読まれる．また「過去にかんする時間様相」では，$\Box A$ は「過去のすべての時点で A」と読まれ，$\Diamond A$ は「過去のある時点で A」と読まれる．そして「認識様相」では，$\Box A$（詳しくは，$\Box_x A$）は「x は A であることを知っている」と読まれる（x は，命題にたいして「知っている」という態度をとる行為者を表わす）．$\Diamond A$ は $\sim\Box\sim A$ と同値であり，$\sim\Box\sim A$ は「x は A でないことを知っているのではない」という意味である．

　本文 106 ページ以下で，様相論理の意味論として，到達可能性関係 R を用いる可能世界意味論が述べられている．R を用いる利点の 1 つは，R を変化させることで様々な様相概念を一括して取りあつかうことができるような枠組みの構築が可能になるところにある．本補論ではまず，意味論にかんする補足として，R を

用いる可能世界意味論の入り口の部分を解説する．これは本文106, 107ページの記述を補うことが意図されている．次いで，構文論にかんする補足として，本文での形式的体系の提示（103, 104ページ）とは別の仕方での提示を紹介する．

§1. 意味論にかんする補論

先に述べた $\Box A \supset \Diamond A$ は通常「公理図式 **D**」とよばれている．これを含めて本文であつかわれた公理図式 **T**, **B**, **4**, **5** を再掲し，到達可能性関係 R の導入の前後を詳述することで，R を有する可能世界モデルへ入っていく手助けとしたい．

D　$\Box A \supset \Diamond A$

T　$\Box A \supset A$

B　$A \supset \Box \Diamond A$

4　$\Box A \supset \Box \Box A$

5　$\Diamond A \supset \Box \Diamond A$

最初に，必然性と可能性にかんする直観（世界がいかなる在り方をしていようともなりたつのが必然性であり，世界の在り方によってはなりたちうるのが可能性であるという直観）をほぼストレートに反映したモデル $\langle W, V \rangle$（R をもたないモデル，**簡略モデル**）を考えてみよう．このモデルでは，$\Box A$ と $\Diamond A$ が世界 $w \in W$ で真である，ということはつぎのように定義される．

$\Box A$ が w で真である $\Leftrightarrow$ すべての世界で A がなりたつ

$\Diamond A$ が w で真である $\Leftrightarrow$ 少なくとも1つの世界で A がなりたつ

この定義では，左辺にある w が右辺にないことが奇妙に感じられるかもしれない．左辺は w を含み，w に依存しているが，右辺はそうではない．この定義によると，$\Box A$ や $\Diamond A$ の w での真偽は，w と相対的に決まるわけではなく，w とは無関係に決まるのである．$\Box A$ は，すべての世界で A がなりたつとき，w（任意の世界）で真であり，$\Diamond A$ は，少なくとも1つの世界で A がなりたつとき，w（任意の世界）で真である．

読者（初学者を想定している）はまず，この定義にしたがって，公理図式 **D**, **T**, **B**, **4**, **5** をみたす論理式を評価してほしい．可能世界モデルに馴染むための格好の練習問題にもなるので，まずは自分でやってみることをお勧めする．実際にやってみると，簡略モデル $\langle W, V \rangle$ では，これら5つの公理図式をみたす論理

式がすべて妥当になる（どんな世界で評価しても常に真になる）ことがわかるだろう．

　最初に，**D**（$\Box A \supset \Diamond A$）をみたす論理式を評価する．どんな世界 w で評価しても，$\Box A$ が w で真であるときに $\Diamond A$ も w で真になることを示そう．$\Box A$ が w で真であるとき，定義より，すべての世界で A がなりたつ．ゆえに，少なくとも 1 つの世界で A がなりたつことになり，$\Diamond A$ が w で真であることになる．よって，評価する世界 w に関係なく，前件が真であるときに後件も真になるから，**D** をみたす論理式は妥当である．

　つぎに，**T**（$\Box A \supset A$）をみたす論理式を評価する．どんな世界 w で評価しても，$\Box A$ が w で真であるときに A も w で真になることを示そう．$\Box A$ が w で真であるとき，定義より，すべての世界で A がなりたつ．ゆえに，世界 w でも A がなりたつことになり，A が w で真であることになる．よって，評価する世界 w に関係なく，前件が真であるときに後件も真になるから，**T** をみたす論理式は妥当である．

　つぎに，**B**（$A \supset \Box \Diamond A$）をみたす論理式を評価する．どんな世界 w で評価しても，A が w で真であるときに $\Box \Diamond A$ も w で真になることを示そう．A が w で真であるとき，少なくとも 1 つの世界で A が真であり，少なくとも 1 つの世界で A がなりたつ．少なくとも 1 つの世界で A がなりたつとき，定義より，$\Diamond A$ が v（任意の世界）で真であり，$\Diamond A$ が v でなりたつことになる．ゆえに，任意の世界（すべての世界）で $\Diamond A$ がなりたつことになり，$\Box \Diamond A$ が w で真であることになる．よって，評価する世界 w に関係なく，前件が真であるときに後件も真になるから，**B** をみたす論理式は妥当である．

　同様にして，**4** や **5** をみたす論理式が妥当であることを示すこともできる．簡略モデル $\langle W, V \rangle$ では，5 つの公理図式 **D**，**T**，**B**，**4**，**5** をみたす論理式がすべて妥当となってしまうのである．

　しかし，われわれが義務について抱く直観は，**T**（$\Box A \supset A$）をみたす論理式の妥当性を認めないであろう．A が義務であっても，A が現実であるとは限らないからである．また，認識様相をあつかう理論は，**4**（$\Box A \supset \Box\Box A$）をみたす論理式の妥当性を認めないであろう．「$x$ が A を知っている」としても「x は，x が A を知っていることを知っている」とは必ずしもいえないからである（暗黙知の場合）．またそもそも，簡略モデル $\langle W, V \rangle$ では，論理式に様相演算子の $\Box$ や $\Diamond$

をどんな仕方で何個つけ加えようとも，一番内側の様相演算子1つのときと同じになってしまう（たとえば $\Box\Diamond\Box A$ の真偽は $\Box A$ の真偽と同じになる）という問題もある.

こうした状況は，$\langle W, V \rangle$ に，世界のあいだになりたつ関係 R を加えた $\langle W, R, V \rangle$ というモデル（**標準モデル**）を導入することにより打開することができる．この R は **到達可能性関係** とよばれ，wRu のとき「w から u に到達可能である」といわれる．この R をパラメータとして様々な仕方で特徴づける（反射性や対称性など）ことにより，それと相対的に妥当性が定義され，様々な様相性を統一的な枠組みで柔軟に取りあつかうことが可能となるのである.

「論理式 A が標準モデル $\langle W, R, V \rangle$ における世界 $w \in W$ で真である」（$\langle W, R, V \rangle, w \models A$ あるいは簡単に $w \models A$ で表わす）ということは，つぎのように定義される（本文107ページ参照）.

$$w \models \mathbf{p} \Leftrightarrow w \in V(\mathbf{p})$$
$$w \models {\sim}A \Leftrightarrow w \not\models A$$
$$w \models A \supset B \Leftrightarrow w \not\models A \text{ または } w \models B$$
$$\Leftrightarrow w \models A \text{ ならば } w \models B$$
$$w \models \Box A \Leftrightarrow wRu \text{ であるようなすべての } u \text{ について } u \models A$$
$$w \models \Diamond A \Leftrightarrow w \models {\sim}\Box{\sim}A$$
$$\Leftrightarrow wRu \text{ であるようなある } u \text{ が存在して } u \models A$$

「A がモデル $\langle W, R, V \rangle$ で妥当である」というのは，「すべての $w \in W$ について，A が $\langle W, R, V \rangle$ における w で真である（$w \models A$）」ということである.

モデル $\langle W, R, V \rangle$ を決めると，論理式がそのモデルで妥当であるかないかが決まる．つぎのようなモデル $\langle W, R, V \rangle$ を考えてみよう．このモデルで，$\mathbf{D}$ をみたす論理式 $\Box p \supset \Diamond p$ は妥当であり，$\mathbf{T}$ をみたす論理式 $\Box p \supset p$ は妥当ではない.

$$W = \{w, u, v\}$$
$$R = \{\langle w, u \rangle, \langle w, v \rangle, \langle u, v \rangle, \langle v, w \rangle\}$$
$$V(p) = \{u, v\}$$

このモデルで，$\Box p \supset \Diamond p$ は妥当である．なぜなら $\Box p \supset \Diamond p$ は，w で真であり（$w \models \Box p$，$w \models \Diamond p$），u でも真であり（$u \models \Box p$，$u \models \Diamond p$），v でも真である（$v \not\models \Box p$，$v \not\models \Diamond p$）からである.

しかしこのモデルで，$\Box p \supset p$ は妥当ではない．なぜなら $\Box p \supset p$ は，w で偽である（$w \models \Box p$, $w \not\models p$）からである．

標準モデル $\langle W, R, V \rangle$ の $\langle W, R \rangle$ の部分を **フレーム** という．そして「A がフレーム $\langle W, R \rangle$ で妥当である」というのは，「A がフレーム $\langle W, R \rangle$ にもとづくすべてのモデル $\langle W, R, V \rangle$ で妥当である」ということである．

公理図式 **D**，**T**，**B**，**4**，**5** の各々をみたすすべての論理式がフレーム $\langle W, R \rangle$ で妥当であることと，R が一定の性質をもつこととが同値であることが知られている．本節の後半では，この同値性にかんする結果を，**D**，**5** について述べ（定理 1，2），最後にそこからの発展性を示唆したい．

「R は **継起的** である」，「R は **ユークリッド的** である」ということをつぎのように定義する．

> R は継起的である $\Leftrightarrow \forall w \exists u (wRu)$
> （どの世界もそこから到達可能な世界をもつ）
> R はユークリッド的である $\Leftrightarrow \forall w \forall u \forall v (wRu \wedge wRv \supset uRv)$
> （どの世界についても，そこから到達可能な世界同士は，互いに到達可能である）

●定理 1

つぎの (1) と (2) は同値である．

(1) **D**（$\Box A \supset \Diamond A$）をみたすすべての論理式が $\langle W, R \rangle$ で妥当である．

(2) R が継起的である．

証明

まず (1) を仮定して，R が継起的であることを示す．R が継起的であることを示すために，任意の w をとり，wRu であるような u が存在することを示す．p にたいして $V(p) = \{v \mid wRv\}$ であるような V を考えると，wRv であるようなすべての v について $\langle W, R, V \rangle, v \models p$ だから，$\langle W, R, V \rangle, w \models \Box p$ である．しかるに (1) を仮定しているから，$\langle W, R, V \rangle, w \models \Box p \supset \Diamond p$ であり，$\langle W, R, V \rangle, w \models \Diamond p$ である．ゆえに，wRu であるような u が存在することになる．（「すべての論理式」や妥当性の全称性を p やうまい V で例化している点に留意されたい．）

つぎに (2) を仮定して，任意の A について，$\langle W, R, V \rangle, w \models \Box A$ ならば

$\langle W, R, V \rangle, w \models \Diamond A$ であることを示す．$\langle W, R, V \rangle, w \models \Box A$ ならば，wRu であるようなすべての u について $\langle W, R, V \rangle, u \models A$ である（∗）．R が継起的だから，w にたいして wRv であるような v が存在し，（∗）より，$\langle W, R, V \rangle, v \models A$ である．ゆえに，$\langle W, R, V \rangle, w \models \Diamond A$ である． ■

●定理 2

つぎの (1) と (2) は同値である．

(1) **5**（$\Diamond A \supset \Box \Diamond A$）をみたすすべての論理式 が $\langle W, R \rangle$ で妥当である．
(2) R がユークリッド的である．

証明

まず (1) を仮定して，R がユークリッド的であることを示す．R がユークリッド的であることを示すために，任意の w, u, v をとり，wRu と wRv を仮定して，uRv を示す．p にたいして $V(p) = \{v\}$ であるような V を考えると，wRv だから，$\langle W, R, V \rangle, w \models \Diamond p$ である．しかるに (1) を仮定しているから，$\langle W, R, V \rangle, w \models \Diamond p \supset \Box \Diamond p$ であり，$\langle W, R, V \rangle, w \models \Box \Diamond p$ である．wRu だから，$\langle W, R, V \rangle, u \models \Diamond p$ であり，uRu' であるような u' が存在して $\langle W, R, V \rangle, u' \models p$ である．$V(p) = \{v\}$ だったから $u' = v$ であり，uRu' より uRv であることがわかる．

つぎに (2) を仮定して，任意の A について，$\langle W, R, V \rangle, w \models \Diamond A$ ならば $\langle W, R, V \rangle, w \models \Box \Diamond A$ であることを示す．$\langle W, R, V \rangle, w \models \Diamond A$ ならば，wRu であるような u が存在して $\langle W, R, V \rangle, u \models A$ である（∗）．R がユークリッド的だから，wRv であるような任意の v について vRu であり，（∗）より，$\langle W, R, V \rangle, v \models \Diamond A$ である．ゆえに，$\langle W, R, V \rangle, w \models \Box \Diamond A$ である． ■

以上，**D** と **5** について同値性にかんする定理を見てきたが，これらの定理は R の導入によるごく一部の結果にすぎない．R の導入によって，様相論理の広範な発展が可能になったのであり，R を導入して考えることは，様相論理にかんする多くの問題を考えるさいに有効である．

たとえば，本論の冒頭で例示した「未来にかんする時間様相」（以下では「時相」と省略する）の問題を考えるさいにも有効である．「これ以後のすべての時点で A」と読んだ $\Box A$ と「これ以後のある時点で A」と読んだ $\Diamond A$ にたいするモデ

ルを与えるためには，これまで「世界」と読んでいた w や u などを「時点」と読みかえ，R を「時点から時点への移行」と読みかえればよい．すると，R に様々な性質を付与することで様々な「時相」をあつかうことができる．たとえば，つぎの 3 つの条件，

$$\forall w \forall u \forall v (wRu \wedge uRv \supset wRv) \qquad (\text{推移性})$$

$$\forall w (\sim wRw) \qquad (\text{非反射性})$$

$$\forall w \forall u (w = u \vee wRu \vee uRw) \qquad (\text{全順序性})$$

のすべてをみたすものとして R を規定することにより，「単線的な時相」を表現することができるし，また 3 つの条件のうち最後の条件を落とすことで，「分岐する時相」を表現することもできるのである．これら 2 つの時相表現とそれらにまつわる研究は，未来にかんする決定論と非決定論という哲学的問題を論じる上でも 1 つの有望な道といえよう．

§2. 構文論にかんする補論

　本文第 4 章（103, 104 ページ）で提示された体系 K は，「公理図式 **K**」と「必然化の規則」を含んでいた．本節では，「公理図式 **K**」と「必然化の規則」の代わりに「推論規則 RK（rule of K）」を用いて，体系 K と同等な体系を定義するやり方を紹介する．本節の体系は，補論 1 で述べられているようなシークエントスタイルの体系に直しやすいという利点がある．

　証明を図で表わしたものが「証明図」である．本節で用いる証明図は，簡便で見やすい「樹木状」の証明図である．証明図における水平線は推論規則や派生規則の適用を表わしている．論理式に付されたコメント "PL" は，それがトートロジーであるかトートロジーに代入したものであることを表わしている．また "RPL" は，それが上式から命題論理的帰結（105 ページ参照）によって得られたものであることを表わしている．

　「推論規則 RK」はつぎのように定義される．

$$\text{RK :} \quad \frac{(A_1 \wedge \cdots \wedge A_n) \supset A}{(\Box A_1 \wedge \cdots \wedge \Box A_n) \supset \Box A} \quad (n \geq 0)$$

ただし $n = 0$ のとき，RK の上式（前提）は A であり，下式（結論）は $\Box A$ である．

　本文 103 ページで提示された「公理図式 1～3」と「分離規則」と，いま提示し

た「推論規則 RK」によって定義される体系を「体系 K′」とよぶことにする．体系 K′ は，古典論理の体系に様相論理の推論規則 RK を加えてできる体系であり，体系 K と同等な体系である．K′ において，K の推論規則や定理を導くことができるし，K において，K′ の推論規則や定理を導くこともできる．K′ において導かれる，いくつかの派生規則や定理を見ていこう．「必然化の規則」が K′ の派生規則（RN）として導かれ，「公理図式 **K**」が K′ の定理（K）として導かれることがわかるであろう．

●体系 **K′** における派生規則と定理 (1)

$$\text{RN}: \quad \frac{A}{\Box A} \qquad \text{RM}: \quad \frac{A \supset B}{\Box A \supset \Box B} \qquad \text{RR}: \quad \frac{(A \wedge B) \supset C}{(\Box A \wedge \Box B) \supset \Box C}$$

$$\text{R}: \quad \Box(A \wedge B) \equiv (\Box A \wedge \Box B)$$

$$\text{K}: \quad \Box(A \supset B) \supset (\Box A \supset \Box B)$$

証明

RN, RM, RR：それぞれ，RK の $n = 0$, 1, 2 の場合に相当する．

R：

$$(\supset) \quad \frac{\dfrac{(A \wedge B) \supset A \quad (\text{PL})}{\Box(A \wedge B) \supset \Box A \quad (\text{RM})} \quad \dfrac{(A \wedge B) \supset B \quad (\text{PL})}{\Box(A \wedge B) \supset \Box B \quad (\text{RM})}}{\Box(A \wedge B) \supset (\Box A \wedge \Box B) \quad (\text{RPL})}$$

$$(\subset) \quad \frac{(A \wedge B) \supset (A \wedge B) \quad (\text{PL})}{(\Box A \wedge \Box B) \supset \Box(A \wedge B) \quad (\text{RR})}$$

K：

$$\frac{\dfrac{((A \supset B) \wedge A) \supset B \quad (\text{PL})}{(\Box(A \supset B) \wedge \Box A) \supset \Box B \quad (\text{RR})}}{\Box(A \supset B) \supset (\Box A \supset \Box B) \quad (\text{RPL})}$$

■

$\Diamond A$ は $\sim\Box\sim A$ を表わすとして，$\Diamond$（可能性の記号）を定義することができる．この $\Diamond$ にかんしても，K′ において，つぎのような派生規則や定理を導出することができる．

●体系 **K′** における派生規則と定理 (2)

$$\text{RK}\Diamond: \quad \frac{A \supset (A_1 \vee \cdots \vee A_n)}{\Diamond A \supset (\Diamond A_1 \vee \cdots \vee \Diamond A_n)} \quad (n \geq 0)$$

ただし，$n = 0$ のとき，RK◇ の上式は $\sim A$ であり，下式は $\sim\Diamond A$ である．

$$\text{RN}\diamond: \quad \frac{\sim A}{\sim \diamond A} \qquad \text{RM}\diamond: \quad \frac{A \supset B}{\diamond A \supset \diamond B} \qquad \text{RR}\diamond: \quad \frac{A \supset (B \vee C)}{\diamond A \supset (\diamond B \vee \diamond C)}$$

$$\text{R}\diamond: \quad \diamond(A \vee B) \equiv (\diamond A \vee \diamond B)$$

$$\text{K}\diamond: \quad (\sim \diamond A \wedge \diamond B) \supset \diamond(\sim A \wedge B)$$

証明

RK$\diamond$：

　$n = 0$ のとき，$\sim A$ を仮定すると，RN と RPL（命題論理的帰結）によって，$\sim\sim\Box\sim A$ すなわち $\sim \diamond A$ が導かれる.

　$n > 0$ のとき，$A \supset (A_1 \vee \cdots \vee A_n)$ を仮定して，$\diamond A \supset (\diamond A_1 \vee \cdots \vee \diamond A_n)$ を導けばよい.

$$\frac{\dfrac{\dfrac{\dfrac{A \supset (A_1 \vee \cdots \vee A_n) \quad \text{（仮定）}}{(\sim A_1 \wedge \cdots \wedge \sim A_n) \supset \sim A \quad \text{(RPL)}}}{(\Box\sim A_1 \wedge \cdots \wedge \Box\sim A_n) \supset \Box\sim A \quad \text{(RK)}}}{\sim\Box\sim A \supset (\sim\Box\sim A_1 \vee \cdots \vee \sim\Box\sim A_n) \quad \text{(RPL)}}}{\diamond A \supset (\diamond A_1 \vee \cdots \vee \diamond A_n) \quad \text{（}\diamond\text{の定義）}}$$

RN$\diamond$，RM$\diamond$，RR$\diamond$：それぞれ，RK$\diamond$ の $n = 0$，1，2 の場合に相当する.

R$\diamond$：

$$(\supset) \quad \frac{(A \vee B) \supset (A \vee B) \quad \text{(PL)}}{\diamond(A \vee B) \supset (\diamond A \vee \diamond B) \quad \text{(RR}\diamond\text{)}}$$

$$(\subset) \quad \frac{\dfrac{A \supset (A \vee B) \quad \text{(PL)}}{\diamond A \supset \diamond(A \vee B) \quad \text{(RM}\diamond\text{)}} \qquad \dfrac{B \supset (A \vee B) \quad \text{(PL)}}{\diamond B \supset \diamond(A \vee B) \quad \text{(RM}\diamond\text{)}}}{(\diamond A \vee \diamond B) \supset \diamond(A \vee B) \quad \text{(RPL)}}$$

K$\diamond$：

$$\frac{\dfrac{B \supset (A \vee (\sim A \wedge B)) \quad \text{(PL)}}{\diamond B \supset (\diamond A \vee \diamond(\sim A \wedge B)) \quad \text{(RR}\diamond\text{)}}}{(\sim \diamond A \wedge \diamond B) \supset \diamond(\sim A \wedge B) \quad \text{(RPL)}}$$　　　■

　推論規則 RK と RK$\diamond$ を左右にならべて書いてみよう.

$$\frac{(A_1 \wedge \cdots \wedge A_n) \supset A}{(\Box A_1 \wedge \cdots \wedge \Box A_n) \supset \Box A} \quad \Big| \quad \frac{A \supset (A_1 \vee \cdots \vee A_n)}{\diamond A \supset (\diamond A_1 \vee \cdots \vee \diamond A_n)}$$

縦線を対称軸として折りかえし，左側の $\Box$ と $\wedge$ がそれぞれ右側の $\diamond$ と $\vee$ に対応すると見なせば，RK と RK$\diamond$ のあいだにはミラーイメージのような対称性が存在する. $n = 1$，$n = 2$ として考えれば，RM と RM$\diamond$，RR と RR$\diamond$ のあいだに

も同様の対称性が存在することがわかる．推論規則のあいだに対称性が存在するならば，それらの推論規則を用いた証明のあいだにも対称性が存在するであろう．実際，R の（⊃）の証明と $R_\diamond$ の（⊂）の証明のあいだには著しい対称性が存在する（K の証明と $K_\diamond$ の証明のあいだには対称性が存在しないように見えるが，$A \supset B$ を $\sim A \vee B$ に書きかえれば，対称性が現われてくる）．

　推論規則（や証明）のあいだにこのような対称性が存在することは，**双対性**とよばれる論理式の性質にもとづいて説明されうる．ここでは立ち入らないが，双対性の概念は論理学や数学で豊かに展開されており，実は補論 1 であつかわれた LK や補論 3 であつかわれる線形論理の定義にさいしてもこの概念が意識されているのである．

　本節では，「推論規則 RK」を用いて，体系 K と同等な体系を記述してきたが，この体系をベースに公理図式 **D**，**T**，**B**，**4**，**5** などを加えることにより，さらに体系を拡大していくことができる．

　最後に，補論 1 にある**シークエント計算**への移行について付言しておきたい．RK の上式と下式は ⊃ でつながれた論理式であるが，⊃ をシークエント（推論式）の → で置きかえて，左辺の ∧ をコンマにすれば，RK は，シークエントからシークエントを導く推論規則となる．この推論規則を，古典論理のシークエント計算（LK）に加えれば，K に対応する様相論理のシークエント計算が得られるのである．

　以上，本補論では，まず意味論にかんして到達可能性関係 R を導入する動機を補足し，次いで構文論上の補足として RK を中核とする形式的体系の提示をあつかった．読者が無事に本書を読み通し，さらなるステップへ進まれることを願う．

補論 3　線形論理について

　論理学では「A ならば B」をいかに捉えるかはとても重要な問題である．「(A かつ (A ならば B)) から B が推論される」(Modus Ponens) を基礎にとるならば，「A ならば B」は「A を使って B に変化させることができる」と捉えることになる．すると，Modus Ponens は「「A と (A ならば B)」のペアを使って（失って），B を持つことになる」と理解できる．ここから，仮定はただ 1 度だけ用いられ，この「かつ」はペアとしてはたらくものであることがわかる．よって論理学は仮定を消費される資源とみなす「資源の論理学」を基礎としている．一方古典論理は，完全性定理により論理結合子が真理関数と捉えられており，原子式が $0, 0 \multimap 0$ のまとまりとなる（ここで，0 はどんな論理式 A に対しても，0 ならば A を導出する）．論理式も構成する原子式を $0, 0 \multimap 0$ で置き換えてできる組み合わせのまとまりとして捉えられ，それが導出可能とは，各組み合わせのそれぞれが導出可能なときである．たとえば，先の「かつ」に対して P を原子式として，P ならば (P かつ P) を考えると，0 ならば (0 かつ 0)，(0 ならば 0) ならば (0 ならば 0) かつ (0 ならば 0) というまとまりとして捉えることになる．0 ならば (0 かつ 0) は 0 の性質より導出可能であり，(0 ならば 0) ならば ((0 ならば 0) ならば (0 ならば 0) かつ (0 ならば 0))) は導出可能であり，(0 ならば 0) が導出可能なので (0 ならば 0) ならば (0 ならば 0) かつ (0 ならば 0) も導出可能となる．同様に，先の「かつ」に対して ((A かつ B) ならば A) が導出可能となる（詳しくは §2 で取り上げる）．これらのことから，仮定は何度も使用できるのであり，古典論理 LK (Logische Kalkül) はこのことの反映として，変形規則の中に「増」，「減」の規則がある．逆に，J.Y. ジラールが導入した線形論理は，先の「資源の論理学」の立場に立ち，LK の「増」，「減」の規則を一般には認めず，従来の「かつ」，「または」，「矛盾」を 2 つに分けて捉え直すことで推論の内容を正確に論理式に反映でき，「!」，「?」の導入で増・減規則を使用できるところを明晰にし，古典論理や直観主義論理の線形論理への翻訳（照井（2010）参照）を可能にした．

そこで，本補論では§1で線形論理の発想を論じ，§2で既存の体系を簡単にした体系（従来の体系は竹内（1995）参照）および各始式や変形規則の内容や成果を述べ，最後に古典論理の式を前述のように線形論理に翻訳すると，LK が導かれることを示す．

§1. 線形論理の発想

つぎのような推論を考えてみよう．

「P ならば Q」，「P ならば R」$\Rightarrow$「P ならば，Q かつ R」 ....($\star$)

古典論理はこの推論を導出する（§2で行う）．しかし次の主張を見てみよう．

『いや，この推論はなりたたない．たとえば P が「100円もっている」，Q が「ジュースを買える」，R が「コーラを買える」のとき，「P ならば Q」と「P ならば R」がいえたとしても，「P ならば，Q かつ R」（100円もっていれば，ジュースとコーラの両方を買える）とはいえないからである．』

この主張は「Q かつ R」を「ジュースとコーラの両方を買える」，すなわち，「Q と R がペアとしてはたらく」としている．この「かつ」に対しては，（$\star$）はなりたたない．（古典論理は，ここでいう P や Q である原子式をそれぞれ「0」，「0ならば0」のまとまりとして捉えており，今回の独立な Q と R の場合は対象外となっている．）

また，「Q かつ R」を「ジュースを買えることとコーラを買えることのどちらかを選ぶことができる」と捉える主張もある．つまり「Q かつ R」は「Q にも R にも変化し得る」と考える．この「かつ」に対しては，（$\star$）はなりたつ．（ただし，この「かつ」では，Modus Ponens は一般にはいえない．）

そこで，線形論理では，ペアとしてはたらく「かつ」を乗法的連言「$\otimes$」と呼び，どちらにも変化しうる「かつ」を加法的連言「&」と呼び，区別する．このように，線形論理では古典論理の「かつ」の働きを2つに分けて捉える．

1つ目が，「A と B のペアをとして共同してはたらく」である．これは，「(A かつ (A ならば B)) ならば B」で用いられている．2つ目が，「A にも B にも変化できる（しかし，ペアには変化できない）」である．これは，「(A かつ B) ならば A」，（$\star$）の後件で用いられている．つまり，2つ目の面は，A にも B にも変化できるという，A，B を領域とする変項の働きの1つとなる（これを拡張したも

のが「すべて ∀」である）.

　同様に「または」についても，1つ目が，「A と B のペアでありそのいずれか
である」である．これは「$((A$ または $B)$ かつ $(B$ でない$))$ ならば B である」や
「A または $(A$ でない$)$」で用いられている．2つ目が「A もしくは B としてはた
らくことができる（A,B は変化の可能性に過ぎない）」である．これは「$((A$ な
らば $C)$ かつ $(B$ ならば $C))$ ならば $((A$ または $B)$ ならば C」で用いられている.
これは変項の2つ目の性質の不定の1つを表わすはたらきである（これを拡張し
たものが「ある ∃」である）．なお，1つ目の「または」を乗法的選言「⅋」と呼
び，2つ目の「または」を加法的選言「⊕」と呼ぶ.

　また，線形論理では右増の規則を一般には認めず，「矛盾」の性質も2つに分け
て捉えることになる．1つ目が「矛盾から何でも導出できる」，2つ目が「肯定と
否定のペアのはたらき」という面である．1つ目の面を担う矛盾として「0」を，2
つ目の面を担う矛盾として「⊥」を用いて表現する．そして，「0」に対して「→」
を挟んで対称的な性質をもつものとして「⊤」を，「⊥」に対して「→」を挟んで
対称的な性質をもつものとして「1」と表現し，考察の対象とする.

§2. 線形論理の体系

　線形論理の体系は補論1の「始式を認め，そこから変形規則により種々のシーク
エントを導出していく」というシークエント計算で作られている．今回のシステ
ムでは従来の体系の内容をはっきりさせるために，変形規則の組を増やし，異なっ
た組については異なった結合子を対応させるので，線形論理の体系 LL（Linear
Logic）の論理式やシークエントを構成する基本記号が従来のものより増えてい
る．変項や補助記号のほか，命題定項として 1, 0, ⊤, ⊥, 論理演算子（論理記
号）として $\perp$ （$\perp^{in}$, $\perp^{out}$ のように否定2種類だが実は同等．それを $\perp$ とする），
$\otimes$, ⅋, $\multimap$, $\circ\!\!-$ （実は $B \circ\!\!- A$ は $B^{\perp} \multimap A^{\perp}$ と同等），&, ⊕, !, ?, ∀, ∃ となっ
ている．LL の始式は，① $A \to A$（A は原子式），② $0 \to \Delta$，③ $\Gamma \to \top$，④
$\perp \to$，⑤ $\to 1$ で，LL の変形規則はつぎのものである．なお，Γ は $G_1, \cdots, G_n$
のような論理式の並びもしくは空，Δ, Θ, Π も同様である.

カット左 $\dfrac{\Gamma \to A, \Delta \quad A, \Theta \to \Pi}{\Gamma, \Theta \to \Pi, \Delta}$　　カット右 $\dfrac{\Gamma \to \Delta, A \quad \Theta, A \to \Pi}{\Theta, \Gamma \to \Delta, \Pi}$

$\perp^{out}_{左} \dfrac{\Gamma \to \Delta, A}{A^{\perp^{out}}, \Gamma \to \Delta} \qquad \perp^{out}_{右} \dfrac{A, \Gamma \to \Delta}{\Gamma \to \Delta, A^{\perp^{out}}} \qquad \perp^{in}_{左} \dfrac{\Gamma \to A, \Delta}{\Gamma, A^{\perp^{in}} \to \Delta} \qquad \perp^{in}_{右} \dfrac{\Gamma, A \to \Delta}{\Gamma \to A^{\perp^{in}}, \Delta}$

$\otimes_{左} \dfrac{A, B \to \Delta}{A \otimes B \to \Delta} \qquad \otimes_{右} \dfrac{\Gamma \to A \quad \Theta \to B}{\Gamma, \Theta \to A \otimes B} \qquad \invamp_{左} \dfrac{A \to \Delta \quad B \to \Pi}{A \invamp B \to \Delta, \Pi} \qquad \invamp_{右} \dfrac{\Gamma \to A, B}{\Gamma \to A \invamp B}$

$\multimap_{左} \dfrac{\Gamma \to A \quad B \to \Pi}{\Gamma, A \multimap B \to \Pi} \qquad \multimap_{右} \dfrac{A, \Gamma \to B}{\Gamma \to A \multimap B} \qquad \rotatebox[origin=c]{180}{\multimap}_{左} \dfrac{B \to \Pi \quad \Gamma \to A}{B \multimapinv A, \Gamma \to \Pi} \qquad \rotatebox[origin=c]{180}{\multimap}_{右} \dfrac{\Gamma, A \to B}{\Gamma \to B \multimapinv A}$

$\&_{左} \dfrac{A \to \Delta}{A \& B \to \Delta} \quad \dfrac{B \to \Delta}{A \& B \to \Delta} \qquad \&_{右} \dfrac{\Gamma \to A \quad \Gamma \to B}{\Gamma \to A \& B} \qquad \oplus_{左} \dfrac{A \to \Delta \quad B \to \Delta}{A \oplus B \to \Delta} \qquad \oplus_{右} \dfrac{\Gamma \to B}{\Gamma \to A \oplus B} \quad \dfrac{\Gamma \to A}{\Gamma \to A \oplus B}$

$\forall_{左} \dfrac{A(\mathbf{a}) \to \Delta}{\forall \mathbf{x} A(\mathbf{x}) \to \Delta} \qquad \forall_{右} \dfrac{\Gamma \to A(\mathbf{a})}{\Gamma \to \forall \mathbf{x} A(\mathbf{x})} \qquad \exists_{左} \dfrac{A(\mathbf{a}) \to \Delta}{\exists \mathbf{x} A(\mathbf{x}) \to \Delta} \qquad \exists_{右} \dfrac{\Gamma \to A(\mathbf{a})}{\Gamma \to \exists \mathbf{x} A(\mathbf{x})}$

（$\forall_{右}$ および $\exists_{左}$ の上式の $\mathbf{a}$ は下式に含まれないものとする）

$1_{左 (増)} \dfrac{\to \Delta}{1 \to \Delta} \qquad \perp_{右 (増)} \dfrac{\Gamma \to}{\Gamma \to \perp}$

$!_{増} \dfrac{\to 1}{!A \to 1} \qquad !_{減} \dfrac{!A, !A \to \Delta}{!A, \to \Delta} \qquad ?_{減} \dfrac{\Gamma \to ?A, ?A}{\Gamma \to ?A} \qquad ?_{増} \dfrac{\perp \to}{\perp \to ?A}$

$!_{左} \dfrac{A \to \Delta}{!A \to \Delta} \qquad !_{右} \dfrac{\to ?\Delta, A}{\to ?\Delta, !A} \qquad ?_{左} \dfrac{A, !\Gamma \to}{?A, !\Gamma \to} \qquad ?_{右} \dfrac{\Gamma \to A}{\Gamma \to ?A}$

（Γ が $A_1, \cdots, A_n$ のとき, $!\Gamma$ は $!A_1, \cdots, !A_n, ?\Gamma$ は $?A_1, \cdots, ?A_n$ を表わす.）

換$_{左} \dfrac{A, B \to \Delta}{B, A \to \Delta} \qquad$ 換$_{右} \dfrac{\Gamma \to A, B,}{\Gamma \to B, A,}$

　まず，これらの変形規則は，「$A \to A$」（A は論理式）が導出できるように構築されている．たとえば，左（右）導入規則を決めれば，この規範で右（左）導入規則は見通すことができる．また，乗法的結合子間，加法的結合子間，量化子間，「!」「?」間の対称性（双対性）についても見てとれる．次に，始式の内容について見ていく．始式 ① は原子式 A について「A から A が導出される」ことを反映している．始式 ② は「$0 \to A$」を含み，古典論理の「矛盾からなんでも出る」を反映している．始式 ③ は「$A \to \top$」を含み，古典論理の「矛盾の否定は如何なるものからも導出される」を反映している．始式 ④ は，「$A^{\perp} \otimes A \to$」という矛盾の2つ目の性質を反映している．始式 ⑤ は「$\to (A^{\perp} \otimes A)^{\perp}$」という矛盾の2つ目の働きを反映している．

　① と $\perp^{out}_{左}$ と $\perp^{in}_{右}$ により $A^{\perp^{out}} \to A^{\perp^{in}}$，① と $\perp^{in}_{左}$ と $\perp^{out}_{右}$ により $A^{\perp^{in}} \to A^{\perp^{out}}$ を得，$\perp^{in}$ と $\perp^{out}$ は同等となり，それを $\perp$ で表わし，各変形規則を $\perp^{out}_{左}$ を $\perp_{左イ}$，$\perp^{in}_{左}$ を $\perp_{左ロ}$ 等とする．また，!, ? を導入し，!A に対しては左辺で増，減を，?A に対しては右辺で増，減を自由に使えるようにした（! 増，

!減, ?増, ?減). また, $!A \to !A$ および $?A \to ?A$ 等を示せるように, $(!\alpha)^{\perp} = ?\alpha^{\perp}$ も考慮して, !左, !右, ?左, ?右を設定した. この結果, 古典論理や直観主義論理を線形論理に翻訳でき (照井 (2010) 参照), 各論理を線形論理で分析できるようになった (照井 (2010) 参照). LL の体系の個々の定理, カット除去定理は竹内 (1995) を参照してもらい, 本補論では $\multimap$ と $\bindnasrepma$ や $\otimes$, カット左 とカット右, $B \multimapinv A \to A \multimap B$ から 換左 の導出および古典論理の論理式を先の捉え方で線形論理に翻訳すると, LK を導出できることを示す. まず, 以下のように $B \otimes A$ は $(A \multimap B^{\perp})^{\perp}$ と同じ働きを持つことがわかる.

$$\frac{\dfrac{\dfrac{A \to A \quad B^{\perp} \to B^{\perp}}{A, A \multimap B^{\perp} \to B^{\perp}}}{\dfrac{B \to (B^{\perp})^{\perp} \quad (B^{\perp})^{\perp}, A, A \multimap B^{\perp} \to}{\dfrac{B, A, A \multimap B^{\perp} \to}{\dfrac{B \otimes A, (A \multimap B^{\perp})}{B \otimes A \to (A \multimap B^{\perp})^{\perp}}}}}{}$$

$$\frac{\dfrac{\dfrac{B \to B \quad A \to A}{B, A \to B \otimes A}}{\dfrac{A \to B \otimes A, B^{\perp}}{\dfrac{\to B \otimes A, A \multimap B^{\perp}}{(A \multimap B^{\perp})^{\perp} \to B \otimes A}}}}{}$$

$(A^{\perp})^{\perp} \leftrightarrow A$ (①, $^{\perp}$左イ と $^{\perp}$右イ, $^{\perp}$右イ と $^{\perp}$左イ より), $(B \otimes A)^{\perp} \leftrightarrow (B^{\perp} \bindnasrepma A^{\perp})$ に注意すると $(B \bindnasrepma A) \leftrightarrow (B^{\perp} \otimes A^{\perp})^{\perp} \leftrightarrow ((A^{\perp} \multimap (B^{\perp})^{\perp})^{\perp})^{\perp} \leftrightarrow (A^{\perp} \multimap B)$ となり, $B \bindnasrepma A$ は $A^{\perp} \multimap B$ と同じはたらきをもち, そこから $A \multimap B$ は $B \bindnasrepma A^{\perp}$ と同じはたらきを持つことがわかる. 次はカットを考察する. $(A^{\perp})^{\perp} \leftrightarrow A$, カット左 からカット右 およびカット右 からカット左 が導出できる. カット右 の具体例の

$$\frac{G_1 \to D_1, D_2, A \quad T_1, T_2, A \to P_1}{T_1, T_2, G_1 \to D_1, D_2, P_1}$$ をカット左 から導く. $G_1 \to D_1, D_2, A$ に $^{\perp}$左ロ を 2 回, $T_1, T_2, A \to P_1$ に $^{\perp}$右イ を 2 回用いると, $G_1, D_1^{\perp}, D_2^{\perp} \to A$, $A \to P_1, T_1^{\perp}, T_2^{\perp}$ を得, カット左 を用いると, $G_1, D_1^{\perp}, D_2^{\perp} \to P_1, T_1^{\perp}, T_2^{\perp}$ を得る. $^{\perp}$左イ より, $(T_2^{\perp})^{\perp}, G_1, D_1^{\perp}, D_2^{\perp} \to P_1, T_1^{\perp}$ を得る. $T_2 \to (T_2^{\perp})^{\perp}$ とこれにカット左 を用いると, $T_2, G_1, D_1^{\perp}, D_2^{\perp} \to P_1, T_1^{\perp}$ を得る. 同様に, $T_1, T_2, G_1, D_1^{\perp}, D_2^{\perp} \to P_1$ を得る. これに $^{\perp}$右ロ, $(D_2^{\perp})^{\perp} \to D_2$, カット左 を用いると $T_1, T_2, G_1, D_1^{\perp} \to D_2, P_1$ を得る. 同様に $T_1, T_2, G_1 \to D_1, D_2, P_1$ を得, カット右 が示された. 逆も同様にできる. 3 番目の考察に入る. $A, B \to A \otimes B$ と $\multimapinv$右 と $A \otimes B \multimapinv B \to B \multimap A \otimes B$ とカット左 により $A \to B \multimap A \otimes B$ を得, $B \to B$ とこの直前のものと $\otimes$右 で $B, A \to B \otimes (B \multimap A \otimes B)$ を得, これと $B \otimes (B \multimap A \otimes B) \to A \otimes B$ とカット左 により $B, A \to A \otimes B$ を得る. 一方, $A, B \to \Delta$ と $\otimes$左 で $A \otimes B \to \Delta$ を得る. これと $B, A \to A \otimes B$ とカット左

217

により $B, A \to \Delta$ を得る．最後に，古典論理の論理式の線形論理への先の翻訳から LK が導かれることを示す．まず，古典論理は，論理式は構成する原子式を $0, 0 \multimap 0$ で置き換えてできる組み合わせのまとまりとして捉えられ，それが導出可能とは，各組み合わせのそれぞれが導出可能なときであった．序で $A \to A \otimes A$ は示されたので，$A \otimes B \to A, A \otimes B \to B$，$A \multimap B, A \multimap C \to A \multimap (B \otimes C)$ が導出できることを示す．まず，$A \otimes B \to A$ は A が 0 の場合，$0 \otimes B \to 0$，$0 \multimap 0$ の場合，$(0 \multimap 0) \otimes 0 \to (0 \multimap 0)$ と $(0 \multimap 0) \otimes (0 \multimap 0) \to (0 \multimap 0)$ となり，いずれも導出可能である（前者は ② より，後者の最初は ② より，後者の 2 番目は $0, (0 \multimap 0), (0 \multimap 0) \to 0$ と ② を用いる）．$A \otimes B \to B$ も $A \otimes 0 \to 0$ に注意すると同様にできる．よって，$A \otimes B \to A$，$A \otimes B \to B$ はいずれも導出可能である．同様のチェックで $B, A \to A$，$B, A \to B$ を得，$\&_右$ より $B, A \to A \& B$ を得る．これと $A \& B \to A \otimes B$（$A \& B \otimes A \& B \to A \otimes B$ と $A \& B \to A \& B \otimes A \& B$ とカット$_左$ による）とカット$_左$ により $B, A, \to A \otimes B$ を得る．一方，$A, B \to \Delta$ とすると，$\otimes_右$ により $A \otimes B \to \Delta$ を得る．先のものとカット$_左$ により $B, A \to \Delta$ を得，換$_左$ が示された．線形論理では $!B, !A \to !A$ および $!B, !A \to !B$ は導出でき，同様に $!A, !B \to \Delta$ から $!B, !A \to \Delta$ が導出される（$!B, !A \to !(!A \& !B)$ が導出されることに注意する）．$A, A \to \Delta$ からは $A \otimes A \to \Delta$ が得られ，これと $A \to A \otimes A$ とカット$_左$ により $A \to \Delta$ が導出される．$A \to 1 \otimes A$ と $1 \otimes A \to 1$ とカット$_左$ より $A \to 1$ を得る．$\to \Delta$ とすると，$1 \to \Delta$ を得，これと $A \to 1$ とカット$_左$ を用いると，$A \to \Delta$ が導出される．$A, A \multimap B, A \multimap C \to B \& C$ と $(B \& C) \to B \otimes C$ とカット$_左$ と $\multimap_右$ により $A \multimap B, A \multimap C \to A \multimap (B \otimes C)$ を得る．$B \multimap A, A \to B$ と $\perp_{右ロ}, \perp_{左イ}$ より $B^\perp, B \multimap A \to A^\perp$ を得，$\multimap_右$ により $B \multimap A \to B^\perp \multimap A^\perp$ を得る．$B^\perp, B^\perp \multimap A^\perp \to A^\perp$ と $\perp_{右イ}, \perp_{左ロ}$ より $B^\perp \multimap A^\perp, A^{\perp\perp} \to B^{\perp\perp}$ を得，$A^{\perp\perp} \leftrightarrow A$，$B^{\perp\perp} \leftrightarrow B$ とカットと $B^\perp \multimap A^\perp, A \to B$ を得，$\multimap_右$ より $B^\perp \multimap A^\perp \to B \multimap A$ を得る．よって先の結果から，$B^\perp \multimap A^\perp \to A \multimap B$ ならば換$_左$ を得る．以上をもって本補論を閉じる．

参考文献

(1) 第 1〜3 章にかんするもの

1. D. Hilbert & W. Ackermann, *Grundzüge der Theoretischen Logik*, 1928, Springer.

2. A. Church, *Introduction to Mathematical Logic*, 1952, Princeton University Press.

3. S.C. Kleene, *Introduction to Metamathematics*, 1952, Van Nostrand.

4. J. Shoenfield, *Mathematical Logic*, 1967, Addison-Wesley.

5. E. Mendelson, *Introduction to Mathematical Logic*, 1979, Van Nostrand.

6. 坂本百大・坂井秀寿著『現代論理学』，1971 年，東海大学出版会.

(2) 第 4 章にかんするもの

1. C.I. Lewis & C.H. Langford, *Symbolic Logic*, 1932, Dover.

2. E.J. Lemmon & D.S. Scott, *The 'Lemmon Notes'*, 1977, Basil Blackwell.

3. B.F. Chellas, *Modal Logic*, 1980, Cambridge University Press.

4. G.E. Hughes & M.J. Cresswell, *A New Introduction to Modal Logic*, 1996, Routledge.

(3) 第 5 章にかんするもの

1. A. Heyting, *Intuitionism*, 1956, North-Holland.

2. S.C. Kleene & R.E. Vesley, *The Foundations of Intuitionistic Mathematics*, 1965, North-Holland.

3. M. Fitting, *Intuitionistic Logic, Model Theory and Forcing*, 1969, North-Holland.

4. A.S. Troelstra & D. van Dalen, *Constructivism in Mathematics*, 2 volumes, 1988, North-Holland.

(4) 補論 1 にかんするもの

  1. 竹内外史・八杉満利子著『数学基礎論』, 1974 年, 共立出版.

  2. 前原昭二著『数理論理学』, 1974 年, 培風館.

(5) 補論 2 にかんするもの

  1. B.F. Chellas, *Modal Logic*, 1980, Cambridge University Press.

  2. P. Blackburn, M. de Rijke and Y. Venema, *Modal Logic*, 2002, Cambridge University Press.

  3. 菊池誠 編著『数学における証明と真理』, 2016 年, 共立出版.

(6) 補論 3 にかんするもの

  1. J.-Y. Girard, 'Linear Logic' *Theoretical Computer Science*, 50, 1987.

  2. 竹内外史著『線型論理入門』, 1995 年, 日本評論社.

  3. 照井一成著「線形論理の誕生」, 『数学』, 62 (1), 2010 年, 日本数学会.

索引

著者略歴

山本 新

1949 年　岡山県に生まれる
1982 年　東京大学大学院理学系研究科修了
　　　　千葉大学，武蔵大学，青山学院大学などで非常勤講師を歴任
著書に　『数学基礎論』（高文堂出版社），『論理学』（高文堂出版社），
　　　　『ソクラテスからデカルトまで』（北樹出版），
　　　　『ロックからウィトゲンシュタインまで』（八千代出版）などがある

入江俊夫

1970 年　栃木県に生まれる
2014 年　千葉大学大学院社会文化科学研究科博士課程修了
現　在　東邦大学，東京医療保健大学で非常勤講師をつとめる
　　　　博士（文学）
著書に　『これからのウィトゲンシュタイン』（分担執筆：第 5 章「概念形成
　　　　へのまなざし―ウィトゲンシュタインの言語観と数学の哲学―」，
　　　　リベルタス出版）

田村高幸

1962 年　東京都に生まれる
1997 年　東京工業大学大学院理工学研究科修了
現　在　千葉大学大学院社会科学研究院助教
　　　　博士（理学）

記号論理学　　　　　　　　　　　　　定価はカバーに表示

2023 年 11 月 1 日　初版第 1 刷

著　者　山　本　　　新
　　　　入　江　俊　夫
　　　　田　村　高　幸
発行者　朝　倉　誠　造
発行所　株式会社　朝　倉　書　店
　　　　東京都新宿区新小川町 6-29
　　　　郵 便 番 号　162-8707
　　　　電　話　03(3260)0141
　　　　ＦＡＸ　03(3260)0180
　　　　https://www.asakura.co.jp

〈検印省略〉

ⓒ 2023 〈無断複写・転載を禁ず〉　　　シナノ印刷・渡辺製本

ISBN 978-4-254-50038-7　C 3030　　　Printed in Japan

現代基礎数学 5 離散群の幾何学

藤原 耕二 (著)

A5 判／224 頁　978-4-254-11755-4 C3341　定価 3,850 円（本体 3,500 円＋税）

群論の初歩を知っている読者に向けた，離散群論の入門書。幾何学的群論の紹介を兼ねる。〔内容〕群の例／群のケイレイグラフ／自由積と群の表示／群のエンド／双曲平面の幾何／ツリーの幾何と群作用／融合積と HNN 拡大／双曲群

現代基礎数学 6 有限体と代数曲線

諏訪 紀幸 (著)

A5 判／244 頁　978-4-254-11756-1 C3341　定価 4,400 円（本体 4,000 円＋税）

環・体の初歩からスタートし，有限体の上の代数多様体の基礎までを一歩一歩学ぶ。〔内容〕環論初歩／体論初歩／有限体／環論と体論からの補足／代数多様体と有理函数体／有限体の上の代数曲線とガウス和／付録　群論からの補足

現代基礎数学 11 フーリエ解析とウェーブレット

新井 仁之 (著)

A5 判／264 頁　978-4-254-11761-5 C3341　定価 4,400 円（本体 4,000 円＋税）

フーリエ解析とウェーブレットの基礎を，画像処理への応用を交えて丁寧に解説する。〔内容〕フーリエ級数／フーリエ変換／窓フーリエ変換とその反転公式／連続ウェーブレット変換とその反転公式／ウェーブレットの画像処理への応用例／他。

現代基礎数学 17 多項式と計算機代数

横山 和弘 (著)

A5 判／256 頁　978-4-254-11767-7 C3341　定価 4,400 円（本体 4,000 円＋税）

大学初年度の知識のみを仮定し，多項式に焦点を当てて計算機代数の面白さを丁寧に解説する。〔内容〕代数と計算量の基礎／一変数多項式と GCD ／多項式の因数分解／2 変数多項式の終結式と擬剰余／多変数多項式とグレブナー基底／他。

現代基礎数学 20 ディリクレ形式入門

竹田 雅好・桑江 一洋 (著)

A5 判／240 頁　978-4-254-11770-7 C3341　定価 4,400 円（本体 4,000 円＋税）

確率過程論において理論と応用の両面で展開する対称マルコフ過程とディリクレ形式を詳説。〔内容〕対称マルコフ連鎖とディリクレ形式／対称拡散過程／ディリクレ形式の一般論／ディリクレ形式の内在的距離／対称マルコフ過程の解析／他

朝倉数学大系 15 確率幾何解析

谷口 説男 (著)

A5 判／292 頁　978-4-254-11835-3 C3341　定価 6,050 円（本体 5,500 円＋税）

20 世紀に大きく発展した，確率解析に幾何学の視点を加えた理論体系を展開する。〔内容〕確率積分／確率微分方程式／ sub-Riemann 多様体／ Malliavin 解析／確率振動積分／熱核／ KdV 方程式／確率論の基本概念と Wiener 測度／他

朝倉数学大系 16 代数群の幾何的表現論 I
―代数群のシュプリンガー対応と指標層―

庄司 俊明 (著)

A5 判／376 頁　978-4-254-11836-0 C3341　定価 7,150 円（本体 6,500 円＋税）

代数群の基本事項とその表現論を深く解説し，古典群を巡って幾何と組合せ論が交錯する面白さを伝える。第 I 巻では Springer 対応と指標層の理論を取り扱う。〔内容〕簡約代数群／共役類／ Springer 対応／一般 Springer 対応／指標層

朝倉数学大系 17 代数群の幾何的表現論 II
―コストカ関数と対称空間のシュプリンガー対応―

庄司 俊明 (著)

A5 判／272 頁　978-4-254-11837-7 C3341　定価 6,050 円（本体 5,500 円＋税）

代数群の基本事項とその表現論を深く解説し，古典群を巡って幾何と組合せ論が交錯する面白さを伝える。第 II 巻では Kostka 関数とエキゾチック対称空間を取り扱う。〔内容〕複素鏡映群に付随した Kostka 関数／対称空間と Springer 対応

朝倉数学大系 18 4 次元多様体　I

上 正明・松本 幸夫 (著)

A5 判／400 頁　978-4-254-11838-4 C3341　定価 7,370 円（本体 6,700 円＋税）

1980 年代以降の 4 次元多様体論の発展を概観する。第 I 巻は Donaldson 理論と Seiberg-Witten 理論を扱う。〔内容〕序章／ 4 次元多様体の基礎理論／ 4 次元位相多様体の理論／ゲージ理論から Seiberg-Witten 理論へ／ Seiberg-Witten 理論の発展とその応用

朝倉数学大系 19 4 次元多様体　II

上 正明・松本 幸夫 (著)

A5 判／320 頁　978-4-254-11839-1 C3341　定価 6,600 円（本体 6,000 円＋税）

1980 年代以降の 4 次元多様体論の発展を概観する。第 II 巻は Heegaard Floer ホモロジーの理論を中心扱う。〔内容〕Heegaard Floer ホモロジー／ Seiberg-Witten Floer ホモロジーと Heegaard Floer ホモロジー／ 4 次元多様体の幾何構造／他。

幾何学百科 I 多様体のトポロジー

服部 晶夫・佐藤 肇・森田 茂之 (著)

A5 判／352 頁　978-4-254-11616-8 C3341　定価 7,040 円（本体 6,400 円＋税）

ポアンカレによって提起された多様体のトポロジー研究の指針が，110 年を経た今日，如何に結実しているかを，基礎編 1 章・発展編 2 章の 3 章構成で概観する。〔内容〕トポロジーの基礎／微分トポロジー／特性類

幾何学百科 II 幾何解析

酒井 隆・小林 治・芥川 和雄・西川 青季・小林 亮一 (著)

A5 判／436 頁　978-4-254-11617-5 C3341　定価 8,030 円（本体 7,300 円＋税）

偏微分方程式と密接な関係をもつ微分幾何学の諸相を，基礎編の「リーマン幾何速成コース」および 4 章からなる発展編によって概観。〔内容〕リーマン幾何速成コース／相対論／山辺の問題と山辺不変量／調和写像／リッチフローと複素幾何

文系のための 記号論理入門 ―命題論理から不完全性定理まで―

金子 裕介 (著)

A5 判／224 頁　978-4-254-50034-9 C3030　定価 3,520 円（本体 3,200 円＋税）

文系学生のために初歩からていねいに説き起こし，不完全性定理にまで至る記号論理学の入門書。

朝倉数学大系 13 ユークリッド空間上の フーリエ解析 I

宮地 晶彦 (著)

A5 判／374 頁　978-4-254-11833-9 C3341　定価 7,150 円（本体 6,500 円＋税）

20 世紀後半に成立した，実関数論の方法による調和解析の理論を解説。〔内容〕緩増加超関数と Fourier 変換／種々の関数の Fourier 変換／特異積分作用素の Lp 理論／ Hp 空間の汎最大関数理論／ BMO ／複素補間／実補間／他

朝倉数学大系 14 ユークリッド空間上の フーリエ解析 II

宮地 晶彦 (著)

A5 判／324 頁　978-4-254-11834-6 C3341　定価 7,150 円（本体 6,500 円＋税）

20 世紀後半に成立した，実関数論の方法による調和解析の理論を解説。〔内容〕振動積分と停留位相の方法／振動積分作用素と Fourier 変換の制限問題／ Fourier 乗子作用素／ Fourier 級数の概収束の Fefferman による証明／双線形 Hilbert 変換／他

メルツバッハ&ボイヤー 数学の歴史 I
―数学の萌芽から 17 世紀前期まで―

**U.C. メルツバッハ・C.B. ボイヤー (著) ／三浦 伸夫・
三宅 克哉 (監訳) ／久村 典子 (訳)**

A5 判／484 頁　978-4-254-11150-7　C3041　定価 7,150 円（本体 6,500 円＋税）

Merzbach&Boyer による通史 A History of Mathematics 3rd ed. を 2 分冊で全訳。〔内容〕起源／古代エジプト／メソポタミア／ギリシャ／エウクレイデス／アルキメデス／アポロニオス／中国／インド／イスラム／ルネサンス／近代初期／ほか。

メルツバッハ&ボイヤー 数学の歴史 II ―17 世紀後期から現代へ―

**U.C. メルツバッハ・C.B. ボイヤー (著) ／三浦 伸夫・
三宅 克哉 (監訳) ／久村 典子 (訳)**

A5 判／372 頁　978-4-254-11151-4　C3041　定価 6,050 円（本体 5,500 円＋税）

数学の萌芽から古代・中世と辿ってきた I 巻につづき，II 巻ではニュートンの登場から現代にいたる流れを紹介。〔内容〕イギリスと大陸／オイラー／革命前後のフランス／ガウス／幾何学／代数学／解析学／20 世紀の遺産／最新の動向

惑星探査とやさしい微積分 I ―宇宙科学の発展と数学の準備―

A.J. Hahn(著) ／狩野 覚・春日 隆 (訳)

A5 判／248 頁　978-4-254-15023-0　C3044　定価 4,290 円（本体 3,900 円＋税）

AJ Hahn: Basic Calculus of Planetary Orbits and Interplanetary Flight: The Missions of the Voyagers, Cassini, and Juno (2020) を 2 分冊で邦訳。I 巻では惑星軌道の理解と探査の歴史，数学的基礎を学ぶ。

惑星探査とやさしい微積分 II ―重力による運動・探査機の軌道―

A.J. Hahn(著) ／狩野 覚・春日 隆 (訳)

A5 判／200 頁　978-4-254-15024-7　C3044　定価 3,850 円（本体 3,500 円＋税）

歴史と数学的基礎を解説した I 巻につづき，楕円軌道と双曲線軌道の運動の理論に注目。惑星運動に関する理解を深め，Voyager, Cassini などによる惑星探査ミッションにおける宇宙機の軌道，ターゲット天体へ誘導する複雑な局面を論じる。

シリーズ物理数学 20 話　複素関数 20 話

井田 大輔 (著)

A5 判／208 頁　978-4-254-13201-4　C3342　定価 3,520 円（本体 3,200 円＋税）

1 日 1 話で得られるよろこび。〔内容〕コーシーの積分定理／大域的な原始関数／解析性／特異点／留数／解析接続／正則関数列／双正則写像／メビウス変換／リーマンの写像定理／シュヴァルツ・クリストッフェル変換／クッタ・ジューコフスキーの定理／因果律とクラマース・クローニッヒの関係式／スターリングの公式とボーズ積分／他。

朝倉数学ライブラリー　グリーン・タオの定理

関 真一朗 (著)

A5 判／256 頁　978-4-254-11871-1 C3341　定価 4,400 円（本体 4,000 円＋税）

「素数には任意の長さの等差数列が存在する」ことを示したグリーン・タオの定理を少ない前提知識で証明し，その先の展開を解説する。〔内容〕等間隔に並ぶ素数／セメレディの定理／グリーン・タオの定理／ガウス素数星座定理／他。

朝倉数学ライブラリー　多様体の収束

本多 正平 (著)

A5 判／212 頁　978-4-254-11872-8 C3341　定価 3,850 円（本体 3,500 円＋税）

特異点を持つ図形の上での幾何学や解析学をどのようにして行うのかを解説する。〔内容〕グロモフ・ハウスドルフ距離／リーマン幾何学速習／比較定理とその剛性／リーマン多様体の極限空間／RCD 空間／測度付きグロモフ・ハウスドルフ収束と関数解析／非崩壊 RCI 空間／球面定理／付録：多様体・バナッハ空間・測度

幾何学入門事典

砂田 利一・加藤 文元 (編)

A5 判／600 頁　978-4-254-11158-3 C3541　定価 11,000 円（本体 10,000 円＋税）

現代幾何学の基礎概念と展開を1冊で学ぶ。〔内容〕向き／曲線論と曲面論／面積・体積・測度／多様体：高次元の曲がった空間／時間・空間の幾何学／非ユークリッド幾何／多面体定理からトポロジーへ／測地線・モース理論／微分位相幾何学／群と対称性／三角法・三角関数／微分位相幾何学／次元／折り紙の数学／ベクトル場と微分形式／ポアンカレ予想／ホモロジー／ゲージ理論とヤン・ミルズ接続／代数幾何学／ユークリッド／ギリシャ幾何学の発展／リーマン／小平邦彦／他。

数論入門事典

加藤 文元・砂田 利一 (編)

A5 判／640 頁　978-4-254-11159-0 C3541　定価 11,000 円（本体 10,000 円＋税）

数論の基礎概念, 展開, 歴史を一冊で学ぶ事典。〔内容〕数と演算／アルゴリズム／素数／素数分布／整数論的関数／原始根／平方剰余／二次形式／無限級数／π／ゼータ関数／ヴェイユ予想／代数方程式の解法／ディオファントス方程式／代数的整数論／p進数／類体論／周期／多重ゼータ値／楕円曲線／アラケロフ幾何／保型形式／モジュラー形式／ラングランズプログラム／古代エジプトの数学／プリンプトン322／オイラー／ディリクレ／リーマン／ラマヌジャン／高木貞治／他。

理論計算機科学事典

徳山 豪・小林 直樹 (総編集)

A5 判／816 頁　978-4-254-12263-3 C3504　定価 19,800 円（本体 18,000 円＋税）

理論計算機科学の全体像を解説する日本初の事典。大学教育レベルの教科書あるいは参考書としても活用できるよう，重要な基盤項目には例を用いたコンパクトな説明を付し，理論計算機科学の学術的最前線の状況にまで触れる。「アルゴリズムと計算複雑度」と「形式モデルと意味論」の二部構成。〔内容〕計算とアルゴリズム／計算モデルと計算量／応用分野における計算理論／形式言語とオートマトン／計算モデル／プログラム意味論／システム検証理論。